JN409785

꽃들이 나에게 들려준 이야기

02 그곳에서 피는 꽃

꽃들이 나에게 들려준 이야기

02 그곳에서 피는 꽃

이재능 지음

신구문화사

책을 내면서

어느 날 꽃이 저에게 이야기를 건넸습니다. 그때 그의 이름을 불러주지 못해 미안했습니다. 그 후로는 만나는 꽃마다 사진을 찍어서 사람들에게 물어보기 시작했습니다. 알아내지 못한 이름은 책과 인터넷에서 찾아냈습니다. 그 의미는 몰랐지만 부르기만 해도 정겹고 소박한 이름들이 좋았습니다. 이름을 불러주면서부터 날마다 새로운 친구가 생겼고 꽃들은 더 많은 이야기를 들려주었습니다. 어떤 꽃 이름은 애틋한 전설을 간직하고 있기도 했습니다.

그런데 꽃 이름의 내력을 알고 보니 안쓰럽고 불편한 이름들이 뜻밖에도 많았습니다. 우리나라에 식물분류학이 자리 잡기 전에는 이름을 가지지 못하고 있던 식물들에게 처음으로 이름을 붙여 주면서 마땅치 않은 이름들이 많이 지어지지 않았나 싶습니다. 하필 그 시기가 일제강점기와 겹쳐져서 우리의 문화나 자연생태계와 어울리지 않는 이름이 많이 지어진 것 같았습니다. 어떤 분은 "그런 이름을 부를 때마다 삼천리 산천초목마저 일제강점기를 거친 것 같아 마음이 아프다"라고도 했습니다.

예를 들자면 우리 속담에 "등잔 밑이 어둡다"는 말을 일본에서는 "등대 밑이 어둡다"고 합니다. 우리나라의 '등잔'을 일본에서는 '등대'라고 하기 때문입니다. 요즘 야생화에 관심을 갖는 사람들은 '등대풀'이 일본의 식물명 '등대초'를 베낀 것임을 모르고, 바닷가 등대 옆에서 흔히 볼 수 있으며 등대를 닮았다는 정도로 알고 있습니다. '등대풀'은 우리 고유의 생활도구인 등잔대를 닮았으므로 '등잔풀'

이 올바른 이름이라고 생각합니다. 이처럼 미심쩍은 이름이 부지기수여서 저는 언제부터인가 그 안타까움을 글로 기록해 두기 시작했습니다.

글을 쓰게 된 또 한 가지 이유는 우리 꽃 이름의 유래를 짐작할 수 있게 하는 많은 것들이 사라져가고 있기 때문이었습니다. 1960년대에 두메산골에서 어린 시절을 보낸 저에게는 친숙한 꽃 이름들이 다음 세대들에게는 이해되지 못할 것 같았습니다. 이를테면 괴불주머니, 삽주, 갈퀴, 동이, 체 등, 이제는 문명의 뒤안길로 사라진 도구들과 벼룩이나 빈대처럼 보기 어려운 것들이 꽃 이름에 들어 있기 때문입니다. 먼 훗날 누군가에게는 필요한 이야기가 될 듯해서 식물생태학이나 글쓰기를 일삼아 배운 적이 없는 저이지만 뭔가를 써서 남기고 싶었습니다.

글들을 모아 놓고 보니 그런 과정들이 참 행복했었다는 생각이 듭니다. 지난 10여 년 동안 꽃을 찾아다니면서 '자연을 사랑하는 사람들의 모임, 인디카'라는 인터넷 동호회를 알게 되었고, 인디카의 꽃벗들과 어울리면서 많이 배웠고 행복했습니다. 동호회의 홈페이지에 올리려고 시작한 글들이 어느새 두 권 분량을 빼곡히 채웠습니다. 어설픈 글들이 책이 되기까지 일일이 거명하기 어려울 정도로 많은 분들의 도움을 받았습니다. 그 많은 분들을 대표해서, 늘 저를 격려해주시고 지도해주신 '월류봉' 이상옥(李相沃) 선생과 '노인봉' 이익섭(李翊燮) 선생께 감사와 경의를 표하고자 합니다.

2014년 7월 이 재 능

차례

01 그곳에만 피는 꽃

02 높고 깊은 산에서

03 습지와 물가에서

04 물 위에 피는 꽃들

05 바닷가에 피는 꽃

06 제주도와 울릉도의 꽃

07 백두산에 피는 꽃

01 그곳에만 피는 꽃

그곳에만 피는 꽃이 있다.
제주도나 울릉도, 백두산은 멀리 떨어 진 곳이어서
그곳만의 특산식물이 있는 것은 당연하지만,
내륙에서도 한 지역에서만 볼 수 있는 식물들이 있다.
따뜻한 나라가 고향인 식물은 남해안 지방에서,
북방계 식물은 높은 산지에서 5월의 잔설처럼 남아있다.
계곡의 절벽처럼 특별한 조건에서만 사는 식물들이 있고
언제 어떠한 경로로 우리나라에 왔는지는 알 수 없으나
한곳에 겨우 뿌리내려 번지지 못한 귀화식물들이 있다.
이런 식물들은 한두 곳에서 겨우 살아남아서
해마다 꽃이 필 때면 순례자의 행렬이 이어진다.

가는잎향유 *Elsholtzia angustifolia* (Loes.) Kitag.
바위 위에 나는 꿀풀과의 한해살이풀. 높이 30cm 가량.
줄기는 네모지고 가는 잎이 마주난다. 9~10월 개화.
조령, 속리산 등지의 암석지대에 자생한다. [이명] 애기향유

가는잎향유

오십리 문경 새재
쉬어가는 구름

안개비 지난 뒤에
붉게 피어난 꽃

빈 하늘 아득한
천길 절벽 꼭대기

여윈 몸에 짙은 향기
이름이 가향이랬지…

향유

Elsholtzia ciliata (Thunb.) Hyl.

길가나 들에 나는 여러해살이풀. 높이 50~60cm. 8~9월 개화. 가을에 꽃과 열매가 붙어 있는 줄기를 향유(香薷)라 하여 약용 또는 목욕탕 향료로 사용했다. 제주도를 제외한 전국에 분포한다.

[이명] 노야기

꽃향유

Elsholtzia splendens Nakai

산자락에 나는 한해살이풀. 높이 50cm 가량. 줄기는 네모지고 가지가 많이 난다. 9~10월 개화. 전초는 약용한다. 향유에 비해 꽃이 크고 아름답다.

[이명] 붉은향유

좀향유

Elsholtzia minima Nakai

한라산의 해발 1,500~1,700m 지대에 나는 한해살이풀. 높이 2~5cm. 9~10월 개화. 한국 특산식물이다.

[이명] 애기향유, 각씨향유

털향유

Galeopsis bifida Boenn.

산지의 다소 습한 곳에 나는 꿀풀과의 한해살이풀. 높이 20~40cm. 전체에 강모가 밀생하고, 줄기는 모가지며 곧게 선다. 7~8월 개화. 금강산 이북에 분포한다.

[이명] 큰광대수염, 털광대수염

동강의 수호천사 동강할미꽃

동강할미꽃 *Pulsatilla tongkangensis* Y. N. Lee & T. C. Lee
동강 일대의 암벽지대에 자라는 미나리아재비과의 여러해살이풀. 높이 15~20cm.
3월 말~4월 개화. 한국 특산식물. 땅을 보고 피는 보통 할미꽃과는 달리 위를 향해 핀다.
꽃 색깔은 자주색, 보라색, 분홍색, 흰색 등으로 다양하다.

동강은 약 4억 5천만 년 전에 석회암 대지가 솟아오른 뒤, 2억 년에 걸친 침식 작용으로 형성된 하천이다. 동강을 병풍처럼 두른 기암절벽의 나이가 2억 살이고 그곳에 보금자리를 튼 동물과 식물들은 또 그만한 세월 동안 특별한 환경에 적응해 왔다.

1993년 동강유역의 홍수로 영월읍의 절반이 잠기자, 수해 방지와 미래 물 부족을 핑계로 동강댐 건설이 추진되었고, 몇 년간의 소모적인 논쟁 끝에 댐 건설 계획은 백지화되었다. 수억 년 세월이 만든 대자연, 이 나라에 둘도 없는 비경을 한 번의 홍수를 빌미로 수장시키려한 미심쩍은 발상이었다. 지역 주민은 물론 전 국민적인 반대로 댐 건설이 무산되었지만, 그때 동강을 지켜낸 수호천사는 동강할미꽃이었다. 동강이 반드시 보존되어야 할 가치, 그 논의의 첫머리에 선 동강생태계의 대표가 바로 동강할미꽃이었던 것이다.

굽이굽이 기암절벽 아래 맑은 강물이 흐르는 비경에 분홍, 자주, 보라, 흰색의 꽃이 피는 봄날에는 동강할미꽃을 만나러 기어이 그 먼 길을 가지 않고는 배겨내지 못한다. 야생화를 즐겨 찾는 사람들은 해마다 성지순례라도 하듯 동강할미를 찾고 지역 주민들은 이에 화답하듯 축제를 벌인다.

동강 보전은 분명한 가치의 싸움이었고 제대로 결론이 났지만, 천성산 도롱뇽 싸움 같은 것은 부끄러워해야 할 사람이 많다. 그것이 도롱뇽을 위한 싸움이 아니었음은 도롱뇽이 더 잘 알고 있다. 진흙탕 싸움 끝에 터널이 뚫리고 몇 년이 지난 뒤 어떤 기자는 "천성산 도롱뇽은 태연하게 염불만 잘 하고 있더라…"고 썼다. 동강할미꽃이나 천성산 도롱뇽이나 잘 보전되어서 다행이지만 개발과 보전이라는 가치의 충돌은 앞으로도 끝이 없을 것이다.

동강의 수호천사 동강할미꽃은 이렇게 말한다.

"이 땅은 여러분들의 후손들에게 빌린 땅입니다. 깨끗하게 쓰시고 고이 물려주시기 바랍니다."

자랑스러운 땅이 그에게 바치는 꽃 자란

자란 *Bletilla striata* (Thunb.) Rchb. f.
양지바른 풀밭에서 자라는 난초과의 여러해살이풀. 높이 30~50cm. 4월 말~5월 개화.
전남 해남, 진도 일대의 해안지역에 자생한다. [이명] 대암풀, 대왕풀, 백급

왜적이 쳐들어오자 임금과 조정은 백성을 버리고 도망갔다. 백성들은 오직 바다에서 외롭게 싸우는 한 장군을 사모했다. 전쟁이 끝나면, 못난 임금은 그를 살려둘 수가 없게 되었다. 장군에게 그것은 죽음보다 더한 고통과 치욕이 될 것이다. 그는 마지막 전투에서 갑옷을 입지 않고 적 앞에 나아갔다. 그에게는 임금의 칼보다 적의 탄환을 받는 것이 차라리 나았다.

어떤 소설가는 전투에 나가는 장군의 심정을 이렇게 썼다.

"나는 임금의 칼에 죽고 싶지는 않았다. 나는 다만 적의 적으로서 살다가 죽기를 원했다. 나의 충(忠)을 임금의 칼이 닿지 않는 곳에 세우고 싶었다. 적의 적으로서 죽는 자리에서 내 무(武)와 충(忠)이 소멸해 주기를 나는 바랬다."

장군은 "호남이 없으면 나라 또한 없다(若無湖南 是無國家)"고 했다. 그가

싸웠고 지켜낸 바다를 품고 있는 남도의 땅, 적들이 발붙이지 못한 자랑스러운 땅에만 피는 꽃이 있다. 열세 척의 배로 삼백삼십여 척의 적들을 물리친 곳 울돌목, 임금의 칼이 닿지 않는 곳에 세우고 싶었던 그의 '충'처럼 대교의 탑이 우뚝 솟아있고, 그곳을 굽어보는 언덕에 꽃이 핀다. 그 신성한 땅이 피워내는 꽃은 자색(紫色)이다. 권력과 재물에 눈이 어두운 사람들은 볼 수도 느낄 수도 없는 맑고 깊은, 곱고 강렬한 색이다. 사람들은 그 꽃을 자란(紫蘭)이라고 부른다.

장군의 忠과 武는 자란의 색깔처럼 선명했다. 충무공 이순신, 해마다 그의 탄신일인 4월 28일 무렵이면 그가 지켜냈던 남도 바닷가에서 자란이 핀다. 그 자랑스러운 땅이 그에게 바치는 꽃이리라.

아낌없이 주는 사랑의 꽃 자운영

자운영 *Astragalus sinicus* L.

온난한 지방의 들에 나는 콩과의 두해살이풀. 높이 10~25cm. 4~5월 개화.
녹비용(綠肥用), 사료작물로 재배하기도 하고, 자연 상태에서도 잘 자라는 식물이다.
대전 이남 지역의 온난한 기후에서 자생한다.

5월 초의 남도 들녘에는 자운영이 절정을 이룬다. 노란 유채밭, 청록의 보리밭, 연자주 자운영 꽃밭이 어우러져 들판은 온통 원색의 물감을 쏟아 부은 듯하다.

자운영의 꽃은 흰색 꽃잎 끝이 살짝 붉어져서, 저만치 떨어져서 보면 분홍색으로 보이고 더 멀리서 보면 분홍빛 꽃밭에 푸른 하늘색이 내려앉아 연한 자주색 구름처럼 보인다. 그래서 자운영(紫雲英)이라 하지 않았을까?

자운영은 중국에서 들어온 꽃이라고 한다. 자줏빛 紫, 구름 雲, 빼어날 英

자를 쓰니, '자줏빛 구름처럼 빼어나게' 아름다운 꽃이다. 자운이란 상서로운 구름으로서 중국에서는 천자를 상징하기 때문에 얼마나 귀하게 여기는 꽃인지 알 수 있다.

이 꽃은 그 모습보다 그 삶이 더욱 아름답다. 이른 봄에는 나물로서 사람의 굶주림을 면하게 하고, 꽃이 피면 벌과 나비에게 아낌없이 꿀을 주고, 꽃이 지면 쟁기로 갈아엎어져 벼의 거름이 된다. 사람과 곤충과 다른 식물에게 온 몸을 다 내어주면서도 그 꽃 하나하나와 무리지어 핀 아름다움이 모두 빼어나다.

그런 까닭으로 자운영의 꽃말이 '모두를 감싸는 사랑(Comprehensive love)'이 된 듯하다. 자운영은 두어 달 남짓한 짧은 삶을 살다가 가지만, 그 어느 식물보다도 헌신적인 사랑을 주고 간다. 진실로 모든 것을 아낌없이 주는 사랑의 꽃이다.

자운영을 만나러 가는 길은 아름다운 여인에게 다가가는 느낌이다. 아득한 곳에서 바라보면 신비로운 자주 구름과 같고 가까이 다가가면 분홍빛 황홀한 꽃밭이고, 한 송이 꽃을 마주하면 하얀 얼굴에 붉은 입술이 보인다. 아름다운 계절 오월엔 자운영 같은 여인이 그리워진다.

바람 없이 꽃가루를 날리는 나도물통이

나도물통이 *Nanocnide japonica* Blume

쐐기풀과 나도물통이속의 여러해살이풀. 높이 10~20cm. 암, 수꽃이 따로 있으며, 수꽃은 자줏빛 꽃받침으로 싸여 눈에 잘 띄나 암꽃은 잎겨드랑이에 작고 희멀겋게 달려 관찰하기 어렵다. 4~5월 개화. 전남, 제주 지역에 자생한다. [이명] 애기물통이, 화점초

식물은 동물처럼 스스로 움직이지 못하므로 곤충과 새, 바람과 물의 힘을 빌려 혼인을 한다. 예외적으로 나도물통이류의 식물은 내가 아는 한 제 힘으로 꽃가루를 전할 수 있는 유일한 식물이다. 책에는 나도물통이가 풍매화로 분류되어 있다. 그러나 실제로는 잔뜩 구부린 수술대를 순간적으로 펴면서 옆에 있는 꽃에게 꽃가루를 흩어 뿌린다. 이 풀은 무리지어 살며 바람 한 점 없어도 뽀얀 꽃가루를 잘도 뿌려댄다. 바람이 있으면 더 멀리 꽃가루를 보내겠지만 근본적으로 수분을 바람에 의존하지는 않는 듯하다.

그래서 나도물통이의 꽃은 모양이 별나다. 이 꽃은 곤충의 도움을 받을 필요가 없기 때문에 향기와 꿀과 색깔 고운 꽃잎을 애써 만들 이유가 없다. 꽃가루를 뿌려대는 탄력 있는 수술과 이것을 받을 암술만 있으면 된다. 수술대의 끝에는 꽃가루를 담은 작은 바가지가 달려 있다. 꽃잎은 없어도 수술, 암술을 갖추었으니 꽃은 꽃이다.

사흘 내내 나도물통이를 관찰한 적이 있다. 관찰이라기보다는 꽃가루가 터지는 순간을 촬영하려고 했었다. 꽃가루는 정오부터 오후 세시 사이에 여기저기서 터졌다. 어느 꽃봉오리에서 터져 나올지 전혀 예측할 수 없었다. 한 봉오

리에서 다섯 개의 수술이 순서도 없이 펴지는데 한 수술과 다음 수술이 펴지는 시간 간격도 제멋대로였다. 사흘 동안 나도물통이 밭에서 수천 장의 사진을 찍었지만 단 한 컷도 그 꽃가루가 공중에 뿌려지는 순간을 잡지 못했다. 수술이 터지는 1/100초보다도 짧은 찰나를 포착하는 것은 운에 맡길 수밖에 없었다.

몇 시간 동안 꽃가루가 꾸준히 여기저기서 터지는 것을 보니 온도나 햇볕, 바람과는 별로 관계가 없는 듯했다. 그저 저마다의 때와 인연이 있어 터진 듯이 보였다. 그 수백, 수천만 개의 꽃가루 중 어느 하나가 어느 암술머리에 앉아서 새로운 생명을 잉태할 것이다. 우리들의 탄생도 그런 섭리 어디메쯤에서 왔을 것이다.

뽕모시풀

Fatoua villosa (Thunb.) Nakai

길가에 나는 뽕나무과의 한해살이풀. 높이 30~80cm. 전체에 털이 있고, 잎자루가 길다. 7~10월 개화. 암꽃과 수꽃이 한 그루에 피며, 수꽃이 꽃가루를 흩어 뿌리는 구조로 나도물통이의 꽃과 아주 비슷하게 생겼다. [이명] 뽕잎풀(북한명)

대청도의 로맨틱한 여인 정향풀

정향풀 *Amsonia elliptica* (Thunb.) Roem. & Schult.

바닷가의 풀밭에 나는 협죽도과의 반목본성 여러해살이풀. 높이 40~80cm. 뿌리줄기가 옆으로 자란다. 5월 개화. 꽃의 지름 13mm 가량. 대청도에 자생하며, 문헌상으로 전남 완도, 나로도 등지에 자생한다고 하나 확인할 수 없었다. [이명] 수감초

대청도는 우리나라의 서북단 섬인 백령도에서 약 8km 남쪽에 있다. 인천에서 네 시간 가까이 걸리며 울릉도나 제주도에 가는 뱃길보다도 멀다. 여의도의 4배 정도 넓이에 1,200여 주민이 사는 작은 섬이지만, 정향풀, 대청지치, 대청부채 같은 이 섬만의 특산식물이 세 가지나 되고, 두루미천남성, 멱쇠채, 초종용, 실거리나무 등의 귀한 식물들도 많다.

그중에서 특히 정향풀을 오매불망하여 대청도행 배를 탔다. 빼어난 미모도 아니고 특별한 매력이 있다는 평판도 없었지만, 무언가에 홀린 듯이 그 먼 섬까지 가게 된 셈이다. 대청도에서 꽃을 탐사하려면 숙박업소에 교통 편의를 부탁하거나, 섬에 한 대밖에 없는 공영버스의 운행시간을 잘 알아서 이용하거나, 움직일 때마다 택시를 불러서 다니는 방법 중 한 가지를 택해야 한다.

정향풀이 자라는 곳은 만여 평 정도 되는 서남향의 산비탈 풀밭이다. 그곳에는 동백나무 자생 북방한계지가 있고 대청지치도 흔하다. 대청부채도 그 부근의 해안절벽지대에서 자생한다.

정향풀이라는 이름은 꽃이 정향나무의 꽃과 닮은 데서 유래되었으며, 정향나무는 라일락의 친척뻘 되는 꽃나무로 향기가 맑고 은은하다. '정향'은 꽃이 옆에서 보기에 '丁'자를 닮았고 향기가 좋다는 뜻으로, 나무의 이름에는 합당하지만 정향풀의 꽃에는 아쉽게도 향기가 없다.

그 대신 정향풀에는 눈에 드는 향기와 귀에 남는 향기가 있다. 수줍은 모양의 꽃에는 바다와 하늘의 푸르름이 스며있고, 줄기는 곧고 잎은 단정하여 은근한 여인의 향기가 보인다. '정향'이라는 이름은 로맨틱한 향기처럼 귓가에 맴돈다.

대청도에 잠깐 머무는 동안 '정향'과 꽤 정이 든 모양이다. 남북 간에 길이 열려서, 황해도 장산곶에서 잠깐 배타고 들어가 '정향'을 만날 수 있는 그날이 기다려진다.

개정향풀
Trachomitum lancifolium (Russanov) Pobed.

산이나 들에 나는 여러해살이풀. 높이 40~80cm. 뿌리줄기는 목질이고 전체에 털이 없다. 6~7월 개화. 꽃의 지름은 8mm 정도이다. 바닷가의 들에서 주로 발견된다.
[이명] 갯정향풀, 다엽초

대청도의 특산식물들

대청부채
Iris dichotoma Pall.

양지바른 풀밭이나 암벽에 나는 붓꽃과의 여러해살이풀. 높이 70cm 가량. 여러 장의 칼 모양 잎이 평면을 이룬다. 8~9월 개화. 꽃은 3~5송이씩 모여 붙는다. 중국, 몽골 등지에 자생하는 식물로 우리나라의 백령도, 대청도가 분포의 남쪽 한계선으로 보인다. [이명] 대청붓꽃, 부채붓꽃, 얼이범부채, 참부채붓꽃(북한명)

대청지치
Thyrocarpus glochidiatus Maxim.

대청도의 풀밭에 나는 지치과의 여러해살이풀. 높이 30cm 가량. 5~6월 개화. 꽃받이와 비슷하나, 꽃받이는 열매가 둥글고 밋밋하고 대청지치는 구멍이 뚫려 있고 주변에 주름이 있다. (오른쪽: 대청지치의 열매)

징소리와 함께 물러나는 쇠채

쇠채 *Scorzonera albicaulis* Bunge

산기슭의 양지나 바닷가 풀밭에 나는 국화과의 여러해살이풀. 높이 30~100cm. 줄기가 흰 털로 덮여 있고 가지가 많이 갈라진다. 7~8월 개화. 어린순은 나물로 먹는다. [이명] 미역꽃, 쇄채

쇠채의 씨앗 뭉치

쇠채는 만나기가 쉽지 않은 풀이다. 이름 모를 작은 저수지 둑에서 처음 쇠채를 만났을 때, 그 모양새가 어쩐지 원시적이라는 느낌이 들었다. 무심코 보더라도 뭔가 원시적 냄새가 나는 까닭인즉슨 야구공만큼 벙글은 씨앗 방망이에 우선 혐의가 갔다.

어떤 분이 이 씨앗 뭉치가 징을 치는 방망이인 '징채'를 닮아서 그런 이름을 갖게 되었을 법하다는 이야기를 쓴 것을 보았다. 징도 쇠의 일종이므로 징채를 쇠채라고도 불렀기 때문이다. 또 '소가 먹는 나물'이라는 뜻의 '쇠채'라는 유래설도 있지만, 소가 먹는 나물이 어디 이것뿐이겠는가.

'쇠채'처럼 오래된 듯한 이름이 붙은 식물이 요즘에 아주 보기 힘들 정도로 희귀해졌다면 그 종은 쇠퇴의 길로 들어섰을 가능성이 크다. 아무래도 너무 큰 날개를 단 씨앗이 문제인 듯싶다. 막대사탕만한 민들레의 씨앗 뭉치에서 떨어

져 나온 낱낱의 씨앗이 상승기류를 타면 40km, 즉 백 리를 날아간다고 한다. 어른 주먹만한 쇠채의 씨앗 방망이에 붙은 낱개의 씨앗은 센 바람에 뒤집어진 우산 모양을 하고 있는데, 얼핏 보아도 민들레 씨보다는 훨씬 멀리 날아가게 생겼다. 그렇다면 이 씨앗이 무작정 날아가 싹을 틔울 땅이 있을까? 이분법으로 말하자면 지금 우리나라에는 울창한 삼림과 사람이 알뜰하게 가꾸거나 이용하는 땅, 두 가지밖에 없다.

우리나라는 주거가 불가능한 험한 산악지대를 빼고 나면 단연 인구밀도 세계 1위다. 요즘 들어 우리 사회에서 아이를 많이 낳자는 분위기는 급격한 인구 감소가 초래할 사회적 불안정을 염려한 것이다. 하지만 미래 한민족의 삶의 질을 생각한다면 우리 국토는 너무 좁다. 쇠채의 씨앗이 정처 없이 날아가 뿌리 내릴 땅은 없는 것이다.

쇠채라는 꽃의 이름이 왠지 '쇠퇴'한다는 뉘앙스를 풍긴다. 옛날에 쇠채로 징을 치면 모든 것이 끝났다는 소리였고 싸움터의 징소리는 후퇴를 알리는 신호였다. 쇠채는 스스로 징을 울리고 사라져 가는 식물인가….

쇠채아재비

Tragopogon dubius Scop.

논두렁이나 길가에 나는 두해살이풀. 높이 60~90cm. 1999년 『한국 미기록 귀화식물(XV)』(박수현)에 처음 소개된 귀화식물이다. 쇠채나 멱쇠채와 다른 속으로 분류되어 있으나, 이 세 가지 식물은 모두 오전 중에만 꽃을 피우고 정오가 넘으면 꽃을 닫는 공통점이 있다.

멱쇠채

Scorzonera austriaca subsp. *glabra* (Rupr.) Lipsch. & Krasch. ex Lipsch.

산이나 들의 양지에 나는 여러해살이풀. 높이 30cm 가량. 잎이 미역처럼 굴곡이 있고, 전체 모습은 민들레와 비슷하다. 4~6월 개화. 연한 꽃줄기와 어린잎은 식용한다.

[이명] 누은쇠채, 눈쇠채, 미역쇠채, 애기쇠채, 좀쇠채

지켜주지 못해서 미안타 광릉요강꽃아

광릉요강꽃 *Cypripedium japonicum* Thunb. ex Murray
난초과 복주머니란속의 여러해살이풀. 높이 20~55cm. 5월 개화.
[이명] 광릉복주머니란, 치마난초, 부채잎작란화

광릉요강꽃은 멸종위기식물 1급으로 지정된 식물이다. 어느 식물학 교수의 말에 의하면 멸종위기 1급이란, '자연 상태에서 사실상 멸종된' 것이다.

2007년경 덕유산에 자연 군락이 있다는 정보를 얻어서 오매불망하던 광릉요강꽃을 찾아 나섰다. 꽤 먼 거리였지만 길이 잘 나 있어 쉽게 찾았는데, 아뿔사! 그곳은 이미 감시카메라가 설치되어 있었고 철책까지 두르고 있었다. 숲은 어둡고 철책의 범위가 얼마나 넓은지 꽃은커녕 울타리 안에 뭐가 있는지 관찰할 수도 없었다. 그곳을 철책으로 두르고 아예 보지도 못하게 하였으니, 어느 교수의 말대로 '자연 상태에서 사실상 멸종된 것'이다. 2010년에도 충북 영동의 작은 산에서 군락이 발견되었지만, 그 즉시 덕유산의 전례에 따라 바로 감옥에 갇혀 버렸다.

'광릉요강꽃'은 경기도 광릉 일대에서 처음 발견되었고, 그 뿌리의 암모니아

성분 때문에 지린내가 나는데다가 꽃 모양이 요강을 닮아서 이런 이름을 얻었다고 한다. 광릉에서 한북정맥을 따라 북으로 이어지는 죽엽산, 명지산, 국망봉, 그리고 화천 일대를 누비는 약초꾼들은 지금도 어쩌다 만나는 모양이다. 그러나 이들이 사람들에게 알려지는 것은 사형선고나 다름이 없다. 소문이 나면 수많은 사람들이 몰려서 주변이 단단하게 다져지고 사진을 깨끗하게 찍으려는 욕심 때문에 꽃에 드리운 그늘이 제거된다. 그렇게 되면 번식은커녕 제 명에 살지도 못한다. 더러는 이 꽃을 몰래 캐가는 사람도 있는 모양이다. 이 난초는 그 토양에 있는 난균류와 공생하기 때문에 생태전문가가 아닌 한 옮겨 심어서 살리지 못한다고 한다.

어쨌거나 나는 어떤 고마운 동호인의 안내로 꿈에도 그리던 광릉요강꽃을 만나는 행운을 누렸다. 이미 많은 사람이 다녀간 듯 주변은 반질반질하였고, 나 역시 이들의 멸종을 재촉하는 대열에 끼고만 것이다. 내 생애 단 한 번의 만남으로 감사하면서 다시는 이곳을 찾지 않겠다는 작별인사를 했다. 그것은 죽음 뒤의 공허를 보지 않으리라는 절망의 인사였다. 지켜주지 못해서 미안타, 광릉요강꽃아.

기암절벽에 꽃 핀 쌀 한 섬 석곡

석곡 *Dendrobium moniliforme* (L.) Sw.

빛이 잘 드는 숲의 나무줄기나 바위에 자라는 상록성의 착생란. 높이 10~25cm. 뿌리는 가늘고 희며, 줄기에는 마디가 있다. 5~6월 개화. 꽃에 향기가 있으며, 변비, 요통, 당뇨에 약용한다. 경남, 전남, 제주도 등지에 자생한다. [이명] 석곡란

석곡이라는 이름의 난초가 있다. 돌 석(石)자에 휘 곡(斛)자를 쓴다. '휘'는 곡식을 계량하는 단위로 열다섯에서 스무 말 가량 되는 부피라고 하니 두어 가마나 한 섬 정도의 양이다. 석곡은 바위에 무더기로 붙어서 하얀 꽃을 피우므로 정말 쌀 한 섬을 붙여놓은 듯이 풍성해 보인다.

석곡은 또 한약재의 이름이기도 하다. 기암절벽에 뿌리를 붙이고 대자연의 신성한 기운을 받으며 자라니 그 약효가 좋은 것이 당연하다. 한의사로서는 석곡이 쌀 한 섬 정도의 약값이 되거나, 그 정도의 보약이 된다고 생각할는지도 모르겠다.

©강성관

석곡은 약재로서도 이미 널리 알려진데다 난을 기르는 사람들이 늘어나면서 더욱 남채의 대상이 되었다. 인터넷을 보면 자연에서 캐낸 석곡의 거래가 얼마나 활발한지 멸종위기식물을 불법으로 캐온 것을 자랑이라도 하고 있는 듯하다. 더욱 개탄할 일은 석곡의 뿌리로 술을 담가서 근거 없이 정력에 좋다고 떠들어 대고 있으니, 석곡의 앞날이 염려스럽기만 하다.

이제 사람의 손이 닿을 만한 곳의 석곡은 사라졌다. 쌀 한 섬이 바위에 붙어 있는데 손이 닿는 곳이라면 그냥 두고 볼 사람이 어디 있겠는가? 요즘 석곡을 채취하는 사람들은 암벽을 타는 장비까지 갖추고 험한 절벽에 얼마 남지 않은 마지막 석곡을 뜯어내고 있다.

기암절벽에 구름처럼 신선처럼 피는 아름다운 꽃에 쌀 몇 가마니 값을 매기는 짓이 속물스럽지만 어쩌랴, 그 이름이 기구한 팔자를 안고 있으니 말이다. 사진 찍기를 좋아하는 나로서는 사진이라도 잘 찍어서 쌀 한 가마 값어치만 해도 좋겠다는 욕심을 부려본다.

새우난초의 기구한 운명

새우난초 *Calanthe discolor* Lindl.

숲 그늘에서 나는 난초과의 여러해살이풀. 높이 30~50cm. 땅속줄기가 굵고 짧으며 새우를 닮았고, 수염뿌리가 많다. 5월 개화. 제주도, 남해안의 섬, 안면도 등지에 분포한다. [이명] 새우란(북한명)

새우난초는 바다 가까운 지역에서 주로 자란다. 우리나라에서는 제주도를 기점으로 남해안의 섬들과 서해의 안면도처럼 온난한 지역에서 발견된다.

새우난초는 땅속줄기가 새우처럼 굽고 마디가 있어서 유래된 이름이라고 한다. 새우난초 종류 중에서 여름에 피는 여름새우난초는 그 꽃까지도 영락없이 새우의 모양을 닮았다. 아무래도 이 식물은 전생에 새우였나 보다.

고기들에게 쫓기느라 편할 날이 없는 것이 새우다. 새우는 죽어서는 제발 물고기가 없는 육지에 환생토록 해달라고 용왕님께 간절히 빌었으리라. 인자한 용왕님은 새우를 가엽게 여겨 지상의 아름다운 꽃으로 다시 태어나게 해준 듯하다.

이 꽃의 속명 '*Calanthe*'는 아름다운 꽃이라는 뜻이다. 'Calanthe'는 '아름답다'는 뜻의 그리스어 'calos'와 '꽃'이라는 뜻을 가진 'antos'의 합성어라고 한다. 새우난초의 자매들, 금새우난초, 큰새우난초, 여름새우난초들도 하나같이 그 미모가 빼어나다. 때로는 아름다움이 인간이나 식물에게 치명적이 된다. 새우난초는 그 아름다움 때문에 땅에서도 남채가 되어 그 기구한 운명이 바다새우와 다를 것이 없게 되었다.

새우는 먹이 피라미드의 거의 바닥에 있는 동물이고 인간이 그 정점에 자리하고 있다. 어찌 보면 인간 세상도 먹이사슬의 피라미드다. 삼천 년 전 새우처럼 등이 굽은 노예들이 피라미드를 세웠듯이 권력과 부의 지배구조와 연결고리가 지금도 그러하다.

사람들은 그 피라미드의 상층부로 가려고 발버둥 친다. 자신이 그곳에 이르지 못하면 후대에라도 갈 수 있도록, 오늘도 새우등을 하고서 갖은 정성을 다 바치고 있다. 새우난초는 아름다우나 그 꽃을 보는 마음은 아리다.

금새우난초

Calanthe sieboldii Decne. ex Regel

습한 숲에서 나는 여러해살이풀.
높이 20~50cm. 꽃이 노란색이며 5~6월에 개화한다. 울릉도, 흑산도, 홍도, 제주도 등지에 분포한다.
[이명] 금새우란, 금새우난, 노랑새우난초

큰새우난초

Calanthe bicolor Lindl.

습한 숲에서 나는 여러해살이풀.
높이 20~50cm. 새우난초와 금새우난초의 자연교잡종이며 이 잡종과 양친종이 역교배를 하여 변이체들이 매우 다양하다. 5월 개화. 제주도의 낙엽수림에 자생한다.
[이명] 한라새우난초

여름새우난초

Calanthe reflexa Maxim.

습한 숲에서 나는 여러해살이풀.
높이 20~60cm. 7~8월 개화. 제주도, 전남 등지의 습한 숲에 자생한다.
©전정표

소림사 스님을 닮은 약난초

약난초 *Cremastra variabilis* (Blume) Nakai ex Shibata

습한 숲에서 나는 난초과의 여러해살이풀. 높이 10~50cm. 잎은 1개, 드물게 2개. 길이 22~45cm, 폭 4~8cm. 꽃이 필 무렵 묵은 잎이 사라지고 9~11월에 새잎이 나온다. 5~6월 개화. 호남 지방과 제주도에 자생한다.
[이명] 약란, 정화난초

단 한 장의 잎으로 식물 행세를 하는 괴짜들이 있다. 약난초, 감자난초, 풍선난초 같은 식물이 그들이다. 이들은 한 장의 잎이 시들 무렵 꽃을 피우고, 다시 새 잎 한 장을 내서 일 년을 산다. 눈 속에서도 푸른 잎 한 장으로 겨울을 나는 이들을 보면, 한 손으로만 합장(?)을 하는 소림사(少林寺) 스님들이 떠오른다. 소림사 스님들이 이런 인사법을 하게 된 내력은 6세기 중엽에 2대 방장을 지냈던 혜가 스님을 기리는 뜻이라고 한다.

영화를 통해서도 잘 알려진 소림사는 중국 선종의 본산이다. 이 소림사의 초대 방장이 그 유명한 달마대사이고, 이분이 소림사 앞산 동굴에 들어앉아 9년 동안 면벽(面壁)수행을 할 때, 수많은 승려들이 제자가 되기를 간청했으나 뒤도 돌아보지 않았다.

신광 스님도 그 많은 승려 중에 한 사람이었다. 밤새 눈이 내린 어느 겨울

©마용주

아침 달마는 신광이 꼼짝도 하지 않고 그가 참선하는 동굴 밖에서 밤을 새운 것을 알았다. 달마가 그를 가상히 여겨 도를 구하려는 간절함을 묻자, 신광은 숨겨온 칼로 왼팔을 거침없이 잘라 바쳤다. 불가에서는 이를 '단비구도'(斷臂求道), 즉 '팔을 잘라 도를 구했다'고 한다. 달마는 그를 제자로 받아들이고 혜가(慧可)라는 법명을 내렸으며, 혜가 스님은 달마대사에 이어 중국 선종의 이조(二祖)가 되었다. 약난초를 보면 여러모로 혜가 스님의 이야기가 떠오른다. 길고 날카로운 꽃잎은 그가 숨겨 갔던 비수처럼 섬뜩하고 붉은 순판은 그의 잘린 팔에서 흐르는 선혈로도 보인다.

약난초라는 이름은 난초 종류 중에서는 보기 드물게 종기나 악성종양 등에 약으로 쓰여서 붙은 이름인 듯하다. 나더러 이 난초의 이름을 지어보라 한다면, 웬만한 풀들에도 있는 약효를 가지고 약난초라고 하느니, 신광의 팔을 잘랐던 비수 모양의 꽃잎에서 '단비(斷臂)난초'나, 혜가(慧可)선사의 이름을 따서 '혜가란'으로 부르고 싶다. 진리를 구하기 위해 팔 하나를 단칼에 잘라냈던 위대한 선승(禪僧)의 모습을 이 꽃에서 보았기 때문이다.

잎이 한 장인 난초들

감자난초
Oreorchis patens (Lindl.) Lindl.
습한 낙엽수림에 나는 여러해살이풀. 꽃줄기 높이 30~50cm. 줄기가 땅속에서 감자 모양의 구경을 형성하여 감자난초라고 한다. 구경의 길이 1.5~2cm. 잎은 구경에서 1~2장 나온다. 5~6월 개화. 우리나라에서는 제주도를 제외한 전국에 자생한다.
[이명] 감자란(북한명), 댓잎새우난초

병아리난초
Amitostigma gracile (Blume) Schltr.
산지의 암벽에 나는 난초과의 여러해살이풀. 높이 15cm 가량. 잎은 밑동에서 긴 타원형으로 한 장이 달린다. 잎의 길이 3~8cm. 너비 1~2cm. 5~8월 개화. 꽃이 줄기 한쪽에 치우쳐 달린다.
[이명] 바위난초, 병아리란

나도제비란
Orchis cyclochila (Franch. & Sav.) Maxim
높은 산의 이끼가 많은 숲에 자라는 여러해살이풀. 높이 7~15cm. 뿌리는 두꺼우며, 줄기는 각이 지고, 뿌리에서 한 장의 잎이 난다. 5~6월 개화.
[이명] 방울난초, 차일봉무엽란, 큰홀잎난초

큰방울새란(왼쪽) *Pogonia japonica* Rchb. f.
햇볕이 잘 드는 습지에 나는 여러해살이풀.
높이 10~30cm. 줄기가 곧게 서고 가늘며, 잎은 줄기 중간에 1개, 긴 타원형이다. 5~7월 개화. 꽃은 활짝 펴지며 길이 1.5~2.5cm. [이명] 큰방울비란

방울새란(오른쪽) *Pogonia minor* (Makino) Makino
산지의 습한 곳이나 초원에 나는 여러해살이풀.
높이 5~25cm. 잎은 줄기 중간에 거꾸로 된 피침형으로 1개이다. 6~8월 개화. 꽃은 큰방울새란보다 작고 활짝 피지 않는다. [이명] 방울새난초.

바람결 생명의 향기 풍란

풍란 *Neofinetia falcata* (Thunb.) Hu

남해안 지역의 바위나 나무에 붙어 사는 난초과의 여러해살이풀. 주변 습도가 높고 햇볕이 잘 들어오거나 반그늘에 자란다. 높이 약 10cm, 잎의 길이 5~10cm, 폭이 약 0.7cm 정도다. 7~8월 개화. 멸종위기식물 I급.
[이명] 꼬리난초

풍란은 남해안의 절벽이나 나무에 뿌리를 붙이고 산다. 남해안의 바닷가 마을에는 옛날에 어부들이 뱃길을 잃었을 때 바람결에 묻어오는 풍란의 향기로 뱃길을 잡았고, 조난을 당했을 때에도 이 향기를 따라 가까운 섬으로 가서 구사일생으로 목숨을 건졌다는 이야기가 전해온다. 1980년대만 하더라도 남해의 무인도를 탐사하려면 풍란이 너무 우거져서 낫으로 쳐내가면서 섬을 올랐다고 한다. 그 정도의 군락이 있었기에 향기가 바다 멀리까지 갔을 것이다. 그러나 지금은 자연 상태에서 풍란을 보기가 아주 어렵다.

풍란의 다른 이름은 조란(弔蘭)이다. 풍란의 꽃에는 긴 꿀주머니가 아래로 달려 있어서 무리지어 핀 꽃들은 상복에 너풀거리는 베 조각처럼 보인다. 그래서인지 그 꽃은 언젠가 춥고 험난한 바다에서 생명을 잃은 불쌍한 어부들을 위한 조화(弔花)처럼 보이기도 한다.

©윤우일

라인강의 로렐라이에는 고마운 풍란 대신 고약한 요정이 살고 있다. 배가 이곳을 지날 때 요정의 노래에 홀려 정신을 잃고 절벽에 부딪혀 많은 사람들이 죽었다는 전설로 잘 알려진 곳이다. 유령이나 요정, 귀신들 같은 인간의 혼령 중에 십중팔구는 로렐라이의 요정처럼 인간을 해코지하는 일을 한다.

사람들은 타인에게 천사인양 보이려고 하면서도 그 원초적 영혼은 경쟁과 적대관계에 있는 듯하다. 카인의 질투가 유전자에 남아 있기 때문일까? '같은 종끼리의 생존경쟁이 가장 치열하다'는 과학적 명제를 상기해 봐도 역시 그러하다.

그러나 사람이 아닌 것들, 꽃이나 새나 짐승들은 풍란처럼 사람의 목숨을 구해주었다는 이야기가 많다. 그러한 자연에 대하여 인간은 참 몹쓸 짓을 하고 있다. 수천수만 년을 자연으로부터 온갖 혜택을 받은 인간이 오늘날에 와서는 그 욕심이 도를 넘어서고 있다.

풍란을 사라지게 한 분별 없는 사람들이 있었지만 다행히도 그것을 다시 심는 뜻있는 분들도 있어서 어느 섬에는 풍란이 제자리를 잡아가고 있다고 한다. 바람결에 실려 오는 생명의 향기를 다시 맡을 수 있는 그날을 꿈꾸어 본다.

지네발란과 지네의 유유상종

지네발란 *Sarcanthus scolopendrifolius* Makino

바위나 나무줄기 위에 밀착하여 사는 난초과의 여러해살이풀. 환경부 멸종위기식물 II급으로 지정되어 있으며, 환경변화에 의한 감소보다는 관상용으로 불법 채취되는 경우가 많다. 6~7월 개화. 남해안의 섬과 제주도에 자생한다. [이명] 지네난초

어느 해 여름 남도에 지네발란을 보러간 야생화 동호인들이 '대박'의 행운을 만났다. 지네의 모양을 빼닮은 지네발란이 꽃을 잘 피워서 감탄하고 있는데, 그와 때를 맞추어 정말 멋진 지네가 나타났기 때문이다. 지네발란이 뒤덮은 바위를 지네가 패션모델처럼 행진하자, 동호인들은 흥분하고 감탄하며 셔터를 누르기 바빴다. 야행성으로 알려진 지네의 대낮 출현은 그야말로 대박이었다.

지네발란이나 지네는 다른 식물이나 동물이 엄두를 못내는 바위절벽에 달라붙어 살아야 하고 기어 다녀야 하기 때문에, 동물과 식물의 경계를 넘어서 같은 목적으로 닮게 된다. 유유상종(類類相從)한다는 옛말이 있다. 사물은 같은 무리끼리 따르고, 같은 사람은 서로 찾아 모인다는 말이다.

나는 지네와 지네발란이 유유상종하는 모습을 보고 싶어서 지네가 좋아한다

©김용대

는 닭뼈를 구해서 지네발란 군락지를 찾았다. 지네가 출몰할만한 습한 틈새에 귀한 선물을 놓고서 도시락까지 먹으면서 기다렸지만 끝내 지네는 나타나지 않았다. 결국 나의 가상한 노력은 뜻밖의 행운을 따라잡지 못했다.

우리나라의 전설이나 옛날이야기에는 지네가 많이 등장한다. 신임 사또가 부임한 첫날밤에 큰 지네와 여우가 나타나서 어쩌고… 하는 이야기에서 지네는 '토(土)'를 여우(狐)는 '호(豪)'를 은유한다. 무슨 괴담 같기는 하지만 토호들의 협박과 유혹에 굴하지 않는 사또야말로 진정한 목민관이라는 주제를 담고 있는 이야기들이 많다. 이런 이야기에서 발이 많아서 땅에 잘 달라붙은 지네는 토착 세력을 상징한다. 그들은 혈연, 지연, 학연으로 유유상종하며 이익과 권력을 나누는 거래를 한다.

유유상종이라는 말 자체에는 옳고 그름이 없으나, 그 쓰임을 보면 좋은 뜻으로 쓰이는 경우를 찾아보기 힘들다. 그러한 언어습관의 바탕에는 군자나 선비는 패거리를 짓지 않는다는 유교적 윤리관이 깔려 있는 듯하다. 유유상종은 '끼리끼리 논다'는 정도의 표현이니 함부로 쓸 말은 아니지만, 요즘 세태에는 권력과 재력, 사치와 천박의 유유상종이 도를 넘는 듯하다.

한 편의 영화와 산솜다리의 수난

산솜다리 *Leontopodium leiolepis* Nakai
높은 산 암석지대에 나는 국화과의 여러해살이풀. 높이 7~22cm. 가지가 없고,
전체에 흰 솜털이 있다. 6월 개화. 한국(중 · 북부) 특산식물. [이명] 참솜다리(북한명)
*2012년 식물분류학회지에 '설악솜다리'로 발표되었음.

1970년대에 설악산을 찾았던 분들은 '에델바이스'라며, 작은 액자에 넣어서 천 원씩에 팔던 꽃을 기억할 것이다. 그 십여 년 동안에 설악산 봉우리마다 흔하던 이 꽃은 자취를 감추어서 지금까지도 숨어 사는 신세가 되어버렸다.

이 참사(慘事)는 '사운드 오브 뮤직'이라는 영화 때문이었다. 영화 'Sound of Music'은 1965년 미국에서 제작되어 60년대 말에 우리나라에 들어와 히트한 뮤지컬 영화였다. 쥴리 앤드류스가 주연한 이 영화에 좋은 음악들이 많이 나오지만 가장 깊은 인상을 남긴 곡이 바로 주제곡 '에델바이스'였다.

에델바이스(edelweiss)는 오스트리아의 나라꽃이다. 노랫말에는 그 작고 하얀 꽃에서 느끼는 행복감과 조국애가 담겨 있다. 그런데 이 영화와 에델바이스 노래가 남긴 감동의 불씨가 설악산에서 평화롭게 살던 산솜다리에게는 재앙으로 번졌다.

솜다리속(屬)의 식물은 전 세계에 약 50종이 분포하고 있고 우리나라에는 솜다리와 산솜다리 등 다섯 종이 살고 있다. 오스트리아의 에델바이스(*Leontopodium alpinum*)와 우리나라의 솜다리(*Leontopodium coreanum*)나 산솜다리(*Leontopodium leiolepis*)와는 근연관계의 식물이기는 하지만 엄연히 다른 종이다. 우리나라의 솜다리들은 먼 나라의 얼굴도 모르는 친척 때문에 죄도 없이 멸족 상태에 이르는 수난을 당하게 되었다. 대자연, 그것도 우리나라의 대표적인 국립공원에 사는 식물을 몇 푼의 돈 때문에 마구 채취하고 박제를 해서 판 것도 문제지만, 당사자도 아닌 친척들을 멸종까지 몰고 갔으니 기가 찰 노릇이다.

©신동호

'에델바이스' 노래의 마지막 구절이 짙은 여운을 남긴다. '나의 조국이여 영원하라(Bless my homeland forever)' 나의 조국은 어디에 따로 있지 않고, 풀 한 포기, 나무 한 그루에도 스며 있다. 그들이 우리 삶의 터전이며 친구이기 때문이다.

왜솜다리
Leontopodium japonicum Miq.
깊은 산에 나는 여러해살이풀. 높이 25~50cm. 전체에 솜털이 있으며 윗부분에 가지가 약간 갈라진다. 8~9월 개화. 소백산 이북에 자생한다.
[이명] 솜다리

들떡쑥
Leontopodium leontopodioides (Willd.) Beauverd
밭이나 들의 건조한 풀밭에 나는 여러해살이풀. 높이 15~45cm. 줄기와 잎에 솜털이 밀생하여 회백색으로 보인다. 6~8월 개화. 꽃은 암수딴그루이거나 잡성화이다. 꽃차례의 지름 1cm 가량. 전국에 분포한다.
[이명] 들괴쑥, 들솜다리
©심선조

다북떡쑥
Anaphalis sinica Hance
산지의 건조한 풀밭에 나는 여러해살이풀. 높이 20~35cm. 줄기에 흰 털이 있고, 잎 뒷면에 회백색 솜털이 밀생한다. 7~8월 개화. 암수딴그루 식물이다.
[이명] 개괴쑥, 구름떡쑥, 다북산떡쑥

바람꽃이 시들지 않는 까닭은…

바람꽃 *Anemone narcissiflora* L.

높은 산에 나는 미나리아재비과의 여러해살이풀. 높이 20~40cm. 6월 말~8월 개화. 하나의 줄기에서 3~4개의 꽃대가 나와 꽃을 피우면서 다음 줄기를 준비한다. 설악산 등 북반구 고산지대에 분포한다. [이명] 조선바람꽃

"처녀총각이 서로 좋아했는데, 처녀 부모가 강제로 딴 데다 시집보냈대. 그 총각은 밤낮 둘이서 만나던 뒷산 바위로 가서 울었는데, 어느 밤중에 달려가 보니 이상한 꽃이 피었더래. 허깨비를 본건지, 바위 위에서 떨어져 죽었대. 그때부터 뒷산에서 부는 바람소리는 그 처녀의 이름을 부르는 그 총각의 목소리 같았다나… 그 바위에 올라가면 사랑하는 사람들한테만 뵌다는 꽃을 볼 수 있대. 바람꽃이라지 아마?…." – 유안진의 소설『바람꽃은 시들지 않는다』중에서

이 소설에 등장하는 바람꽃은 전설 속의 꽃이다. 유안진 시인은 이 소설이 T.V.드라마로 제작된 후 인터뷰에서 바람꽃은 실존하지 않으며 작가가 만들어낸 상상의 꽃이라고 했다. 작가는 바람꽃이 실제로 존재하는 꽃인지 몰랐던 것이다.

바람꽃은 우리나라에 피는 여러가지 바람꽃 중에서 가장 늦은 7월 중순경에 설악산 대청봉 일대에서만 피는 보기 드문 꽃이다. 우리나라에는 굳이 설악의 바람꽃이 아니라도 문학적으로 바람꽃이라고 이름 부를 수 있는 꽃이 열댓 가지나 더 있다.

어떤 사람들은 들꽃에 대한 작가의 무지를 지적하기도 하지만 나는 작품 속에서 이리도 애틋한 전설의 꽃을 피워낸 작가의 창조적 상상력에 오히려 갈채를 보내고 싶다. 그런데 왜 바람꽃은 시들지 않는 것일까? 소설 속에는 분명한 답이 없다. 그것은 온전히 독자가 저마다의 의미를 부여할 몫이다.

남자와 여자 사이에는 언제나 미묘한 바람이 흐른다. 그것이 사랑으로 피어나면 '바람꽃'이 되고, 이루지 못한 사랑은 시들지 않는 추억으로 남는다. 사람들은 가슴속 깊은 곳에 죽는 날까지 시들지 않는, 저마다의 '바람꽃'을 간직하고 있는지 모른다.

우연의 일치인지 대청봉의 바람꽃도 시들지 않는다. 그곳의 여름은 늘 안개비와 바람이 감싸고 있기 때문에 바람꽃은 시들기 전에 바람에 꽃잎을 날려 보낸다.

꿩의바람꽃
Anemone raddeana Regel
산지의 숲 속에 나는 미나리아재비과의 여러해살이풀. 높이 20cm 가량. 4~5월 개화. 꽃의 지름 3~4cm. 한 포기에 1개의 꽃이 달린다. 전국에 분포한다. 바람꽃속 중에서 가장 먼저 꽃이 핀다.

홀아비바람꽃
Anemone koraiensis Nakai
산지의 습한 곳에 나는 여러해살이풀.
높이 20~30cm. 4~5월 개화. 꽃의 지름 1.5cm 가량. 꽃과 잎 모양이 바람꽃과 비슷하나 꽃대 끝에 꽃이 1송이씩 달려서 홀아비바람꽃이라고 한다. 한국 특산식물로 전국에 분포한다.

쌍동바람꽃
Anemone rossii S. Moore
깊은 산에 나는 여러해살이풀. 높이 25cm 가량. 5~6월 개화. 꽃은 2개의 꽃자루 위에 1개씩 달리고, 순차적으로 핀다. 강원도 이북에 자생한다.
[이명] 쌍동이바람꽃, 쌍둥바람꽃(북한명)

숲바람꽃
Anemone umbrosa C. A. Mey.
숲 속에서 자라는 여러해살이풀. 높이 15~20cm 가량. 5~6월 개화. 꽃의 지름은 1.5cm 가량. 중부 이북 지방에 분포한다.
[이명] 그늘바람꽃(북한명)

회리바람꽃

Anemone reflexa Steph. & Willd.

산지에 나는 여러해살이풀. 높이 20~30cm. 5~6월 개화. 꽃은 꽃대 끝에 1~3송이씩 달린다. 전국에 분포한다.

들바람꽃

Anemone amurensis (Korsh.) Kom.

습한 숲 밑에 자라는 여러해살이풀. 높이 15cm 가량. 4~5월 개화. 꽃의 지름은 2cm 가량, 꽃대 끝에 1송이씩 달린다. 중부 이북 지방에서 자생한다.

태백바람꽃

Anemone pendulisepala Y. Lee

높은 산에 나는 여러해살이풀. 높이 20cm 가량. 줄기는 둥글고 털이 없다. 5월 개화. 꽃의 지름 1.5cm 가량, 꽃대 끝에 1송이씩 달린다. 회리바람꽃과 들바람꽃의 자연교잡종으로 추정된다. 강원도 태백산, 청태산 일대에 분포한다.

세바람꽃

Anemone stolonifera Maxim.

산지에 나는 여러해살이풀. 높이 10~15cm. 5~6월 개화. 꽃의 지름은 1cm 가량. 한 줄기에서 2~3개의 꽃대가 길게 자란다. 주로 고산지대에 분포한다. [이명] 세송이바람꽃

가래바람꽃

Anemone dichotoma L.

양지바른 습지에 나는 여러해살이풀. 높이 50cm 가량. 전체에 잔털이 있고, 줄기 윗부분이 2개로 갈라진다. 6~7월 개화. 백두산 등 북반구 아한대 지방에 분포한다.

[이명] 가지바람꽃, 갈내바람꽃, 갈래바람꽃(북한명)

조선바람꽃(북한명)

Anemone narcissiflora Linne var. crinita(Juz.) Taruma

높은 산의 초원에 나는 여러해살이풀.

높이 40cm 가량. 전초에 흰색 긴 털이 난다. 6~7월 개화. 3~5개의 꽃대가 모여 나며 꽃의 지름은 3cm 가량. 백두산 등 고산지대에 분포한다.

[이명] 긴털바람꽃

남바람꽃

Anemone flaccida F. Schmidt.

산지의 계곡 주변에 자라는 여러해살이풀.

높이 15cm 내외. 4월 말~5월 초 개화. 꽃의 뒷면에 분홍색을 띤 꽃이 있고 흰색 꽃도 있다. 전남, 경남, 제주도 등지에 분포한다.

[이명] 남방바람꽃

나도바람꽃

Enemion raddeanum Regel

숲 속에 나는 나도바람꽃속의 여러해살이풀.

높이 20~30cm. 4~5월 개화. 덕유산 및 중부 이북 지방에 주로 분포한다.

나도승마, 사람과 함께 사라지다

나도승마 *Kirengeshoma koreana* Nakai

그늘지고 습기가 많은 숲에 자라는 범의귀과의 여러해살이풀. 높이 60~90cm. 줄기는 원기둥 모양으로 곧게 서며 약하다. 잎은 지름은 30cm 정도로 넓으며 가장자리에 거친 톱니가 있다. 7~8월 개화. 한국(전남, 경남) 특산식물. 멸종위기종. [이명] 노랑승마, 백운승마, 왜승마

일본나도승마(*Kirengeshoma palmata* Yatabe)와 같은 종으로 보는 견해도 있으나 모양이 약간 다르다.

나도승마는 만나기가 아주 어려운 식물로 우리나라에 알려진 자생지가 한두 군데 정도이다. 귀한 식물이라는 막연한 유혹에 넘어간 나도 '나도승마'를 찾아갔다.

그곳은 너무 어둡고 습해서 우리나라에 이런 숲도 있었나 싶었다. 꽤 많은 개체들을 만났는데 꽃을 피운 녀석은 불과 두어 포기였다. 제대로 개화를 보지 못해서 그 후 3년 동안 예닐곱 차례나 그곳을 찾아갔다. 나중에 알고 보니 나도승마는 7월 말부터 두 달 정도 찔끔찔끔 꽃을 피웠다. 그런 까닭에 땀으로 목욕을 하며 높은 산을 올라갔지만 단 한 번도 흡족한 개화 모습을 보지 못했던 것이다.

그런데 해마다 개체 수가 눈에 띄게 줄어들었다. 첫해에 5개 군락에 대략 100여 개체를 본 듯한데, 이듬해에는 네 곳에 60여 개체, 3년차에는 세 군락에 30여 개체 정도를 볼 수 있었다. 내가 그곳을 찾기 한두 해 전에는 훨씬 규모가

다시는 볼 수 없는 나도승마의 대군락. 지금은 사설 식물원에서나 이런 군락을 볼 수 있다. ©이동희

큰 군락이 있었다는 정보를 듣고, 그 군락을 찍은 귀한 사진을 한 장 구했다. 그 군락이 있었다는 현장을 찾아갔더니 나도승마는 흔적도 없이 사라지고, 큰물이 휩쓸고 지나간 듯 거대한 암반이 드러나 있었다. 동네 사람들의 말로는 그 무렵 무슨 식물원인가 하는 곳에서 인부들까지 사서 차떼기로 캐갔다고 말해 주었다.

현장의 모습과 여러 사람들의 이야기를 순서대로 맞추어 보면, 상태가 가장 좋은 군락에서 식물원 사람들이 몇 개체씩 캐갔는데, 그해 폭우가 내려서 캐간 구덩이마다 계곡물이 파고들어서 군락 전체가 모조리 쓸려 내려갔으리라는 심증이 들었다. 하필 그곳은 큰물이 지면 물이 거칠게 흘러가는 지형이었고, 암반 위에 토양 피복이 얇게 덮여 있었던 취약한 곳이었다. 다행히도 근래에 다른 지역에서 나도승마의 군락이 발견되었다고 한다. 이제 누구도 그곳을 찾거나 알려고 하지 않았으면 좋겠다. 기왕에 식물원에서 채취해 간 것이 있다면 잘 번식시켜서 복원 노력이라도 해야 자연에 조금이나마 사죄하는 길이 아닐까 싶다. 나도승마가 있다고 자랑하는 식물원이 그 구입경로를 공개하지 못한다면, 대군락 몰살 참사의 혐의로부터 자유로울 수 없다.

비극의 땅에 붉게 피는 지리터리풀

지리터리풀 *Filipendula formosa* Nakai
높은 산에 나는 장미과의 여러해살이풀. 높이 1m 가량. 잎은 손바닥 모양으로 가장자리에 톱니가 있다. 7~8월 경 개화. 한국(지리산) 특산식물이다. [이명] 지리산터리풀(북한명)

우리 집안 어른 세 분의 제삿날이 같다. 할아버지와 백부(伯父), 작은집 할아버지가 같은 날에 돌아가셨다. 6 · 25 직전에 경찰이 우리 고향 일대에서 활동하던 빨치산 하나를 잡았다. 경찰이 그에게 "너희들을 도와준 열 사람만 불면 너는 살려주겠다"고 하자, 이 빨치산이 자신들에게 정말 협력한 사람들은 불지 않고, 모르는 사람이나 평소 미웠던 사람들 열 명을 불고 풀려났다.

경찰이나 국군이 검거 실적을 올리기 위해서였는지는 몰라도 이렇게 마구잡이로 잡혀간 사람들은 무고함을 호소할 겨를도 없이 6 · 25가 발발하자 바로 깊은 산으로 끌려가서 총살을 당했다. 한 명의 빨치산을 풀어주고 열 명의 무고한 양민을 잡은 것이다. 빨치산 한 명을 잡을 때마다 열 배의 토벌(?) 실적을 올렸으니, 그렇게 죽은 사람이 얼마나 될지 짐작조차 할 수 없다.

6 · 25 전쟁 무렵에 이런 일들이 온 나라에 있었지만, 산이 넓고 깊은 지방일수록 그 정도가 심했다. 지리산은 남한 땅에서 가장 높고 넓은 산이다 보니, 한십 년 가까이 산자락과 계곡이 피로 물들어 있었다. 어머니의 품처럼 넉넉하고 푸근한 이 산에서 수많은 젊은이들이 붉은 피를 흘리며 쓰러졌다.

다정했던 이웃과 형제가 어느 날 불구대천의 원수가 되어 살육과 보복을 되풀

이하던 비극을 덮어두고 산은 말이 없다. 인륜마저 마비시킬 정도로 이념의 붉은 술이 독했을까. 민족의 상처가 산만큼 깊은 곳, 지리산에 핏빛 붉은 꽃이 핀다. 지리산의 높은 곳에만 산다는 이 풀의 이름은 지리터리풀이다. 터리풀이 흰색의 꽃이 피는데 비해 지리터리풀은 붉은 꽃이 핀다. 높은 산에 피는 꽃이 대체로 맑고 짙은 색을 내듯이, 지리터리풀의 꽃도 뿜어져 나오는 선혈처럼 붉다.

터리풀이라는 이름은 먼지떨이에서 나온 이름이라고 한다. 지리터리풀은 지리산의 피어린 역사를 털어내느라 붉어졌을까. 바라건대 켜켜이 묵은 이념의 찌꺼기도 탈탈 털어내고 사람들 마음 먼지까지 말끔하게 털어내 주었으면 한다.

터리풀
Filipendula glaberrima Nakai
산지에 나는 여러해살이풀. 높이 1m 가량. 줄기는 곧게 서고 전체에 털이 거의 없다. 잎은 어긋나며, 손바닥 모양으로 가장자리에 톱니가 있다. 6~8월 개화. 한국 특산식물.
[이명] 민터리풀

칠보산에 칠보치마가 없다니…

칠보치마 *Metanarthecium luteoviride* Maxim.

습지에 나는 백합과의 여러해살이풀. 높이 20~40cm. 8~20cm 길이의 잎이 처녀치마 모양으로 땅에서 퍼진다. 6~7월 개화. 꽃차례의 길이 3~20cm. 꽃의 지름 3mm 내외. 경남 남해섬에 자생한다.

우리나라에는 칠보산(七寶山)이라는 이름이 붙은 산이 많다. 북한에도 있고 경기도, 충청도, 경상도, 전라도에도 있다. 그중에서 경기도에 있는 칠보산은 높이가 겨우 239m인데, 어찌해서 명산에나 붙음직한 이름을 받았는지 모르겠다. 『수원지명총람』에 나오는 칠보산 이름의 유래를 보면, 원래는 산삼, 맷돌, 잣나무, 황금 수탉, 호랑이, 절, 장사, 금(金)의 여덟 가지 보물이 있다고 해서 팔보산(八寶山)이라고 불렀으나, 한 장사꾼이 황금 수탉을 가져가 버려 '칠보산'이 되었다고 한다.

아무튼 이 여덟 가지 보물들은 호랑이 담배 먹던 시절의 보물이고 요즘 야생화를 즐겨 찾는 사람들에게는 해오라비난초, 보풀, 키큰산국, 가는오이풀, 께묵, 끈끈이주걱 등 서울 근교에서는 정말 보물 같이 귀한 식물들이 많이 사는 산으로 알려졌다. 칠보공예처럼 정교하고 아름다운 꽃을 피우는 칠보치마도 1970년대에 이 칠보산에서 처음 발견되어 붙은 이름이다. 그런데 팔보산에서 한 장사꾼이 가져가버렸다는 황금 수탉처럼, 칠보치마도 누군가 이 산에서 가져가 버린 모양이다. 아니라면 주변이 도시화되어서 살기가 힘들어졌는지, 사람들이 많이 찾아서 훼손된 것인지는 알 수가 없다.

이제 우리나라에서는 남해섬에서만 칠보치마를 볼 수 있다. 내게는 쇠붙이나 돌붙이 보석보다는 이런 꽃들이 보물인지라 이 귀한 꽃을 알현하러 천리길을 갔다. 많은 사람들이 찾다보면 남해의 칠보치마도 남아나지 못할 것이니, 이제는 보고 싶은 마음조차도 접은 지 오래이다. 칠보산에서 칠보치마가 사라지고, 해오라비난초가 멸종 위기에 이르자 국립수목원과 몇몇 뜻있는 분들이 해오라비난초 자생지에 보호망을 설치한 일은 늦기는 했지만 잘한 일이다.

그 일에 참여했던 한 분이 칠보치마를 몇 포기 데려다가 칠보산 자락에서 잘 키우고 있다는 풍문을 들었다. 고마운 일이다. 칠보치마 없는 칠보산이 어디 칠보산인가? 육보산이지….

화엽불상견의 꽃 상사화

석산 *Lycoris radiata* (L'Her.) Herb.

절 주변의 산기슭이나 풀밭에 자라는 수선화과의 여러해살이풀. 열매를 맺지 못하고 땅속 비늘줄기로 번식한다. 9월 경 개화. 꽃줄기 높이 30~50cm. 비늘줄기를 약재 또는 식용으로 쓴다. 남부 지방의 사찰 주변에서 대군락을 이루며 자생한다. [이명] 꽃무릇, 가을가재무릇

옛날에 어떤 오누이가 그만 서로 사랑에 빠져버렸다. 이 오누이가 죽어서 꽃으로 다시 태어났는데, 한 뿌리에서 났으되 잎은 꽃을 보지 못하고 꽃은 잎을 보지 못하는 화엽불상견(花葉不相見)의 꽃이 되었다고 한다. 그래서 사람들은 이 꽃을 상사화(相思花)라고 부른다.

이 꽃은 가을에 잎이 나와서 이듬해 여름에 시들어 사라진 다음, 늦여름에 꽃대만 올라와 꽃이 피고, 그 꽃이 지면 다시 잎이 나온다. 이런 삶을 되풀이하는 식물들을 '상사화속'이라고 하는데, 상사화속에는 상사화, 꽃무릇, 백양꽃 등 예닐곱 가지 종이 있다.

이들 중에서는 상사화가 7월 중순 경에 가장 먼저 분홍색 꽃을 피운다. 상사화는 야생에 적응을 잘 못하는지 쉽게 볼 수가 없다 보니 많은 사람들이 붉은 꽃이 피는 꽃무릇을 상사화로 알고 있다. 꽃무릇도 화엽불상견의 꽃이라 상사화라고 불러도 틀린 말은 아니다.

꽃무릇은 중국의 양자강 주변이 원산지로서 우리나라에서는 호남 지방의 사찰 주변에서 많이 볼 수 있다. 절에서 탱화를 그리는 안료에 이 뿌리의 즙을 섞어야 오래 보존되었기 때문에 옛날에 절 주변에 꽃무릇을 심어서 번진 것이라고 한다.

또 다른 이야기는, 어떤 스님이 한 여인을 사랑하게 되었는데 이루어질 수 없는 인연을 그리워하여 이 꽃을 심었다고도 한다. 그래서 가을의 문턱에서 온 산을 태우듯이 붉게 타오르는 꽃무릇의 장관은 애틋한 그리움의 불길처럼 보이기도 한다.

꽃무릇은 염색체가 3배체라서 꽃에서 씨앗을 맺지 못하고 마늘처럼 생긴 땅속 덩이뿌리로만 번식을 한다. 그래서 생각건대 꽃과 잎이 만날 수 없어서 상사화라고 하기 보다는, 열매를 맺지 못하는 데서 오히려 '상사(相思)'의 의미가 더한 것 같다.

어떤 식물이건 꽃을 피우는 일은 혼신의 힘을 쏟는 일이다. 그런데 어찌하여 상사화는 열매도 맺지 못하면서 저리도 아름답고 화려한 꽃을 피워내는 것일까. 자연이 의미 없는 일을 하지는 않을 텐데….

상사화

Lycoris squamigera Maxim.

들의 반그늘에 자라며 야생에서 보기 드물고 관상용으로 심는다. 꽃줄기의 높이 50~70cm. 상사화속 중 가장 이른 7월경 개화한다. [이명] 개가제무릇, 개난초

진노랑상사화

Lycoris chinensis var. *sinuolata* K. H. Tae & S. C. Ko

전남북 일대의 습도가 높고 자갈이 많은 숲 속에 자란다. 분포지가 좁으며 한국 특산종으로 환경부 보호대상종이다. 7월 말~8월 초 개화. 꽃줄기의 높이 40~70cm. 상사화와 마찬가지로 잎이 지고 난 다음 꽃이 핀다. [이명] 개상사화

붉노랑상사화

Lycoris flavescens M. Y. Kim & S. T. Lee

습도가 높은 계곡이나 산지에 자란다. 꽃줄기의 높이 60cm 정도. 8월 말 개화. 호남 서해안 지방에 자생한다.

[이명] 가마귀마늘, 개상사화, 흰상사화

백양꽃

Lycoris sanguinea var. *koreana* (Nakai) T. Koyama

한국 특산종이며 전라남도 백양사 인근에서 최초로 발견되어 백양꽃이라 명명되었으나 경남 등 다른 지역에서도 발견되었다. 산지의 반그늘에서 자란다. 꽃줄기의 높이 50~70cm.

8월 말~9월 초 개화.

[이명] 가을가재무릇, 가재무릇

제주상사화

Lycoris chejuensis K. H. Tae & S. C. Ko

백양꽃과 매우 닮았으나 꽃의 색이 약간 연한 편이다. 8월 중순 개화. 제주도에 자생한다.

위도의 비극을 애도하는 위도상사화

위도상사화 *Lycoris uydoensis* M. Y. Kim
들과 낮은 산자락에서 자라는 수선화과의 여러해살이풀. 높이 50cm 정도. 8월 말경 개화. 꽃대를 머위대처럼 데쳐 먹는다. 한국 특산종으로 위도에서만 자생한다. [이명] 흰상사화

위도는 변산반도 끝에서 약 10km 떨어져 있는 작은 섬이다. 어느 해 8월에 위도와 서남해의 몇몇 섬에서만 자란다는 위도상사화를 찾아서 배를 탔다. 이 꽃은 1996년에 전북대학교 K교수가 처음 발표한 한국 특산식물이다. 변산반도의 격포항에서 위도의 파장금항까지는 배로 약 40분 걸린다. 그 꽃이 위도의 어디쯤 피어있는지도 모르고 무작정 배를 탄 것은 30분이면 차로 섬 한 바퀴를 돌 수 있을 정도의 작은 섬이기 때문이다. 배에 승용차를 싣고 가서 섬 일주 도로를 오른쪽으로 돌기 시작했다. 5분 정도 달리다보니 바닷가에 쓸쓸히 서 있는 위령탑이 보였다.

그제사 불현듯 '서해훼리' 침몰사고로 죽은 동기생 생각이 났다. 그 사고는 1993년 10월 10일 오전 10시 10분경에 변산반도와 위도를 오가던 배가 침몰해서 292명의 생명이 희생된 사고였다. 십진법의 마지막 숫자 10이 4개나 겹친 기묘한 시각에 일어난 참변이었다. 차에서 내려 위령탑으로 가는 길 옆에서 위도상사화를 처음 만났다. 꽃 한 송이, 소주 한 병 준비해 오지 못한 무심을 자책하

서해훼리호 침몰사고 희생자 위령탑 입구에 위도상사화가 피었다.

며 위도상사화 한 송이를 꺾어 제단에 바쳤다. 相思花가 아니라 喪事花가 된 상아색 꽃이 슬프게 느껴졌다.

잠시 유명을 달리한 동기생을 추억하다가 계속 차를 몰았다. 운전을 하면서 도로를 횡단하는 귀여운 고슴도치를 몇 번인가 만났다. 고슴도치는 육지에서 참 귀한 동물인데 이곳에서는 흔히 보인다. 그래서 섬 이름에 고슴도치 '위(蝟)' 자를 쓰는 것 같다. 위령탑에서 3분 정도 더 차를 달리니 위도해수욕장이 나왔다. 그 주변 공원에는 위도상사화를 심고, 한가운데에는 섬의 상징인 고슴도치 상을 만들어 놓았다.

자생하는 위도상사화는 섬을 돌아보다 보면 드문드문 눈에 띈다. 위도 주민들은 위도상사화 줄기를 말리고 머윗대처럼 데쳐서 나물로 먹기 때문에 위도에서 자연 군락을 만나기는 어렵다고 한다. 섬의 가운데 쯤 내원암이라는 400년 정도 된 암자가 하나 있는데, 이 암자 한켠에 위도상사화가 있고, 비구니 스님이 잘 돌보고 있었다.

위도상사화는 맑은 상아빛이 품격 있는 아름다움을 보여주지만, 지워지지 않는 위도의 참사가 함께 생각나는 슬픈 꽃이다.

성주풀은 어디에서 왔을까?

성주풀 *Centranthera cochinchinensis* var. *lutea* (Hara) Hara

습한 풀밭에 나는 현삼과의 한해살이풀. 높이 20~40cm. 잎은 마주나며, 잎자루가 없고 길이 2~5cm. 가장자리가 밋밋하다. 8~9월 개화. 꽃은 연한 노란색, 직경 1mm, 길이 15~20mm 가량. 전남 진도, 제주도 및 동아시아의 열대 및 온난대 지역에 분포한다. [이명] 가시나물, 나도깨풀

성주풀은 우리나라 서남해안의 섬에서 드물게 볼 수 있는 풀이다. 경북 성주(星州)에서 처음 발견되어 '성주풀'이 되었다는 이 풀은, 옛 문헌에는 나와 있지 않고 1974년에 처음 등장한 이름이다. 우리나라 최초의 표본은 1976년에 성주 부근에서 채집되었다.

그 후 성주에서 이 풀이 목격되었다는 기록은 없는 반면, 요즘에는 전라남도의 섬과 제주도에서 어렵게 볼 수 있다. 그럼에도 불구하고 희귀식물로도 지정하지 않은 걸 보면 이 식물은 원래 우리나라에서 살던 풀이 아니라 60~70년대에 어떤 경로로 국내에 들어왔으리라 짐작된다.

'성주풀'의 종소명 '*cochinchinesis*'는 오늘날 베트남 남부 지방을 말하는 코친차이나(cochinchina)산(産)이란 뜻이며 '교지지나(交指支那)'라고도 한다. 우리나라는 베트남 전쟁이 발발했을 때 미국의 요청으로 1965년부터 1973년까지 연

인원 34만 여 명을 파병했다. 그렇다면 이 풀의 유입 경로를 다음과 같이 추측할 수 있다. 원래 이 풀은 베트남의 남부 지방에서 살고 있었던 풀인데, 베트남에 파병되었다가 임무를 마치고 귀국한 장병들의 화물에 씨앗이 묻어 들어왔을 가능성이 높다.

그중에 경상도 성주에 도착한 어느 화물에 묻어온 씨앗이 이듬해 싹을 틔워 몇 해 동안 번식을 했고, 어느 식물학자의 눈에 띄어 '성주풀'이라는 이름을 얻었다. 그러나 그 후에 몇 번의 추운 겨울을 넘기지 못하고 성주에서는 더 이상 살아남지 못했을 수도 있다. 반면에 우리나라에서 가장 따뜻한 서남해안 지방으로 도착한 화물에 묻어온 씨앗은 살아남았다고 추측할 수 있다. 이는 어디까지나 체계적으로 식물학을 공부하지 못한 아마추어의 무지한 추측으로 꾸며본 소설일 따름이다.

누군가가 농담 삼아 '월남에서 수분 곤충을 데려오지 못해서 국내에서 제대로 번식하지 못하는 건 아닐까요?' 했다. 아닌 게 아니라 정말 그럴 수도 있겠구나 싶었다. 성주풀의 꽃 속을 자세히 들여다보면 사자의 얼굴이 보인다. 그런 특별한 모양에는 그에 맞는 곤충이 따로 있을 법도 하다.

붉은 입술의 이국 여인 입술망초

입술망초 *Peristrophe japonica* (Thunb.) Bremek.
반 그늘의 산자락 계곡에 자라는 쥐꼬리망초과의 여러해살이풀. 높이 20~50㎝. 7~9월 개화. 전남 무등산 일대에 자생한다.

광주 무등산을 오르는 길가에는 재미있게 생긴 풀이 있다. 입술을 닮은 입술망초다. 우리나라에서는 그 지역 밖에서 관찰된 기록이 없다. 일본이나 타이완처럼 온난한 지역에 사는 이 식물이 언제 어떤 경로로 우리나라에 들어왔는지는 알 수가 없으나, 1974년에 발간된 『한국쌍자엽식물지』(박만규)에 처음 나온 걸 보면 그곳에 자리 잡은 지 그리 오래 되지는 않은 것 같다. 무등산 일대의 몇몇 작은 군락 정도의 개체수라면 아주 희귀한 식물로 열 손가락 안에 들겠지만, 우리나라에 들어온 지가 얼마 되지 않았으니 희귀식물이니 멸종위기종이니 하는 것은 의미가 없다.

이 식물은 햇볕과 상관없이 오전에만 꽃을 피운다. 꽃이 활짝 피었을 때 가까이 들여다보면 위쪽 꽃잎 안쪽에 곤충을 꿀샘으로 유도하는 무늬가 사람의 얼굴을 닮았다. 사람의 얼굴과 표정이 저마다 다르듯 이 무늬도 꽃마다 조금씩 달라서 이 꽃 저 꽃을 살피며 사람의 얼굴을 더 많이 닮은 것을 찾아보는 것도

재미있다.

사람의 일도 이 작은 식물의 내력과 별로 다르지 않다. 언제부터인가 우리 나라에 먼 나라 여인들이 시집을 오기 시작했다. 좋고 나쁨을 떠나서, 높은 곳에서 낮은 곳으로 물이 흐르듯 자연스럽게 받아들일 수밖에 없는 사회적 현상이다. 꽃이거나 사람이거나 어떤 연유로 이 나라에 온지는 모르겠으나 이 땅에 잘 동화되어 행복하게 살기를 바란다. 그런 다양성으로 인해 우리 생태계나 사회가 더욱 풍요롭고 건강해지면 좋겠다.

쥐꼬리망초
Justicia procumbens L.
들이나 산기슭에 나는 한해살이풀. 높이 30cm 정도. 이삭꽃차례가 곧게 서며 그 모양이 쥐꼬리를 닮았다. 7~9월 개화. 전초는 약용한다.
[이명] 무릎꼬리풀, 쥐꼬리망풀(북한명)

그 많던 병아리들은 다 어디로 갔을까?

병아리풀 *Polygala tatarinowii* Regel

주로 습한 암벽지대에 자라는 원지과의 한해살이풀. 높이 4~15cm. 밑에서 가지가 갈라지고 잎은 어긋난다. 8~9월 개화. 꽃이 한쪽 방향을 보고 떨기꽃차례로 달린다. [이명] 원지, 좀영신초

엄마 엄마 이리 와 / 요것 보셔요

병아리 떼 뿅뿅뿅 / 놀고 간 뒤에

이것이 도대체 어느 시대의 꿈같던 이야기인가. 요즘 병아리반 아이들은 이 동요를 어떻게 받아들일까? 어디서 병아리를 보며, 언제 엄마와 이런 시간을 가질까? 우리 세대는 누렸으나 지금은 잃어버린 낙원이 아닐는지….

아마 반세기 전쯤의 일이었을 게다. 우리나라가 1970년대에 본격적으로 산업화에 돌입하면서 병아리도 공장에서 대량 생산하고 공장에서 닭고기가 나오기 시작했다. 중학교에 다닐 무렵에 길에서 한 아저씨가 병아리를 팔고 있었다. 한 마리에 5원인지 10원이었는지 기억은 희미하다. 귀여워서 한 마리 덥석 사갔다가 혼만 났지만 지금 생각해보니 닭 공장에서 병아리 감별사가 버린 수평아리였던 것 같다.

그 시절에는 골목마다 아이들이 바글거리며 재잘대고 놀고 있었다. 지금 서울의 골목에 그 병아리들이 뛰노는 곳을 보기 어렵다. 사람 병아리들도 모두 공장에서 같은 밥 먹고 사육되는 것 같다. 어미닭의 사랑보다는 상업적 보살핌

으로 크는 건 아닌지 염려가 된다. 이런 실낙원의 아픔을 야생 병아리들로부터 조금 위로를 받는다. 병아리풀, 병아리다리, 병아리난초…. 이런 풀꽃들이 나의 병아리다. 그 이름처럼 하나같이 가녀리고 귀여운 야생화들이다. 이런 풀꽃들을 만나면 그 옛날의 삐약삐약, 뿅뿅뿅 소리가 들린다.

이들 중에서도 병아리풀이 병아리들을 가장 많이 닮았다. 대체로 습기가 많은 바위틈에 붙어서 자라다 보니 어미 따라 쫑쫑쫑 나들이 가듯이 자라는 모습이 보인다. 이런 풀들도 꽤나 먼 곳에 있어서 아쉬울 때가 많다.

나는 지금 도시에 살고 있지만 늘 꿈을 꾸고 있다. 아직 태어나지 않은 손자 손녀가 병아리쯤 될 때는 '병아리 떼 뿅뿅뿅 놀고 간 뒤에 미나리 파란 싹이 돋아나는' 그 옛날의 낙원을 보여 주리라고….

병아리다리
Salomonia oblongifolia DC.
습지에 나는 원지과의 한해살이풀. 높이 6~30cm. 잎은 긴 타원형이며 끝이 뾰족하고 길이는 3~8mm, 잎자루가 거의 없다. 7~8월 개화. 꽃의 길이는 2mm 정도다. 꽃자루는 없으며 이삭꽃차례로 달린다. 전남 서해안 지방에 드물게 자생한다. [이명] 원지

절벽에 핀 치명적 유혹 둥근잎꿩의비름

둥근잎꿩의비름 *Hylotelephium ussuriense* (Kom.) H. Ohba

계곡의 바위틈에 나는 돌나물과의 여러해살이풀. 길이 15~30cm. 줄기는 보통 옆으로 자라거나 처진다. 잎은 마주나고 도톰하며 가장자리에 둔한 톱니가 있다. 9~10월 개화. 한국 특산식물로 경북 청송, 영덕에 자생한다.

절벽과 하늘의 경계는 생사를 가르는 듯한 수직선이다. 그런 벼랑에 피는 꽃은 극도의 긴장감을 한 몸에 받으며 범접할 수 없는 경이로움에 아름다움이 돋보인다. 수직 암벽에 붙어 진홍색 꽃을 피우는 둥근잎꿩의비름은 절벽에 피는 꽃들 중에서도 특별히 신비롭다.

이 식물이 메마른 절벽에서 어떻게 수분을 얻을까 짐작해 보았다. 낮 동안 거대한 암벽이 햇볕을 받아 데워지면 밤에 계곡의 습기가 이 따뜻한 암벽에 닿아 물방울이 되어 흘러내릴 것이다. 둥근잎꿩의비름은 이 물을 굵은 뿌리나 도톰한 잎에다 저장해서 물기 하나 없는 절벽에서도 견뎌내는 듯 보였다.

절벽에 핀 꽃을 꺾으려다 실족하며 생겨나는 전설이 더러 있다. 꽃은 유혹하지 않았으나 결과적으로는 '치명적인 유혹'이 된 셈이다. 아름다움이란 대체

로 시각으로 들어오는 허상이지만 그것을 소유하고야 말겠다는 욕망이 걷잡을 수 없을 때 그야말로 '치명적'인 일이 늘 생겨 왔다.

둥근잎꿩의비름이 자생하는 주왕산에는 '달기약수'가 있다. 달기는 고대 중국 은나라의 주왕(紂王)을 주지육림에 빠지게 하여 나라를 망하게 하고 자신도 형장의 이슬로 사라진 요부다. 사실 주왕산의 이름은 그 주왕에서 유래된 것도 아니고, 달기약수도 '달이 떠오르는 곳'이라는 데서 유래했다고 하니, 그 주왕, 그 달기가 아닌 지명이 엉뚱한 상상을 자아내는 곳이다.

아닌 게 아니라 아찔한 절벽 끝에 핀 고혹적인 꽃을 보면 한 여인에 빠져 모든 것을 잃어버렸던 사내들이 생각난다. 언젠가 청와대에서 높은 벼슬을 하던 변 아무개라는 사람이 이 지방이 고향인 여인에게 홀려서 나랏돈을 함부로 퍼주고 웃음거리가 된 일이 떠오른다.

가을이 깊으면 황량한 절벽에 꽃의 사체가 메마른 미라처럼 붙어 있다. 그 붉었던 유혹은 어디에 있었던 것일까. 그 치명적인 향기는 어디로 사라졌을까.

꿩의비름
Hylotelephium erythrostictum (Miq.) H. Ohba
산에 나는 여러해살이풀.
높이 30~80cm. 전체가 분백색이고,
잎은 마주나거나 어긋난다.
8~9월 개화.
[이명] 큰꿩의비름

큰꿩의비름
Hylotelephium spectabile (Boreau) H. Ohba
산지와 들에 나는 여러해살이풀. 높이 30~60cm. 전초는 녹백색이며, 잎은 마주나거나 돌려난다. 8~9월 개화.
*꿩의비름은 흰꽃이 피고, 큰꿩의비름은 보통 분홍색의 꽃이 피는 차이가 있다.

새끼꿩의비름
Hylotelephium viviparum (Maxim.) H. Ohba
산에 나는 여러해살이풀. 높이 60cm 가량. 뿌리가 비대하며, 잎은 3장씩 돌려난다. 8~9월 개화.
[이명] 바위채송화, 싹눈꿩의비름
*세잎꿩의비름과 닮았으나 잎겨드랑이와 꽃차례에 싹눈이 있다.

둥근잎꿩의비름

02 높고 깊은 산에서

높은 산은 그 높이만큼 골도 깊다.
깊은 골에는 언제나 물이 마르지 않고,
아침마다 골안개를 피워 산으로 올린다.
겨우내 두터운 눈이 늦은 봄까지
산봉우리를 마르지 않게 적셔주고,
뜨거운 여름에는 구름이 산꼭대기를 촉촉하게 감싼다.
물 한 방울 나지 않는 그 곳에서도 식물은 싱그럽다.
숲은 울창하고 낙엽은 산을 살찌운다.
숲에 사는 식물들은 잎과 줄기가 부드럽고
높은 곳에 피는 꽃일수록 색이 맑다.

©권선희

닻꽃

아득한 전설의 바다를 건너
겹겹 푸른 산맥의 파도를 넘어
안개바람 헤치고 하얀 돛단배 닿았다
구름바다 산봉우리 섬 기슭에
하얀 꽃닻 내렸다

대견하구나

나는 밤하늘 별조차 보이지 않는
망망대해에서 길을 잃은 걸
고단한 항해를 마칠 항구를 모르는 걸
저마다 고독한 군중의 바다를 건너
엇갈려 너울대는 인연의 파도를 넘어
세파에 녹슨 닻을 내려놓을
그 항구가 어딘지 모르는 걸

닻꽃

Halenia corniculata (L.) Cornaz

높은 산에 나는 용담과의 한해 또는 두해살이풀. 높이 20~50cm. 줄기가 가늘고 길며 곧게 선다. 8월 경 개화. 꽃의 지름 1.5cm 정도.

[이명] 닻꽃용담, 닻꽃풀

한파에서 생사의 한계를 넘은 한계령풀

한계령풀 *Leontice microrhyncha* S. Moore

높은 산의 비탈에 자라는 매자나무과의 여러해살이풀. 높이 30~40cm. 뿌리가 감자처럼 둥글다. 4~5월 개화. 중부 이북의 고산지대에 자생한다. [이명] 메감자(북한명)

해마다 4월이면 백두대간 산마루에 한계령풀 꽃이 핀다. 한계령(寒溪嶺)에서 처음 발견되어 한계령풀이라고 한다. 그 이름만으로도 설악이 보이고 아름다운 노래가 들리는 듯하니, 한계령에서 먼저 눈에 띈 것이 다행이다. 이 풀꽃은 태백산맥을 넘는 다른 고개에도 살고 있어서 하마터면 '곰배령풀'이나 '만항재풀'이 될 뻔도 했으니 말이다. 한계령풀, 그 이름에서는 고산 준령의 추위뿐만 아니라, 그것을 견디는 용기와 강인함까지 느껴진다.

이 꽃이 피는 4월 하순은 이미 봄이 무르익을 무렵이지만, 백두대간의 높은 산마루에는 그 때까지도 간간히 눈이 내린다. 한계령풀은 잠깐 지나가는 눈과 추위에 겁먹지 않고 4월의 따사로운 봄볕을 한껏 누리는 현명한 식물이다. 보통 풀꽃들이 견디지 못하는 한파의 '한계'를 넘는 것이다. 한계령풀은 눈보라가 치고 매서운 바람이 불면 아홉 개의 잎을 외투의 깃처럼 세워 꽃을 지켜낸다. 잎은 세 개의 가지마다 석 장씩 달린 '삼지구엽(三枝九葉)'이라서, 같은 매자나무과의

©권선희

'삼지구엽초'와는 가까운 친척인 셈이다. 깽깽이풀과 꿩의다리아재비도 한계령풀과 친척뻘이 된다. 여기서 굳이 한계령풀의 친척들까지 들먹이는 까닭은, 매자나무과에 초본이라고는 이 네 가지밖에 없기 때문이다. 넷 중에 깽깽이풀을 빼고는 세 가지가 '삼지구엽'이고, 꿩의다리아재비 외에 세 가지는 멸종위기종인데다가 모두 한 인물 하는 꽃들이라서 그 가문을 잠깐 들춰 보았다. (*깽깽이풀은 2012년에 보호식물 목록에서 해제되었다.)

아무리 어여쁜 깽깽이풀 꽃이라도 사흘을 넘기지 못하고, 한계령풀이 혹독한 추위를 견디는 것도 길어야 사흘이다. 현명한 사람은 지극한 영광의 순간에도 겸손을 잃지 않으며, 극한의 슬픔과 고통의 나날들도 담담하게 견뎌낸다. '이 또한 지나가리라'는 것을 잘 알고 있기 때문이다.

삼지구엽초 이야기

삼지구엽초 *Epimedium koreanum* Nakai
산자락의 약간 그늘진 곳에 나는 매자나무과의 여러해살이풀. 높이 30cm 가량. 5월 개화. 한방에서 강장, 강정, 이뇨제로 쓰인다. [이명] 음양각, 음양곽

삼지구엽초는 멸종위기종(2급)으로 지정될 정도로 귀한 풀이다. 삼지구엽(三枝九葉)은 세 개의 가지에 아홉 개의 잎이 달린다는 뜻이다. 이처럼 가지와 잎의 수를 일정하게 내는 신기한 식물이라서 선조들이 이 풀을 더욱 영험하게 여겨 왔는지도 모를 일이다. 삼지구엽초는 옛날 중국의 어떤 양치기가 하루에 백 번을 교미하는 숫양이 있어 따라가 보았더니, 이 잎을 먹는 것을 보았다고 해서 음양곽(淫羊藿)이라고도 한다.

여러 해를 별러서 강원도 어느 산골에서 이 풀을 찾았다. 세 가지에 아홉 잎을 단 모양도 신기했지만 닻을 닮은 꽃 또한 기이했다. 연노랑색의 꽃은 네 개의 뿔 모양을 한 꿀주머니를 달고 있었다. 꽃잎이 얇아서 뿔끝마다 꿀이 고여 있는 것이 비쳤다. 잠시 보고 있노라니 긴 주둥이를 가진 벌이 와서 그 꿀을 빨고, 작은 개미들은 그 꿀샘까지 들락거리고 있었다.

ⓒ최수익

마침 동네 어르신들이 그 부근에서 새참을 하고 있어서, 이 동네 분들은 몸에 좋다는 이 풀을 먹지 않느냐고 물어보았다. 그분들은 그런 거 안 먹어도 자식만 잘 낳고 건강하게 살아왔다며, 옛날에는 앉은자리에서 잠깐 뜯어도 한 짐이 될 만큼 흔했다고 했다. 그 때는 약초꾼들이 이 풀을 단으로 묶어서 산에서 굴려 내린 다음 한나절만 말리면 마르지 않은 풀의 세 배를 지고 갔다고 했다. 몸에 좋다는 소문이 돌거나 돈이 될 만하면 그렇게 번성하던 한 종(種)이 멸종되다시피 하니 사람이 참 모진 존재다.

삼지구엽초는 염소나 먹고 벌과 개미가 꿀을 얻어가서 그들의 자손이 크게 번성하도록 버려둘 일이다. 사람은 진실로 애써 찾고 가꾸어야 할 가치가 따로 있지 않은가?

"그런 거 안 먹어도 자식 잘 낳고, 건강하게 살아…" 하는 촌로의 말에서 편안하게 살아온 삶이 느껴졌다.

볼수록 젊어지는 꽃 연령초

연영초 *Trillium kamtschaticum* Pall. ex Pursh

깊은 산 숲 그늘에서 자라는 백합과의 여러해살이풀. 높이 40cm 내외. 주변 습도가 높거나 개울가 반음지, 부엽질이 풍부한 곳에서 자란다. 속명 '*Trillium*'에서 볼 수 있듯이 잎, 꽃받침, 꽃잎이 모두 3개씩이다. 4~5월 개화.
[이명] 연령초, 왕삿갓나물, 큰꽃삿갓나물, 큰연령초 등

언젠가 원로 국어학자이신 모산(茅山) 선생께서 '연령초'라는 이름의 의미를 궁금해 하셨다. 내가 농담 삼아 "그 풀을 자주 보면 젊어진다는 뜻이 아닐는지요?" 했더니, "그 꽃을 볼 때마다 젊어진다면 그만큼 나이가 연장되겠고 그래서 글자 그대로 '나이를 연장하는 풀' 곧 '연령초'라 한 모양이구나" 하면서 어설픈 농담을 진지하게 받아들이셨다. 사실 그분은 우리 국명을 '연영초'로 표기한 것이 못마땅해서 「'연령초'인가 '연영초'인가?」라는 제목의 글을 쓰시던 참이었다. 이 이름에 대한 그분의 글을 발췌해서 옮겨 보았다.

"그런데 연령초를 두고 하나 유감인 것은, 이 꽃을 많은 분들이 '연영초'라 부른다는 사실입니다. 延齡이면 '연령'이라 읽는 게 맞겠지요. 年齡을 '연영'이라 하지 않고 '연령'이라 하는 것과 같은 이치지요. '妙齡의 아가씨'를 '묘영의 아가씨'라 하지도 않지 않습니까? 국어사전에도 '연령초'로 되어 있기도 하지만 너무나 뻔한 것을 왜 그리도 많은 사람들이 잘못 표기하고 있는지 모르겠습니다."

그 글 말미에 이런 재미있는 구절도 있다.

"'연령초'라 쓰면 젊어지지만 '연영초'라 쓰면 안 젊어진다더라."

내친김에 그분이 연령초를 만난 느낌을 쓴 부분을 옮겨본다.

“사실 숲 속에서 연령초를 보게 되면 가슴이 확 트이는 기분이 들지요. 이 무렵 다들 납작하게 땅에 붙어 보일 듯 말 듯 웅크리고 있는 꽃만 보다가 늠름하고 의젓한 모습으로 환하게 다가오는 연령초를 보면 눈이 번쩍 뜨이면서 가슴이 확 트이지 않습니까? 하긴 어느 꽃이나 만날 때마다 우리를 젊어지게 해 주지만 연령초는 그중에서도 우리를 젊음으로 이끌어 주는 꽃으로 대접해 마땅하다고 생각됩니다.”

이런 글을 읽으면 연령초에 대한 모든 것이 머릿속에 쏙 들어온다. 연령초에 대해서는 더 이상 사족을 달 것이 없으니, 나는 ‘큰연령초’의 이름에 대해서 약간 시비를 걸고 싶다. 큰연령초는 울릉도와 금강산에 분포하는 것으로 알려진 식물로, 연령초와 거의 비슷하지만 씨방이 검다는 점이 확연하게 다르다. 큰연령초는 그 이름과는 달리 연령초보다 전혀 크지도 않을뿐더러 같은 지역에 있지도 않으므로 크기를 비교해 볼 수도 없다.

그렇다면 가장 큰 차이점인 씨방의 색깔을 부각시켜서 ‘흑연령초’나 ‘검은연령초’라고 하면 좋지 않았을까 싶다. 이렇게 무의미한 꽃 이름들 때문에 나 같은 문외한이 꽃 이름을 제대로 알기가 여간 고생이 아니다.

큰연영초

Trillium tschonoskii Maxim.

연령초와 닮았으나 가운데 씨방이 검은색이다. 울릉도, 금강산 등지에 분포한다.

*연령초와 큰연령초의 사진과 설명이 뒤바뀌어 서술된 자료들이 많다. '큰'이라는 모호한 접두사 대신 '검은연령초'라고 하면 이런 혼란이 생길 수가 없다.

[이명] 연령초, 연영초, 큰연령초, 흰삿갓나물, 흰삿갓풀

삿갓나물

Paris verticillata M. Bieb.

깊은 산지에 나는 백합과의 여러해살이풀. 5~7월 개화. 연령초와는 다른 속의 식물이나, 연령초의 이명으로 삿갓나물이 쓰이기 때문에 혼란스러운 면이 있다. 연령초와 비슷한 환경에서 자라나 연령초가 보다 습기가 많은 곳에서 발견된다. [이명] 삿갓풀(북한명), 자주삿갓풀, 자주삿갓나물

©이장희

검은삿갓나물

Paris verticillata var. *nigra* Y. N. Lee

삿갓나물과 비슷하나 전초가 검은빛이 도는 자주색이다. 한라산, 지리산, 소백산 등의 높은 산에서 드물게 발견된다.

우리 어머니들의 초상 산작약

산작약 *Paeonia obovata* Maxim.

산지 그늘진 숲 속에 자라는 작약과의 여러해살이풀. 높이는 50~80cm. 줄기는 곧게 서고 잎은 깃꼴 겹잎이다. 5~6월 개화. 꽃의 직경은 5cm 정도. 수술은 많고 노란색이다. 유독식물로 화초나 약용으로 재배하기도 한다.
[이명] 민산작약, 산함박꽃, 적작약

산작약을 보면 옛날의 새댁들이 생각난다. 우리나라에 하얀 웨딩드레스가 들어오기 전, 우리의 어머니들은 빨간 치마에 녹색 저고리를 입고 연지곤지를 찍고 혼례를 올렸다. 산작약은 새댁의 연지처럼 바알갛고 동그란 꽃을 피운다.

옛날 우리나라 사람들은 색이 거의 없는 옷을 입었었는데, 대부분 흰색이나 삼베의 색이었고 아니면 검정색이었다. 이런 시대에 새댁이 입었던 붉은 치마에 녹색 저고리는 여인의 일생 동안 단 한 차례 입었던 화려한 옷이었다.

내 어렴풋한 기억으로는 새댁이 시집을 오면 한 사흘을 부처처럼 꼼짝도 하지 않고 앉아 있었다. 혼인잔치에 온 하객들이 구경하라는 마네킹이었고 일가친지들이 오면 큰절을 올리기 위한 대기 모드였다. 그리고 한 열흘 동안은 빨간 치마에 녹색 저고리를 입은 채로 시집 식구의 숨 막힐 듯한 눈길을 받으며 집안일을 시작한다. 새댁의 옷은 화려했으나 그것은 수의(囚衣)나 다름이 없었

다. 시집가는 여자들은 부덕(婦德)이라는 족쇄를 차고 갔다. 벙어리 삼 년, 귀머거리 삼 년, 봉사 삼 년의 족쇄였다. 시집살이란 말 많고 탈 많은 것이니 할 말이 있어도 말하지 말고, 들어도 들은 척 말고, 보아도 못 본 척 삼 년을 지내라는 말이다.

산작약은 그 빨간 꽃과 초록색 잎이 새댁을 닮았지만, 입이 있어도 열지 못하는 새댁처럼 꽃잎을 연 모습을 보지 못했다. 산삼보다 만나기 어렵다는 꽃을 천신만고해서 몇 번이나 찾아갔는데 꽃을 열지 않고 있으니 이 꽃과 인연이 없음을 한탄하곤 했었다. 한번은 속을 들여다보려고 살포시 꽃잎을 젖혀보았다. 그 꽃잎은 아무런 탄력도 생명감도 없이 무기력하게 젖혀졌다. 이미 꽃이 수명을 다해서 꽃술이 시들고 꽃잎도 상해있었다. 산작약은 벙어리처럼 입을 열지 않은 봉오리의 모습으로 홀연히 잎을 뚝뚝 떨어뜨리고 사라져가는 꽃이다.

갑자기 가슴 깊은 곳에 오래된 상처가 도지는 듯, 시집살이 삼 년 만에 돌아가신 어머니 생각이 났다. 어머니는 벙어리 귀머거리 장님으로 삼 년을 살다가 그만 숨이 막혀 생명의 불꽃마저 꺼진 것일까… 기억할 수조차 없는 어머니의 초상은 내겐 끝내 봉오리인 채로 사라진 산작약이다.

백작약

Paeonia japonica (Makino) Miyabe & Takeda

깊은 산에서 자라는 여러해살이풀. 높이 40~50cm. 6월 개화. 꽃의 지름 4~5cm. 수술대의 아랫부분이 붉은색이며, 씨방에 털이 없어 매끈하다. 뿌리를 진통제나 부인병에 약용한다.

[이명] 산작약

참작약

Paeonia lactiflora var. *trichocarpa* (Bunge) Stern

백작약과 구분하기 어려울 정도로 비슷하나, 잎몸이 잎자루를 따라 흘러서 날개처럼 보이며, 암술대나 씨방에 털이 있고, 수술 전체가 노랗다.

©신동호

호작약

Paeonia lactiflora f. *pilosella* Nakai

깊은 산에서 자라는 여러해살이풀. 높이 60cm 정도. 5~6월 개화. 꽃의 지름 5~6cm. 꽃잎은 8장 이상이다. 씨방이 매끈하며, 잎의 뒷면 맥 위에 털이 난다. 뿌리를 약용한다. 백두산 일대에 분포한다.

[이명] 백작약, 청진작약

기생꽃이 들려준 이야기

참기생꽃 *Trientalis europaea* L.
높은 산에 나는 앵초과의 여러해살이풀. 높이 7~25cm. 짧은 줄기 끝에 5~10장의 잎이 돌려나기 모양으로 나온다. 6~7월 개화. 가늘고 긴 꽃대를 올려서 1송이씩 달린다. [이명] 기생꽃, 기생초, 참꽃, 큰기생초

기생꽃을 보려고 높고 가파른 설악의 산줄기를 오르면서 필시 보통 기생은 아니겠구나 하는 생각이 들었다. 설악이나 태백산에 사는 기생꽃은 국명이 '참기생꽃'이며 기생꽃은 참기생꽃보다 소형이고 습지에 산다고 한다.

과연 희고 얇은 꽃잎에 가녀린 꽃대가 절세가인의 현신이었고, 그 옛날 지조 높은 기생의 이야기가 들려오는 듯도 하였다.

"내 비록 천한 기생으로 태어났으나 단심은 설악 같고 지조는 태백보다 높았소. 내 죽거든 구름 위에 솟은 험한 산에 묻어 범부필부들일랑은 얼씬 못하게 해주시오. 내 죽어 한 송이 흰 꽃으로 태어나 푸른 하늘만 우러러 살리다. 아침이슬로 목욕하고 산안개로 분 바르고 하늘같이 높고 고운 서방님만 그리리다"라고….

기생꽃은 식물체가 작고 꽃이 예쁘다는 것을 기생에 비유한 데서 그 이름이

유래했다고 한다(『한국 식물명의 유래』, 이우철, 2005). 설악의 참기생꽃은 제 이름의 내력을 내게 자분자분 들려주었다.

"조선조 말에 기생사회에서 가체(假髢)가 크게 유행을 했고 여염집 여인들에게도 널리 번져나가게 되었답니다. 급기야 머리장식을 하는데 그 비용이 칠팔만 냥에 달하게 되었고, 어떤 며느리는 시아버지가 들어서는데 예를 갖춘다고 급히 일어서다가 가체의 무게 때문에 목뼈가 부러지는 사건까지 일어났답니다.

영조 임금님은 가체로 인한 문제가 심각해지자 가체금지령을 내리고 남정네들에게 한껏 교태를 부려야 하는 기생들의 가체는 허용했지요. 그래도 수십 년 동안 여인들의 가체 사치가 근절되지 않자 정조 임금님은 즉위 12년에 기생들의 가체도 금지하셨답니다. 지엄하신 왕명도 30년 동안이나 여인들의 사치를 막지 못한 셈이지요. 그러니까 조선말에는 풍성한 가체가 곧 기생 신분의 상징이 되었고, 그 가체가 기생의 요염과 교태를 부리는 장식이기도 했지요. 어떤 아이는 가체를 빼딱하게 얹어서 더욱 선정적으로 보이게 했답니다. 제 모습을 한 번 보아주세요. 가녀린 꽃대에 얹힌 하얀 꽃에서 가체를 한 기생의 교태가 보이지 않나요?"

두루미꽃이 높은 산에 사는 까닭

두루미꽃 *Maianthemum bifolium* (L.) F. W. Schmidt

높은 산의 숲 속에 나는 백합과의 여러해살이풀. 높이 8~15㎝. 5~7월 개화. 꽃은 줄기 끝에 20송이 정도가 떨기 꽃차례로 달린다. [이명] 좀두루미꽃

두루미꽃은 기생꽃과 같은 곳에서 자라며, 같은 시기에 꽃이 핀다.

두루미꽃은 우리나라에서 높은 산으로 손꼽는 지리산, 설악산, 태백산에서도 정상 부근에 사는 꽃이다. 두루미꽃은 반 뼘을 겨우 넘는 키 작은 풀이지만 그 우아한 자태는 훤칠한 두루미(鶴)를 닮았다.

예로부터 두루미는 모양이 깨끗하고 기품이 있으며 행동이 유유정숙하므로 새 중의 새로 여겨졌다. 옛 선비들은 두루미의 희고 검은 깃털을 닮은 '학창의(鶴氅衣)'를 입고 두루미처럼 보이려 했다. 두루미꽃 이야기를 꺼내놓고 선비까지 들먹인 것은 이 꽃이 사는 곳에 절세가인을 닮은 기생꽃도 있기 때문이다. 천하명산 높은 곳에

자리 잡고 사는 두 가지 꽃을 보노라면 한 시대를 풍미했던 시인묵객과 명기들이 절로 떠오른다.

가슴 한쪽을 도려내야 이별을 알겠다던 두향과 퇴계, 서른여덟과 열여섯의 나이를 뛰어넘은 율곡과 유지, 박연폭포와 함께 송도삼절이 되었던 황진이와 서화담, 절세의 문인이자 열렬한 연인이었던 유희경과 매창….

그들의 이야기는 고산준령에서 어울려 피는 두 꽃처럼 보통 사람들의 입에 회자되는 남녀상열지사를 넘어서 있다. 그들은 양반과 천민의 신분을 넘어 시와 노래로 어울렸다. 풍류로 어울리되 자신의 중심을 잃지 않았으니 진실로 화이부동(和而不同)했던 군자요 숙녀였다.

두루미꽃은 외떡잎식물인 백합과의 뿌리 깊은 식물이고 기생꽃은 쌍떡잎식물인 앵초과로 근본이 크게 다른데도, 높은 산의 정기를 함께 마시며 다정하게 어울리고 있다. 그들이 피워내는 하얗고 작은 꽃들은 그 옛날 가인들이 주고받던 주옥같은 시구처럼 만고에 아름다운 사랑 이야기를 전하고 있다.

큰두루미꽃 *Maianthemum dilatatum* (Wood) A. Nelson & J. F. Macbr.
높이가 15~30㎝ 정도로 두루미꽃보다 훨씬 크고, 잎은 반들반들하게 광택이 많다. 대암산, 오대산, 설악산, 소백산, 울릉도, 지리산 등지에 분포하며, 울릉도의 큰두루미꽃은 내륙의 것보다 크게 자란다.

금강애기나리에서 깨달은 금강의 의미

금강애기나리 *Streptopus ovalis* (Ohwi) F. T. Wang & Y. C. Tang
높은 산 그늘에서 자라는 백합과의 여러해살이풀. 높이 10~30cm. 5~6월 개화.
[이명] 진부애기나리

'금강(金剛)'이라는 말은 가장 귀하다는 수식어로 많이 쓰인다. 보석 중에 최고로 치는 다이아몬드가 금강석이고 우리나라에서 가장 아름답다는 산이 금강산이다. 금강송은 가장 훌륭한 목재로 대궐을 지을 때 쓰는 소나무다.

우리 꽃 이름들 중에 '금강'이 붙은 것이 여럿 있다. 금강초롱, 금강애기나리, 금강제비꽃, 금강봄맞이 등이다. 이 작은 풀꽃들은 그 무리들 중에 최고의 영예를 받은 셈이다. 다 아름다운 꽃들이기는 하지만 최고라는 뜻으로 쓰인 것 같지는 않고, 아마도 이들이 금강산에서 최초로 발견되어 얻은 이름일 것이다.

이름에 '금강'이 들어간 식물들은 그들이 최초로 발견되었다는 금강산 줄기를 따라 설악산, 오대산, 태백산, 소백산 등지의 높은 산에만 산다. 그리고 전 세계적으로 우리나라에만 있다는 식물인데다가, 그나마 쉽게 볼 수 있는 풀이 아니어서 의미가 귀하다.

이들 중에 금강애기나리는 비교적 쉽게 만날 수 있다. 백두에서 한라까지 우리나라 높은 산에는 거의 살고 있기 때문이다. 상아빛 엷은 꽃잎에 자잘한 점들이 박혀 있는 이 작은 꽃은 '금강'이라는 말이 붙어서인지 살아있는 보석처럼 빛난다. 금강경의 마지막에 나오는 부처님의 말씀을 떠올리면 금강석이나 금강애기나리의 꽃이 다르지 않다.

일체의 법이여! (一切有爲法)
꿈 같고, 환영 같고, 거품 같고, 그림자 같네. (如夢幻泡影)
이슬 같고, 또 번개와 같아라. (如露亦如電)
그대들이여 이 같이 볼지니. (應作如是觀)

애기나리
Disporum smilacinum A. Gray
산지의 숲 속에 나는 여러해살이풀. 높이 15~30cm.
줄기는 비스듬히 서고, 한 번 갈라지거나 외대이다.
4~5월 개화. [이명] 가지애기나리

큰애기나리
Disporum viridescens (Maxim.) Nakai
산지의 숲 속에 나는 여러해살이풀. 높이 50cm 가량.
줄기는 곧게 서며, 윗부분은 2~4번 갈라진다.
5~6월 개화. [이명] 중애기나리

눈개승마에서 더듬은 대마의 추억

눈개승마 *Aruncus dioicus* var. *kamtschaticus* (Maxim.) H. Hara
높은 산에서 자라는 장미과의 여러해살이풀. 높이 30~100cm. 6~7월 개화. 꽃은 암수딴그루.
봄철에 어린순은 식용한다. [이명] 삼나물, 삼채, 죽토자, 눈산승마

'승마(升麻)'라는 식물의 이름은 대체로 귀에 설다. '승마'는 한약재의 이름으로, 그 잎이 마(麻, 삼)를 닮았으며, 기운을 상승시키는 작용을 하는 데서 유래한 이름이라고 한다. 요즈음 승마, 눈빛승마, 촛대승마 같은 승마 집안 식물들은 좋은 약들이 많이 나온 덕분에 산속에서 한가로이 살고 있다.

한 가지 재미있는 식물은 '눈개승마'라고 불리는 녀석이다. 이름과 모양은 미나리아재비과의 '눈빛승마'와 많이 닮았지만, 분류학적으로 보자면 장미과에 속하는 짝퉁 승마인 셈이다. 이 두 식물은 아주 닮아서 차이를 설명해도 기억하기 어려우나, 눈개승마는 6월에, 눈빛승마는 8월에 꽃이 피는 차이가 있다.

이 눈개승마를 울릉도에서는 '삼나물'이라고 부르며, 산에서 나는 고기라고 해서 비싸게 팔리고 맛도 좋다. 이 '삼나물'이라는 이름에서도 '삼'이 등장하지만 정작 '삼'이라는 식물은 우리 곁을 떠나고 없다. 내 어릴 적만 하더라도 집집마다 삼을 밭에서 길렀다. 가을에 동네사람들이 다 모여서 큰 구덩이를 파서 삼 수십 단을 묻고 옆 구덩이에 하루 종일 불을 때서 돌을 벌겋게 달군 다음, 저녁 무렵에 달구어진 돌더미에 물을 부어 그 수증기로 삼을 쪄냈다. 이런 집단적인 노동을 내 고향에서는 '삼굿'이라고 했고, 한지를 만드는 닥나무를 찔

때는 같은 방법으로 '닥굿'을 했다.

그리고 냇물에 담가서 껍질을 벗겨내고 겨우내 실을 만들어 다음 해에 아낙들이 베를 짜면 겨울에 베옷 몇 벌이 나왔다. 삼은 그렇게 우리 생활의 큰 부분을 차지하던 식물이었고 지금도 우리나라에는 삼밭골, 대마리 같은 지명이 남아 있다. 1970년대 어느 해, '대마초 연예인' 어쩌고 하면서 떠들썩하더니 불과 몇 해 만에 우리나라에서 삼이 사실상 사라졌다. 몇 천 년을 우리 조상들의 옷이 되어 주던 고마운 식물이 몇몇 쾌락주의자들의 불장난 때문에 멸문지화를 당한 것이다.

수천 년 삼과 함께한 민족이 그 잎의 환각 작용을 몰랐을 리가 없다. 온 천지에 삼이 잡초처럼 자라는데도 불구하고 그 잎을 담배처럼 피워서 사람이 잘못 되었다는 소리를 들어본 적이 없다. 그런 백성들이 언제부터인가 쾌락의 유혹에서 벗어나기 어렵게 되자, 사람에게 자신의 몸을 내어주던 식물을 기어이 멸종시키고 말았다. 가끔은 인간이라는 사실이 식물들에게 참 부끄러울 때도 있다. 삼(麻)의 추억이 그리워서 삼나물로 삼 이야기를 꺼내보았다.

한라개승마

Aruncus aethusifolius (H. Lev.) Nakai

장미과의 여러해살이풀. 높이 20cm 정도. 제주도의 해발 1,500m 정도 되는 높은 지대에서 자라는 한국 특산 식물이다. 5~7월 개화.

[이명] 한라산승마아재비

눈빛승마

Cimicifuga dahurica (Turcz. ex Fisch. & C. A. Mey.) Maxim.

깊은 산지에 자라는 미나리아재비과의 여러해살이풀. 높이 1.5~2.5m. 8~9월 개화. 꽃은 암수딴그루이며 꽃잎은 3~4장이다. 강원도의 높은 산과 지리산, 계룡산 등지에 분포한다.

촛대승마

Cimicifuga simplex (DC.) Turcz.

깊은 산에 나는 미나리아재비과의 여러해살이풀. 높이 1.5m 가량. 6~8월 개화. 꽃은 암수딴그루. 뿌리는 약용한다.

[이명] 초대승마(북한명), 나물승마, 대승마, 섬승마 등

요강이 될 뻔했던 추억의 요강나물

요강나물 *Clematis fusca* var. *coreana* (H. Lev. & Vaniot) Nakai

높은 산의 양지에 나는 미나리아재비과의 낙엽 반관목. 높이 30~100cm. 줄기는 곧게 서고, 잎은 마주나며 계란 모양이고 가장자리가 밋밋하다. 5~6월 개화. 꽃받침은 흑갈색, 밑으로 처지고 털이 빽빽하게 난다. 한국(중부) 특산식물이다. [이명] 선종덩굴(북한명)

요강나물 꽃은 우리 야생화 중에서 가장 검정색에 가깝다. 이 꽃은 해발 1,000m 이상의 높은 산에서만 볼 수 있는데 꽃이 털자켓을 입은 겨울차림을 연상하게 한다.

미나리아재비과의 식물 중에는 꽃잎처럼 보이는 것이 꽃받침이고, 꽃잎은 퇴화된 것이 많다. 요강나물의 꽃받침도 겉은 까맣고 속은 하얀 양털이 있는 자켓 모양으로 변했다. 이름 때문인지 이 식물을 처음 만났을 때, 미처 꽃이 피지 않은 봉오리가 마치 요강처럼 보였었다. 요강은 옛날에 방안에 두고 쓰던 소변기로, 혼수에도 꼭 포함될 정도의 생활필수품이었다. 원래 요강은 놋쇠로 만들어 쓰던 물건이었는데, 놋쇠가 전쟁물자로 요긴했던 일제 시대에는 요강단지까지 빼앗겼던 뼈아픈 역사가 있었다.

요강나물 이름만 들어도 일곱 살 무렵의 무서운 기억이 떠오른다. 국민학교 1학년 때의 일이라 기억이 희미하지만, 같은 동네에 사는 태옥이란 여자아이를

학교에서 때린 일이 있었다. 학교에서 돌아오는 길은 동무들과 냇가에서 멱도 감고 이런 저런 놀이도 하느라 십리길이 두어 시간은 걸렸다. 그날도 놀다 오면서 동네 어귀에 들어섰는데 사내아이들보다 앞서 집으로 돌아가던 여자아이들 무리에서 바로 우리 뒷집 여자아이가 숨이 차도록 뛰어 되돌아왔다.

"야야 니 클났데이. 태옥이 어메가 동네 앞에서 니 기다리고 있데이. 니를 치마 밑에 잡어 넣고 오짐을 싸삔다 안카나…. 그라믄 니 머리털 홀라당 다 빠져삘끼라 카더라."

그 말을 듣는 순간 나는 혼비백산해서 산으로 줄행랑을 쳐서 동네를 감싸고 있는 산줄기를 따라 골짜기를 몇 개나 건너 집안 식구들도 모르게 고양이처럼 집으로 숨어들었다. 그리고는 골방에서 콩닥대는 작은 가슴을 진정시키느라 저녁 먹을 때까지도 나오지 못했다.

'하이고 무서버라… 내가 요강단지가 될 뻔 했데이….'

그 사건은 일곱 살 아이에게는 무시무시한 공포였었지만, 이제는 어린 시절의 그 친구들이 그립기만 한, 돌아갈 수 없는 아름다운 추억이 되었다.

종덩굴

Clematis fusca var. *violacea* Maxim.

그늘지고 습한 숲 속에 나는 낙엽 덩굴나무. 5~7장의 작은잎으로 된 깃꼴겹잎이고 작은잎은 계란 모양이다. 6월 개화. 꽃은 잎겨드랑이에 종 모양으로 밑을 보고 핀다.

[이명] 수염종덩굴

세잎종덩굴

Clematis koreana Kom.

산 중턱 이상의 숲 속에 나는 낙엽 덩굴나무. 길이 1m 가량. 3장의 작은잎으로 된 겹잎이 나고, 가장자리에는 불규칙한 톱니가 있다. 6~7월 개화. 꽃은 잎겨드랑이나 줄기 끝에 1송이씩 밑을 보고 핀다.

[이명] 누른종덩굴, 음달종덩굴, 큰종덩굴 등

검은종덩굴

Clematis fusca Turcz.

양지바른 풀밭에 나는 낙엽 덩굴나무. 5~9장으로 된 깃꼴겹잎으로 가장자리가 밋밋하다. 6~8월 개화. 꽃은 검은 자주색. 잎겨드랑이에 밑을 보고 핀다.

[이명] 검종덩굴, 무궁화종덩굴, 흰종덩굴, 흰털종덩굴

자주종덩굴

Clematis alpina var. *ochotensis* (Pall.) Kuntze

높은 산 숲 속에 나는 낙엽 덩굴나무. 높이 10cm 가량. 잎은 마주나기, 2화 3출의 작은잎으로 된 겹잎이다. 가장자리에 예리한 톱니가 있다. 5~6월 개화.

[이명] 가는잎종덩굴, 산종덩굴, 고려종덩굴, 함북종덩굴 등

노루오줌이 남긴 숙제

노루오줌 *Astilbe rubra* Hook. f. & Thomson

산지에 나는 범의귀과의 여러해살이풀. 높이 70cm 가량. 줄기는 곧게 서고, 2~3회 갈라지기도 하며, 잎은 어긋난다. 7~8월 개화. [이명] 노루풀, 왕노루오줌, 큰노루오줌

노루오줌 씨앗 1kg을 만 원에 판다고 한다. 인터넷에서 노루오줌에 관한 자료를 검색하다가 이런 광고를 보고는 참 별걸 다 판다는 생각이 들었다. 내 생각으로는 노루오줌 꽃이 별로 예쁘지도 않고, 그렇다고 특별한 효용이 있다는 소리도 듣지 못했는데, 그 씨앗을 사서 어디에 쓸까 하는 궁금증이 들었다.

내친김에 다른 야생화의 씨앗도 팔고 있는지 살펴보았더니, 어떤 원예회사에서 노루오줌을 포함해서 할미꽃, 쑥부쟁이, 타래붓꽃, 구절초, 딱지꽃, 패랭이꽃 등 스무 가지 남짓한 야생화 씨앗을 인터넷으로 판매하고 있었다. 이들은 수천 가지의 야생화 중에서 관상가치가 있고, 씨앗으로 번식하기가 쉽기 때문에 팔고 있을 것이다. 노루오줌이 이 리스트에 오른 것은 꽃이 예뻐서라기보다는 숲이나 양지나 높은 산이나 낮은 산이나 가리지 않고 어디서나 잘 자라는 장점이 더 크게 작용한 듯하다.

사실 노루오줌은 다른 식물보다도 색상 변이가 많아서 보통은 연분홍색으로 볼품없는 꽃을 피우지만, 아주 가끔은 고혹적인 짙은 분홍색의 꽃이 있기는 하다. 높고 깊은 산일수록 맑고 짙은 색의 꽃을 만날 가능성이 높다.

그런데 이 노루오줌이라는 이름은 좀 그렇다. 이 이름은 노루가 살법한 산

©최문철

속에 자라면서 약간 지릿한 냄새가 나는데서 유래했다고 하지만, 아무래도 어설프게 지어낸 이야기 같다. 노루오줌이 꽃이나 뿌리에서는 야생의 향긋한 냄새가 날뿐, 그 향기는 동물의 배설물 냄새와는 거리가 멀다.

우리 야생화의 이름 중에 노루가 들어간 것이 꽤 있다. 노루귀, 노루삼, 노루발풀, 노루오줌 같은 것들인데, 정말 이 풀들과 노루와 어떤 유대가 있는지는 몇 년이 걸리더라도 즐겁게 하고 싶은 숙제다.

노루삼

Actaea asiatica H. Hara

산지의 그늘에 나는 미나리아재비과의 여러해살이풀. 높이 60cm 가량. 뿌리줄기가 짧고 비대하다. 5~6월 개화. *사견이지만, 노루가 다니는 산에 흔히 자라며, 전초와 뿌리의 모습이 산삼과 비슷하다는 이름인 듯하고, 노루가 이 식물을 먹는지는 알지 못한다.

잃어버린 인간의 꼬리 꼬리풀

꼬리풀 *Veronica linariifolia* Pall. ex Link

주로 높은 산에 나는 여러해살이풀. 높이 80cm 가량. 줄기는 외대, 또는 뭉쳐나고 곧게 선다. 잎은 마주나거나 어긋나며 양 끝이 좁고 뾰족하다. 잎자루가 없고, 톱니가 있다. 7~8월 개화. [이명] 가는잎꼬리풀, 자주꼬리풀

동물의 꼬리는 여러가지 역할을 한다. 동물들은 꼬리로 신체균형과 방향감각을 잡고, 나무에 매달리거나, 파리를 쫓기도 하고, 감정표현도 한다. 그중에 재미있는 것은 꼬리를 세워서 자신을 돋보이게 하는 것이다.

공작의 수컷처럼 꼬리의 화려함으로 암컷을 유혹하는 새들이 많다. 네발 달린 짐승은 상대의 기를 죽이려고 꼬리를 빳빳이 세운다. 꼬리를 세우는 것은 덩치를 커보이게 하는 심리전이다. 식물 중에서도 그런 동물을 닮은 녀석이 있다. 꼬리풀은 자신의 몸통 줄기가 별로 높지 않으므로, 꽃줄기를 한껏 세워서 곤충들의 눈에 띄게 하는 수법을 쓴다. 산에 살면서 짐승들이 하는 짓을 보고 배운 모양이다.

'꼬리풀'은 몸체에 비해서 훨씬 길고 풍성한 꽃차례를 만들어 그것이 동물들의 기세등등한 꼬리처럼 보여서 얻은 이름일 것이다. 여름 숲 속의 키 큰 풀과 나무들 사이에서 기죽지 않고 긴 꽃대를 밀어 올리는 지혜와 의연함은 배울 만

©박해정

하다.

생각해보면 사람에게 꼬리가 없는 것은 이상한 일이다. 수만 종의 척추동물 중에 사람과 몇몇 영장류만이 꼬리가 없기 때문이다. 시작이 있으면 끝이 있듯이 머리가 있으면 꼬리가 있어야 하지 않겠는가. 인간은 동물의 꼬리가 맡은 일을 대부분 머리로 가져온 듯하다. 동물의 꼬리가 하는 감정표현을 위해서 안면근육이 발달했고, 멋있게 보이거나 권위를 보여야 할 일이 생기면 머리 모양을 가꾸거나 그에 합당한 모자를 쓴다. 그래도 어딘가 허전한지 '꼬리 아홉 달린 여우'라던가 '꼬리를 친다', '꼬리가 길면 잡힌다'든가 하는 표현들을 쓰는 걸 보면 말로라도 한번쯤은 꼬리를 달아보고 싶은 모양이다.

꼬리의 역할 중에 방향과 균형을 잡는 일이 무엇보다도 중요하다. 현대인들은 그들이 만든 문명세계에서 이런 감각들을 잃어가고 있다. 때로는 높은 산에 올라가 잃어버린 꼬리를 찾아보면 어떨까. 자연과 삶의 조화, 소유와 존재의 균형을 때로는 스스로에게 물어 볼 일이다. 멋들어지게 핀 꼬리풀을 우리가 잃어버린 꼬리라고 생각해도 좋다.

긴산꼬리풀

Veronica longifolia L.

산지의 풀밭에 자라는 여러해살이풀.

높이 50~80cm. 잎은 마주나거나 3~4개가 돌려나며 끝이 길게 뾰족하다. 6월 하순~9월 하순 개화. 전국에 분포한다.

[이명] 가는산꼬리풀

©윤상열

구와꼬리풀

Veronica dahurica Steven

산지의 풀밭에 나는 여러해살이풀. 높이 50cm 가량. 잎은 마주나며, 새깃 또는 국화잎 모양으로 갈라졌다. '구와'라는 이름이 붙은 식물은 대개 잎이 국화잎을 닮았다. 7~9월 개화.

[이명] 가새꼬리풀, 난퇴꼬리풀, 털구와꼬리풀

*이 밖에도 20여 종의 꼬리풀이 있으며 잎 모양의 변이가 많다.

©윤상열

냉초

Veronicastrum sibiricum (L.) Pennell

산지의 습한 곳에서 나는 여러해살이풀. 높이 50~100cm. 털이 있고, 꼬리풀 종류와 가장 큰 차이점은 잎이 3~8장씩 돌려나기를 하는 점이다. 7~8월 개화. 제주도를 제외한 우리나라 전역에 분포한다.

[이명] 민냉초, 숨위나물, 시베리아냉초, 털냉초 등

높은 산에서 불 밝히는 등대시호

등대시호 *Bupleurum euphorbioides* Nakai

높은 산에 나는 산형과의 여러해살이풀. 높이 10~30cm. 전체에 털이 없고 줄기는 곧게 서나 높은 산의 생태환경 특성상 10cm 이상 자라는 경우가 드물다. 7~8월 개화. [이명] 등때시호

등산을 좋아하지도 않는 내가 우리나라의 아주 높은 산들을, 그것도 산마다 대여섯 번씩은 올라가 보았다. 등대시호처럼 높은 산에서만 볼 수 있는 꽃들의 유혹 때문이었다.

등대시호는 '등대'를 닮은 '시호'의 한 종류라는 뜻이다. 여기서의 등대(燈臺)는 뱃길을 밝히는 등대가 아니라, 다섯 개 정도의 등잔을 올려놓는 등잔대를 의미한다. 이 꽃은 모양이 삼국시대의 토기등잔을 닮았을 뿐만 아니라 꽃의 색깔까지도 눈부신 노란색이라서 등잔불을 밝힌 느낌을 준다.

'시호'는 옛날에 호(胡)씨라는 사람의 아들이 온몸을 떨고 땀을 비 오듯이 쏟아내는 병에 걸렸을 때, 불쏘시개로 쓰던 풀의 뿌리를 먹고 아들이 낫자, 불쏘시개라는 뜻의 섶 '시'(柴)와 자신의 성인 '호'(胡)를 붙여 '시호'가 되었다는 이야기가 전해진다.

다산 선생의 둘째 아들, 정학유가 지은 〈농가월령가〉 2월령에도 시호를 포함해서 귀에 익은 약초의 이름들이 여럿 등장한다.

본초를 상고하야 약재를 캐오리라
창백출 당귀 천궁 시호 방풍 산약 택사
낱낱이 기록하야 때 미처 캐어두소
촌가에 기구없어 값진 약 쓰올소냐

여기 나오는 식물의 이름 일곱 가지는 곧 약재의 이름이고, 이 중에 다섯 가지는 지금도 국가표준식물명으로 쓰고 있다. 이 가사에는 부친 다산을 닮아 어떻게 하면 백성들의 곤궁한 삶에 도움이 될까하는 그의 마음이 절절이 배어 있다.

지금도 연구가 활발하게 이루어지고 있는 시호는 해열, 진통, 항염증, 면역증가 등의 효과가 있어서 오늘날 많이 쓰이는 아스피린의 약효와 비슷하다. 나에게는 약재인 시호보다 등대시호가 보약이다. 무슨 까닭인지 해마다 보아도 다시 보고 싶어 그 높은 산들을 거듭 오르니 보약이 따로 없다.

시호

Bupleurum falcatum L.

산이나 들에 나는 여러해살이풀. 높이 40~70cm.
전체에 털이 없고 단단하며 뿌리는 굵고 짧다.
8~9월 개화. 뿌리는 약용하며, 재배하기도 한다.
[이명] 큰일시호

개시호

Bupleurum longeradiatum Turcz.

높은 산의 그늘이나 풀밭에 나는 여러해살이풀.
높이 50~130cm. 잎의 밑부분이 귓불 모양으로
원줄기를 감싸는 것이 시호와 다르다.
7~8월 개화. 어린잎은 식용한다.
[이명] 큰시호

이제는 나물노릇 할 일 없는 박쥐나물

나래박쥐나물 *Parasenecio auriculata* var. *kamtschatica* (Maxim.) H. Koyama
높은 산 숲에 나는 국화과의 여러해살이풀. 높이 60~120cm. 잎자루에 지느러미 같은 날개가 있고, 날개 끝이 귓불처럼 줄기를 감싸고 있다. 8~9월 개화. 어린잎은 식용한다.
[이명] 귀박쥐나물, 자주박쥐나물, 지느러미박쥐나물, 참박쥐나물 등

박쥐나물은 첫눈에 보아도 박쥐를 닮았다. 넓적한 잎이 박쥐가 날개를 활짝 펼친 모양이고 높은 산 어두운 숲 속에 박쥐처럼 숨어 산다. 박쥐나물은 해발 1,000m가 넘는 높은 산의 정상 부근과 백두산의 수목한계선 주변의 높은 곳에서 만날 수 있다. 산삼처럼 귀하지도 않은 것을 누가 이 높은 곳까지 와서 나물로 해먹었기에 '나물'이라는 이름이 붙었을까?

전기나 수도, 도로도 자동차도 없던 시절에는 한양 사대문 안이나, 고을 사또가 있는 큰 성읍이나 깊은 산골의 삶이 크게 다를 것도 없었을 것이다. 벼슬하고 장사하는 사람은 도성이나 큰 고을에 살고, 농사짓는 사람은 논밭 넓은 들에서 땀 흘리며 살고, 어부는 바닷가나 강가에서 배타고 고기 잡아서 살고, 벼슬도 돈도 땅도 없는 사람은 산에서 맨손으로 산중에 살면 되었다.

깊은 산골 맑은 물을 어디 요즘의 생수나 수도에 비할 것이며, 요즘 사람들 먹는 것이 산나물, 버섯, 약초들보다 낫겠는가? 문명이 없는 곳에서 겪어야 하는 불편함은 있었을지라도 요즘 말하는 웰빙의 시각으로 바라보면 이상적인 삶이었다.

우리나라에는 백여 년 전에 전기와 자동차가 들어오고, 오십 년 전부터 산

업화와 도시화가 급속도로 진행되었다. 사람들이 끝없이 도시로 모여들어 땅이 모자라게 되자 사람이 사는 집이 호주의 개미탑처럼 30층 50층으로 올라갔다.

깊은 산에 살던 사람들이 썰물처럼 빠져나가서 박쥐나물은 더 이상 나물노릇을 하지 않아도 되었다. 나는 이미 사십 년 전에 그 폐허를 보았다. 차가 다니는 곳에서 한나절이나 더 들어간 산골에서 여남은 채의 집터와 나지막한 돌담의 흔적이 있었다. 그곳에는 아무도 살지 않는 '고향의 봄'만 있었다. 복숭아꽃 살구꽃 아기진달래가 활짝 피어있었다. 나도 모르게 뜨거운 눈물이 하염없이 흘러내렸다.

게박쥐나물
Parasenecio adenostyloides (Franch. & Sav. ex Maxim.) H. Koyama
깊은 산 숲에 나는 여러해살이풀. 높이 60~100cm. 잎의 모양이 게의 등껍질 모양을 닮은 데서 유래된 이름으로 짐작된다. 6~9월 개화. 어린순은 식용한다.

높은 산 산오이풀이 아름다운 까닭

산오이풀 *Sanguisorba hakusanensis* Makino

높은 산의 정상 부근에서 자라는 장미과의 여러해살이풀. 높이 40~60㎝. 잎이 오이풀보다 넓다. 7~9월 개화. 전국의 1,000m 이상 고산에 분포한다.

오이풀은 낮은 산자락에서 흔히 볼 수 있는 풀로 잎에서 오이냄새가 나고, 가을에는 짙은 자주색 꽃을 피운다. 이 꽃차례는 아주 자잘한 꽃들이 뭉쳐 있지만 그 뭉치마저도 연필 뒤에 달린 고무지우개만하다. 오이풀의 친척뻘인 산오이풀의 꽃은 멀리서도 눈에 들만큼 크고 아름답다.

산오이풀은 높은 산에서만 볼 수 있는 풀이다. 그 높은 산들은 적어도 구름이 발 아래에 있고, 한걸음 옮길 때마다 감탄사가 절로 나오는 산들이다. 우리나라에서 아주 높은 곳에서만 사는 풀꽃을 보자면, 산오이풀, 바람꽃, 네귀쓴풀 등 열 손가락으로 꼽을 정도다. 산오이풀이 사는 지리산, 덕유산, 설악산, 가야산, 향로봉 등은 그야말로 천하의 명산(名山)이요 고산(高山)이다. 산오이풀은 한여름에 그 높은 산의 정상 가까이 오르는 수고를 바쳐야 비로소 알현할 수 있는 지체 높은 풀이다.

높은 산에 피는 꽃은 거의가 색깔이 짙고 맑다. 산오이풀의 진분홍색 꽃도 색이 선명하다. 왜 그럴까 하고 여러 가지 생각을 해 보지만 제대로 공부를 하지 못한 탓에 늘 답을 얻지 못하는 편이다. 높은 산은 산안개나 구름에 덮인 날이 많기 때문에, 같은 조건이라면 강렬한 색의 꽃을 피운 개체들이 곤충들에게 더 많이 선택되어 번성했는지는 모르겠다.

때로는 과학적이지 못한 생각에서 답을 얻을 때가 있다. 사람의 일에 빗대어 보자. 어려운 환경에서도 자신의 인생을 아름답게 가꾼 사람, 역경을 스승으로 삼아 더욱 깊이 있는 삶을 사는 사람, 자신의 가난은 아랑곳없이 베푸는 마음이 넉넉한 사람, 이런 사람들이 맑고 향기로우며 아름다운 사람이다.

높은 산의 산오이풀은 그런 사람에 빗댈 만하다. 그곳은 겨울이 매섭고 길며 눈이 두텁게 쌓이는 곳이다. 거센 바람과 기약 없는 목마름을 견뎌내야 살아남는다. 그런 역경과 고비를 넘어서 피우는 꽃이니 만날 때마다 예사롭게 지나쳐지지 않는다.

오이풀
Sanguisorba officinalis L.

산과 들에 나는 여러해살이풀. 높이 1m 가량. 어린 줄기와 잎에서 오이 냄새가 난다. 7~10월 개화. 이삭꽃차례의 길이는 1~2cm이다. 어린잎과 줄기는 식용, 뿌리는 약용한다.
[이명] 수박풀, 외순나물, 지우, 지우초

긴오이풀
Sanguisorba longifolia Bertol.

산지에 나는 여러해살이풀. 높이 1m 가량. 잎은 깃꼴겹잎, 길쭉한 모양의 작은 잎은 2~4쌍이다. 8~9월 개화. 이삭꽃차례의 길이는 6cm 가량이다.
[이명] 긴잎오이풀(북한명), 이삭오이풀, 이삭지우초

가는오이풀
Sanguisorba tenuifolia Fisch. ex Link

저지대의 습기가 있는 곳에 자라는 여러해살이풀. 높이 1m 가량. 작은잎은 5~7쌍이고 오이풀보다 좁다. 7~9월 개화.
[이명] 애기오이풀, 좁은잎오이풀, 흰오이풀, 흰가는오이풀(북한명)

자주가는오이풀
Sanguisorba tenuiflora var. *purpurea* Trautv. & Mey.

가는오이풀과 닮았으나 자주색 꽃이 핀다. 가는오이풀에 비해 한랭한 고산 습지에서 난다.
[이명] 붉은오이풀, 긴자주가는오이풀(북한명)

지랄탄처럼 꽃이 피는 송이풀

송이풀 *Pedicularis resupinata* L.
산지에 나는 현삼과의 여러해살이풀. 높이 60cm 가량. 줄기는 곧게 서고 가지를 치지 않는다. 잎은 어긋나거나 마주난다. 7~9월 개화. [이명] 도시락나물, 마주송이풀, 명천송이풀, 수송이풀 등

송이풀이라는 꽃 이름의 유래가 참 궁금했었다. 그 이름에서 송이버섯이 우선 떠오르지만, 이 풀꽃의 모양이나 사는 곳에서 송이(松栮)와 어떤 관련성을 찾을 수 없었기 때문이다.

『한국식물명의 유래』에는 '꽃이 줄기 끝에 속생하여 송이를 이룬다'고 나와 있다. 꽃이라는 것이 뿌리나 잎에 달리는 것도 아니고, 줄기 끝에 모여 송이를 이루는 것이 당연한 것이 아니던가. 오히려 그렇지 않은 꽃을 보기가 어려우니 그 유래가 너무 싱겁다는 생각이 들었다. 그러므로 이 이름은 역설적으로 아주

특별하다. 예컨대 내 아들 이름을 '이 아들'이라고 하고 딸 아이 이름은 '이 딸'이라고 짓는다면 지나친 보편성이 매우 희귀한 이름이 된다.

자세히 보면 송이풀의 꽃차례가 별나게 생기기는 했다. 솔방울 같은 꽃봉오리에서 작은 구두주걱 같은 꽃들이 차례로 나와서 꽃자루를 옆으로 90도 뒤틀어서 핀다. 정원을 몇 배나 초과한 버스 안에서 숨이나 제대로 쉬어보자고 상반신을 차창 밖으로 내민 사람들의 모습이 연상되는 꽃이다. 창밖으로 나온 상반신이 바로 설 수 없듯이 송이풀의 꽃들도 그렇게 옆으로 비틀려서 핀다. 그래서 '속생(束生)한다'는 의미를 이리저리 다시 생각해보았다.

이런 모습은 선풍기나 바람개비를 닮기도 했지만, 지난 한 세대의 가슴 아픈 기억인 '지랄탄'을 더 많이 닮았다. '지랄탄'은 민주화 시위를 하던 사람들이 신형최루탄에다 붙인 별명이었다. 이 최루탄은 최루개스를 옆으로 분출하는 구조라 팽이처럼 빠르게 회전하며 지랄하듯 돌아다니는 통에 시위대가 집어서 다시 던지지 못하게 고안한 괴물이었다. 송이풀 꽃이 피는 모습은 '지랄탄'이 터지는 듯하다는 것보다 정확한 표현은 없다. 그 지랄탄이 자아낸 눈물을 먹고 '民主花'가 피었다.

송이풀의 꽃차례와 지랄탄이 터지는 모습, 그리고 민주화 시위는 '위에서 누르면 옆으로 속생한다'는 공통점이 있다.

흰송이풀

Pedicularis resupinata f. *albiflora* (Nakai) W. T. Lee

송이풀과 닮았으나 흰색 꽃이 핀다. 잎이 대부분 어긋나기를 하며 마주나는 개체도 가끔 발견된다. 학자에 따라서 이를 '마주송이풀'로 분류를 하기도 한다. [이명] 흰꽃마주송이풀, 흰마주송이풀, 흰수송이풀

만주송이풀

Pedicularis mandshurica Maxim.

높은 산에 나는 여러해살이풀. 높이 30cm 정도. 전체에 털이 나고 줄기가 곧게 선다. 5~6월 개화. 설악산의 고지대에 자생한다.

애기송이풀

Pedicularis ishidoyana Koidz. & Ohwi

산지나 물가에 나는 여러해살이풀. 높이 7~8cm. 전체에 잔털이 있고, 줄기가 짧으며, 가지는 없다. 4~5월 개화. 한국 특산식물이다.

[이명] 천마송이풀(북한명)

구름송이풀

Pedicularis verticillata L.

높은 산에 나는 여러해살이풀. 높이 5~15cm. 줄기가 곧게 서고 깃꼴겹잎이다. 7~9월 개화.

*이와 비슷한 한국(제주도) 특산의 한라송이풀(*Pedicularis hallaisanensis* Hurus.)은 줄기에 털이 많이 난다. [이명] 고산송이풀, 올송이풀

나도송이풀

Phtheirospermum japonicum (Thunb.) Kanitz

산이나 들의 양지에 나는 반기생 한해살이풀. 높이 30~60cm. 전체에 끈끈한 신모가 있으며 가지가 많이 갈라진다. 8~9월 개화.

여로(藜蘆) 앞에서 돌아본 여로(旅路)

여로 *Veratrum maackii* var. *japonicum* (Baker) T. Schmizu

높은 산 반그늘에서 자라는 백합과의 여러해살이풀. 높이 40~60cm. 7~8월 개화. 자줏빛이 도는 갈색이며, 수꽃과 양성화가 있다. 뿌리줄기를 살충제로 사용하는 유독식물이다. 민간에서는 늑막염에 효과가 있다 하여 늑막풀이라고도 한다. * 흰색 꽃이 피는 것을 흰여로(*Veratrum versicolor* Nakai)라고 한다.

높은 산마루 그늘에서 잠시 쉬며 지나온 길을 돌아보면 오랜 세월 걸어온 여로(旅路)처럼 아득하게 보일 때가 있다. 그런 산등성이 그늘에서 가끔 '여로'라는 풀꽃을 만났었다. 그 여로는 내가 걸어온 여로는 아니었다. 명아주 '려(藜)', 갈대 '로(蘆)'자를 쓰니 평범한 풀이름이다.

'여로' 하면 70년대의 인기드라마가 생각나는 사람이 많을 것이다. 그 드라마가 방영되는 시간에는 서울 거리가 한산했다고 한다. 60년대는 TV가 있는 집이 드물었던 라디오의 시대였다. 시골에서는 동네에 라디오가 한두 집 있을까 말까 하던 시절이라 저녁을 먹고 나면 온 동네 사람들이 라디오가 있는 집에 모여서 '섬마을 선생님' 같은 연속극이나 뉴스를 들었다.

라디오조차 듣기 어려웠던 1950년대 이전의 사람들은 무엇으로 오늘날의 드라마 같은 이야기를 만났을까? 두메산골에서의 나의 어린 시절은 라디오 이전 시대와 잠깐 겹쳐 있었다. 그때는 장날에 이수일과 심순애가 나오는 '장한몽'

같은 소설책을 사와서 글을 읽을 줄 아는 사람이 글 모르는 이웃들에게 읽어주는 문화가 있었다.

나에게는 이런 신소설을 읽어주던 풍습보다 더 오래된, 이야기꾼의 시대를 맛보았던 행복한 유년이 있었다. 내 고향 마을 옆 동네에 '대바우'라는 노인 머슴이 살았다. 왜소한 노인을 왜 대바우라고 불렀을까 하고 요즘 들어 생각해보니, 아마 '대단한 이바구꾼'이라는 뜻으로 붙인 별명이었지 싶다. 그 시절에는 혼인이나 초상이 나면 한 사나흘 잔치를 했는데, 십리 인근 마을에 잔치가 벌어지면 그 대바우가 꼭 나타나서 사랑방 한구석에 자리를 잡고서는 이야기보따리를 풀어놓았다. 요즈음 문명에 비유하자면 대바우는 걸어다니는 TV였다.

나는 그 대바우 덕에 삼국지의 장엄한 드라마를 들었다. 그 이야기를 1962년에 숙모가 시집 온 혼인잔치에서 사흘 동안 들었다. 대바우의 삼국지가 적벽대전의 절정에 이를 때 혼인잔치가 파했다. 이어지는 이야기를 들으려면 예고 없는 다음 잔치를 기다려야만 했다.

지금도 어느 산등성이 그늘에서 여로(藜蘆)를 만나면 그 이름 탓에 지나온 인생 여로를 돌아보게 된다. 나의 여로는 짧지만 고맙게도 긴 여로이기도 하다.

네귀쓴풀에 귀가 네 개 달린 까닭

네귀쓴풀 *Swertia tetrapetala* (Pall.) Grossh.

높은 산에 나는 용담과의 한해살이풀. 높이 30cm 가량. 대체로 쓴풀 종류들은 꽃잎이 5장인 경우가 많으나, 네귀쓴풀과 대성쓴풀, 큰잎쓴풀 등은 꽃잎이 4장이다. 7~8월 개화.

ⓒ김덕성

잘 생기지도 못하고, 돈도 없는 어떤 남자가 있었다. 그런데 불가사의하게도 무엇 하나 내세울 것이 없는 이 남자에게 여자들이 줄줄 따랐다. 잘 생기고 돈도 많은 한 친구가 궁금한 나머지 도대체 그 인기의 비결이 무엇이냐고 물었다. 이 친구의 답변은 단 두 마디였다.

"나는 여자들이 말하는 것을 끝까지 귀담아 들어준다네. 도저히 못 참겠으면 맘속으로 애국가를 4절까지 부른다네."

물론 우스갯소리지만 상대방의 이야기를 잘 들어주는 것은 우리가 상상할 수 있는 것보다 훨씬 더 큰 매력이다.

신이 사람을 만들 때 많이 듣고 적게 말하라고 귀는 두 개를, 입은 하나를 만들었다고 한다. 귀가 네 개나 달린 네귀쓴풀은 더 큰 은총을 받은 듯하다. 네귀쓴풀을 보면 작고 하얀 꽃잎에 파란 점들이 있어서 아름다운 백자의 질감이 느껴진다. 그 꽃잎 가운데마다 작은 귀를 닮은 돌기가 한 개씩 있다. 아마 이 돌기 때문에 '네귀쓴풀'로 부르게 되었지 않나 싶다.

네귀쓴풀은 적어도 해발 1,000m는 훨씬 넘는 높은 산꼭대기에 산다. 옛날에 어느 큰스님을 만나려면 삼천배를 올려야 했다는 일화처럼, 귀한 배움을 청하려면 그만한 정성을 들이는 일이 당연하다. 설악산 대청봉을 오르며 삼천배를 할 정도의 땀을 쏟았을까? 그 정성이 기특했는지 네귀쓴풀은 이런 가르침을 주었다.

"언제나 마음속에 네 개의 귀를 가지고 네 가지 소리를 듣게나. 첫 번째 귀로는 지금 그대 앞에 있는 사람의 말을 귀담아 들어주게. 두 번째 귀는 그대에게 하는 쓴소리를 달게 듣는 귀라네. 세 번째 귀로는 세상 사람들의 소리를 겸허하게 듣고, 네 번째 귀는 언제나 자연의 소리를 들을 수 있도록 열어두게나. 그리하면 그대는 보다 매력적이고 현명해 질 것이네."

큰잎쓴풀

Swertia wilfordii J. Kern.

산지에 나는 두해살이풀. 높이 30cm 가량. 줄기는 곧게 서고 가지가 많이 갈라진다. 자주쓴풀에 비해 전체가 대형이다. 8~9월 개화.

[이명] 산쓴풀, 큰자주쓴풀

대성쓴풀

Anagallidium dichotomum (L.) Griseb.

용담과의 대성쓴풀속의 여러해살이풀. 높이 7cm 가량. 4월 개화. *우리나라에서는 대덕산, 정선 일대의 극히 제한된 지역에서 자생하는 것으로 알려져 있다. 최초 대덕산에서 발견되었을 당시, 산 이름을 대성산으로 오인한데서 '대성쓴풀'이 되었다고 한다.

하나부사야로 창씨개명된 금강초롱꽃

금강초롱꽃 *Hanabusaya asiatica* (Nakai) Nakai
높은 산에 나는 초롱꽃과의 여러해살이풀. 높이 30~90cm.
잎이 4~5장이 근접하여 어긋나므로 돌려나기 잎처럼 보인다.
8~9월 개화. 한국(중부 및 북부의 높은 산) 특산식물.
[이명] 화방초(花房草, 초대 일본공사 하나부사花房를
꽃이름으로 명명)

금강초롱꽃은 지구상에서 우리나라에만 사는 특산종이다. '금강초롱'이란 이름은 1902년에 일본의 식물연구원 우치야마가 금강산에서 최초로 채집한데서 유래된 이름이라고 한다. 그 후 나카이가 1909년에 '*Symphyandra asiatica* Nakai'라는 학명을 붙여, 신종(新種)이자 한반도 고유식물로 국제식물학회에 등록하였다. 처음에는 기존의 초롱꽃과 식물인 'Symphyandra'속으로 분류하였으나 2년 후인 1911년에 속명을 'Hanabusaya'로 바꾸어 발표하였다. 속명을 바꾼 까닭은 조선의 초대 일본공사였던 '하나부사(花房)'가 나카이를 조선의 식물조사 책임자로 임명하도록 영향력을 행사함으로써, 무명 식물학도였던 그가 한반도 식물의 권위자로서뿐만 아니라 대식물학자로 출세하게 된 데 대한 보은(報恩)으로 짐작이 된다. 그래서 금강초롱꽃을 일본에서는 '하나부사소(花房

©양인호

草)'라고 부른다. 나카이가 금강초롱꽃의 속명을 바꾼 후 도쿄대학 교수가 되고, 이학박사학위를 받은 것이 단순한 우연 같지는 않다.

이러한 언짢은 역사 때문이었는지 북한에서는 1976년에 '*Hanabusaya*'의 속명을 금강사니아(*Keumkangsania*)로 바꾸었다. 즉 금강초롱꽃의 북한식 학명은 '*Keumkangsania asiatica* (Nakai) Kim'이다. 북한 식물학계의 자각과 역사의식은 높이 평가해야 마땅하지만, 선취권을 중시하는 국제식물학계에서는 이를 인정하지 않고 있다. 우리 땅에만 자라는 우리의 꽃이 강제로 창씨개명을 당해서 남의 나라 이름으로 국제식물호적에 오른 지 100년이 넘었는데, 아직도 제대로 된 우리 이름을 찾지 못하고 있다.

인도의 시성, 타고르는 일제하에서 신음하던 우리나라를 "일찍이 아시아의 빛나던 등불의 하나인 코리아"로 예찬하면서, "내 마음의 조국 코리아여 깨어나라"고 그의 안타까운 기도를 바쳤다. 그의 기원처럼 민족적 각성과 더불어 그 정기를 되살려야 이 작은 풀꽃 이름 하나라도 바로잡을 힘이 생길 것이다.

그날이 오기 전까지 나는 늘 금강초롱꽃에게 미안하다. 이 민족이 한 세기가 넘는 수난과 반목의 역사를 끝내고 형제가 다시 손잡고 민족정기를 초롱초롱 되살리는 날, 그날이 하루 빨리 오기를 간절히 소망한다.

그날이 오면, 삼천리 방방곡곡이 청사초롱에 불 밝히고, 금강산, 설악산 금강초롱이 얼싸안고 춤을 추리라.

초롱꽃
Campanula punctata Lam.
산과 들에 나는 여러해살이풀.
높이 50~80cm. 줄기는 곧게 서고 전체에 거친 털이 있다. 6~7월 개화. 관상용.

보석보다 빛나는 참바위취

참바위취 *Saxifraga oblongifolia* Nakai
높은 산의 바위틈에 나는 범의귀과의 여러해살이풀. 높이 30cm 가량. 7~8월 개화.
[이명] 바위귀, 바위취

아침이슬에 반짝이는 풀꽃들을 만날 때마다 새로운 보석을 만나는 기쁨이 있다. 처음 보는 꽃들은 더욱 값진 보석처럼 여겨진다.

어느 날 문득 풀꽃을 보석에 비유하는 것이 미안하다는 생각이 들었다. 어떻게 생명이 있는 것과 없는 것을 비교할 수 있겠는가? 아침 햇살에 빛나는 이슬과 들꽃의 생명은 만들 수도, 돈으로 살 수도, 소유할 수도 없는 것이다. 보석이야 한 번 얻으면 늘 그대로 있는 돌 부스러기지만 끝내 소유할 수 없고 소유 당하지도 않는 생명이 더 귀하지 않은가?

모든 들꽃들이 내게는 보석보다 귀하고 아름답지만 그중에서도 바위틈에 뿌리내린 꽃들을 더 사랑한다. 그들은 외딴 별에 홀로 살던 어린 왕자와도 같고, 깊은 산 오두막집에 살던 맑고 향기로운 스님과도 같고, 월든 호숫가의 소로우를 닮기도 한 풀들이다.

기름지고 편안한 풀밭에 다른 풀들과 어울려 피면, 바람에 같이 눕고 찬비

에 서로 보듬어 좋을 듯도 하련만, 바위에 겨우 뿌리 내리고 사는 풀들은 마음이 여리다. 홀로 외롭게 바위틈에 사는 까닭이야 물어보나 마나 뿌리 뻗을 한 치의 땅과 따사로운 한 줌 볕을 다투기 싫고, 이웃 간에 벌 나비 손님 끌기 다툼을 하며 살기 싫어서다.

식물들이 저잣거리처럼 북적거리는 땅의 풀들을 보면 어떤 줄기가 어느 식물의 줄기며, 잎이며, 꽃인지 서로 뒤엉키어서 그 온전한 모습이 보이지 않는다. 이름에 바위가 붙은 바위취, 참바위취, 바위떡풀 같은 식물은 그 줄기와 잎과 꽃을 온전하게 볼 수 있어서 좋다. 가난한 모습이라도 제 모습대로 사는 그것이 좋다.

법정 스님이 남기신 말씀 한 마디가 떠오른다.

"사람은 이 세상에 올 때 하나의 씨앗을 지니고 온다. 그 씨앗을 제대로 움트게 하려면 자신에게 알맞은 땅(도량)을 만나야 한다. 당신은 지금 어떤 땅에서 어떤 삶을 이루고 있는지 순간순간 물어야 한다."

바위취
Saxifraga stolonifera Meerb.
습기가 많은 곳에 사는 상록성 여러해살이풀.
높이 60cm 가량. 꽃잎 5장 중 위의 3장은 길이 3mm 가량, 연한 붉은색 바탕에 진한 붉은색 반점이 있고, 아래 2장은 길이 10~20mm, 흰색이며, 반점이 없다. 5~7월 개화.
[이명] 겨우사리범의귀, 범의귀

바위떡풀
Saxifraga fortunei var. *incisolobata* (Engl. & Irmsch.) Nakai
산의 습한 곳 바위에 나는 여러해살이풀.
높이 5~35cm 가량. 꽃잎 5장 중 위의 3장은 길이 3~4mm, 아래 2장은 5~15mm이다. 8~9월 개화.
[이명] 지리산바위떡풀, 털바위떡풀, 대문자꽃잎풀, 섬바위떡풀 등

구실바위취
Saxifraga octopetala Nakai
깊은 산의 응달 바위에 나는 여러해살이풀.
높이 30cm 가량. 줄기에 거친 털이 난다. 6~7월 개화. 한국(강원도 계방산 이북) 특산식물.
[이명] 구슬바위취, 팔편바위귀, 구슬범의귀

톱바위취
Saxifraga punctata L.
깊은 산의 습한 곳에 나는 여러해살이풀.
높이 50cm 가량. 잎은 구실바위취와 비슷하나 꽃대가 가지를 치며, 자잘한 꽃을 많이 피운다. 6~8월 개화. 강원도 이북, 백두산 일대에서 볼 수 있다. [이명] 멧바위취, 바위취

진범으로 몰린 억울한 진교

진교 *Aconitum pseudolaeve* Nakai

높은 산에 나는 미나리아재비과의 여러해살이풀. 높이 40~70cm. 줄기가 모가 지고, 곧게 선다. 8~9월 개화. 꽃의 길이 2~2.5cm. 뿌리는 약용한다. [이명] 줄바꽃, 오독도기

*우리나라의 국가표준식물목록에는 '진범'으로 나와 있으나, 북한의 정명은 '진교'이다.

우리 국가표준식물목록에 '진범'으로 나온 식물이 있다. 진범이라니 이 녀석이 무슨 큰 죄라도 지었는가 하고, 농담삼아 말장난을 하며 이 식물을 만나곤 한다. 이 식물의 원래 바른 이름은 '진교'(秦艽)였다. 진교는 비교적 높고 깊은 산에서 가을의 초입에 작은 오리들이 마주보는 듯한 귀여운 꽃을 피운다. 몇 년간 꽃을 찾아다닌 경험으로는 자주색 꽃을 피우는 진교보다는 흰색 꽃을 피우는 흰진교가 훨씬 많았고, 흰진교는 가끔 낮은 산자락에서도 만날 수 있었다.

우리나라의 식물관련서적이나 도감을 보면 '진범/진교'라는 두 이름을 병기(倂記)한 책도 있고, '진범'이나 '진교'라고 두 이름 중 하나만 나와 있는 책도 있어서, 한자나 식물분류학에 문외한으로서는 혼돈스럽기만 했다. 때마침 야생화 동호회 사이트인 '인디카'(indica)의 칼럼을 통하여 평소 존경하는 국어학자이며 동호회원이기도 한 어느 교수님께서 몇 달 동안의 깊은 연구 끝에 명쾌하

흰진교

게 그 유래를 밝혀 주셨다.

'진교를 찾아서'란 제목의 그 칼럼의 뼈만 추려내면, 진범은 한자 '진교'(秦艽)를 '진봉'(秦芃)으로 오기한데서 비롯되었고, 다시 '진봉'의 '봉(芃)'자를 누군가 그 아래쪽의 '凡'자에 이끌려 어림짐작으로 '범'으로 오독했을 개연성이 높다는 것이다.

저자의 표현을 빌자면 '진교'에서 '진봉'으로 헛디딘 발이 다시 '진범'으로 한걸음 더 큰 낭떠러지로 굴러 떨어진 것이다. 진범이라는 이름은 1937년에 발간된『조선식물향명집』에 처음 등장했고, 1920년대 이전까지의 문헌에는 진교, 또는 진규로 나와 있었다고 한다.

이 유래는 한때 유행했던 유머 한 토막과 조금도 다르지 않다. '생각하는 사람'을 조각한 사람이 누구냐는 주관식 시험문제에, 공부를 제대로 한 학생은 '로댕'이라는 정답을 적었다. 그 옆의 학생은 커닝을 어설프게 해서 '오뎅'이라고 썼고, '오뎅'을 커닝한 학생은 같은 의미로 '덴뿌라'라고 썼다.

그런데 지금도 우리 국가표준식물목록에 이 '덴뿌라' 같은 이름, '진범'을 쓰고 있으니 도무지 이해가 되지 않는 일이다.

곰이 잘 먹는다는 곰취

곰취 *Ligularia fischeri* (Ledeb.) Turcz.

고원이나 깊은 산의 습한 곳에서 자라는 국화과의 여러해살이풀. 높이 1m 가량. 봄에 뿌리에서 나온 어린잎은 나물로 먹으며, 줄기에는 작은잎이 3장 달린다. 잎 가장자리에 자잘한 톱니가 있다. 8~9월 개화.

[이명] 왕곰취, 큰곰취

곰취는 높고 깊은 산에 사는 여러해살이풀이다. 이 이름은 '곰이 사는 심산에 나는 취'에서 유래했다고 한다. 또 곰이 잘 먹는 나물이라고도 하고, 잎이 곰처럼 크다는 데서 나온 이름이라는 얘기도 있지만 굳이 진위를 따질 일은 아니다. 곰취는 그 꽃보다는 독특한 향미가 있는 잎이 유명하다. 곰취의 잎은 봄에 뜯어서 쌈을 싸먹기도 하고 묵나물이나 짱아찌로 만들어 먹기도 한다.

그런데 곰취 잎과 닮은 것들이 많아서 조심해야 한다. 그중에서 가장 구별하기가 어려운 식물이 동의나물이다. 이들은 자라는 환경이 비슷해서 섞여서 나는 곳이 많다. 곰취를 먹기 좋은 5월에는 동의나물은 꽃이 사라지고, 곰취는 꽃대가 없기 때문에 잎만 보고 가려내야 한다.

언젠가 야생화 탐사 중에 누군가 곰취와 동의나물의 잎을 뜯어서 어느 것이 곰취냐고 물어왔을 때 선뜻 대답을 하지 못했다. 미나리아재비과의 동의나물과

국화과인 곰취 잎이 이리도 닮을 수 있다는 것이 신기하다는 생각이 들었다. 동의나물에는 독성이 있으므로 신중하지 않을 수 없었다. 이럴 때는 먼저 냄새를 맡아보고, 자신이 없으면 잎자루를 살짝 씹어본다. 곰취는 특유의 진한 향기가 있고 동의나물에는 없다.

곰취의 사촌벌인 곤달비는 말로 설명할 수 없을 정도로 닮았다. 그래도 곤달비는 맛도 좋고 탈도 없어서 문제가 되지는 않는다. 잘 모르는 사람은 머위의 잎과 곰취 잎을 혼동하기도 한다. 그러나 머위는 산자락 아래에, 곰취는 높은 곳에 사는 것만으로도 쉽게 구별할 수 있고 잎도 머위가 한 달 정도 이르게 나온다. 머위는 약간의 독성은 있다고 하지만 먹어도 괜찮고 그 향이 곰취 못지않아서 이른 봄의 입맛을 돋운다.

나는 높고 깊은 산에서 곰취를 많이 만났지만 그것을 뜯어서 먹었던 기억은 나지 않는다. 곰취를 좋아하지 않아서가 아니라 곰취가 자라는 곳에는 봄 여름 가을 없이 수많은 야생화들이 피기 때문이다. 그 꽃들에게 온 마음을 빼앗기다 보면 곰취는 늘 뒷전이었다.

해마다 솔체꽃을 만나야겠다

솔체꽃 *Scabiosa tschiliensis* Gruning

깊은 산에 나는 산토끼꽃과의 두해살이풀. 높이 50~90cm. 아래에 난 잎은 타원형이나 위로 갈수록 새깃 모양으로 갈라진다. 7~8월 개화. 긴 꽃줄기 끝에 머리모양꽃차례로 달린다. [이명] 체꽃

*구름체꽃과 체꽃은 고산에 나는 솔체꽃의 변종으로 키가 작다.

해마다 설날이면 할머니는 처마 밑에 '체'를 내 걸었다. 설날 밤 야광귀(夜光鬼)가 와서 누군가의 신을 신어보고 맞으면 그대로 신고 가므로, 이 귀신에게 신을 잃은 사람은 1년 동안 재수가 없다고 했다. 문 앞에 체를 걸어 두면 귀신이 밤새 체의 구멍을 세느라고 신을 신어보지 못하고 그냥 하늘로 되돌아간다고 했다.

'체'는 곡물이나 모래 등의 알갱이를 거친 것과 미세한 것으로 선별하는 데 쓰였던 중요한 생활도구였다. 체는 그 용도에 따라서 거름망(쳇불)의 재료와 망의 규격이 다양해서, 자갈과 굵은 모래를 거르는 체는 굵은 철사 그물로 눈이 아주 컸고, 음식을 만들 때 고운 가루를 걸러내는 체는 명주천을 사용했다.

이 '체'에서 '솔체꽃'이라는 식물의 이름이 유래되었다고 한다. 개인적인 생각이지만, 솔체꽃은 솔방울을 닮았으면서 꽃차례가 체처럼 구멍이 숭숭 뚫려서 '솔체꽃'이 되었지 싶다.

솔체꽃은 식물분류계통으로 볼 때는 '산토끼풀'과 함께 우리나라에는 2종 밖

에 없는 '산토끼풀과'의 식물이다. 산토끼풀과의 식물들은 꽃차례가 크고 성기어서 꽃과 꽃 사이에 구멍이 보인다. 그런 구멍들 때문에 '체'의 이름을 얻었을 것이다. '체'는 현대문명과 함께 우리 곁에서 멀어진 도구이다. 그런데 요즘 세태를 보면 사람들의 언어와 감정의 표현이 아무런 여과망을 거치지 않고 내뱉어지는듯해서 마음의 '쳇불'도 사라지지 않았나하는 염려가 든다.

올해부터는 다른 꽃들은 몰라도 솔체꽃만은 꼭 한 번씩 만나고 와야겠다. 마음속에 연보랏빛 '쳇불'을 하나 깔아 놓으려는 뜻이다. 쳇불도 낡으면 갈아야 하니 해마다 솔체꽃을 만나고 올 일이다. 체 구멍 하나하나 세다 보면 귀신도 물러간다는데….

산토끼꽃
Dipsacus japonicus Miq.
산지에 나는 두해살이풀. 높이 1m 가량. 줄기에 가시털이 나고, 밑부분의 잎은 깃 모양으로 갈라진다. 8월 개화. 강원, 충북 일대의 산지에서 드물게 발견된다. [이명] 산토끼풀
©이두한

03 습지와 물가에서

물은 식물에게 가장 중요한 조건이지만
홍수는 식물을 뿌리째 사라지게 할 수 있다.
그래서 계곡 물가에 살 수 있는 식물은 많지 않다.
이들은 바위틈에 뿌리를 단단히 박기도 하고
그들끼리 뿌리를 연결시켜 계곡물이 불어도
떠내려가지 않을 대책을 마련한다.
물을 좋아하는 대부분의 식물은
물 높이가 거의 변하지 않는 습지나 연못가에 산다.
거름기와 습기가 풍부한 습지는 작은 밀림이다.
저만치서 바라보면 평화롭기만 한 습지 생태계는
온갖 식물들의 치열한 삶의 현장이다.

물칭개나물

물결이 왜 일렁이는지
꽃은 이미 알고 있었다.
거부할 수 없는 그 유혹을
운명처럼 알고 있었다.

落花流水

꽃인 채로 물에 떨어져
머무는 듯 흐르는 듯
물과 함께 사라져간다.
연보라색 청춘이
봄날처럼 흘러간다.

큰물칭개나물 *Veronica anagallisaquatica* L.

물칭개나물에 비해 전체적으로 약간 크다. 꽃의 지름은 8mm 정도이며 물칭개나물 꽃에 비해 색이 짙다. 잎 가장자리에는 톱니가 거의 없거나 희미하다. 물칭개나물의 줄기는 녹색, 큰물칭개나물은 자주색에 가깝다. [이명] 물까지꽃, 큰물꼬리풀

물칭개나물
Veronica undulata Wall.

물가에 자라는 현삼과의 두해살이풀. 높이 40~80cm. 전체에 털이 없고 곧게 선다. 잎 가장자리에 톱니가 뚜렷하다. 5~6월 개화. 꽃의 지름 6mm 정도. 어린잎은 식용한다. [이명] 물꼬리풀

풀꽃 중의 신선 돌단풍

돌단풍 *Mukdenia rossii* (Oliv.) Koidz.
물가의 바위틈에 자라는 범의귀과의 여러해살이풀. 높이 40cm 가량. 3~5월 개화.
관상용으로 심기도 하며, 어린잎은 식용한다. [이명] 장장포, 부처손, 돌나리, 바위나리

동강 굽이굽이 백오십 리 절벽에 할미꽃이 시들 무렵, 돌단풍 하얀 꽃이 안개인 양 구름인 양 피어오른다. 신선이 사는 세상이 따로 없다. 이 강물에 온갖 잡생각 흘려보내고 며칠 유유자적 산천유람한다면 그야말로 선선놀음이다.

돌단풍은 풀꽃 중의 신선이다. 맑은 물이 흐르는 깊은 계곡 바위에 뿌리내리고 물안개나 마시며 살고 있으니 어찌 신선이 아니랴. 그곳에는 잡풀들과 뒤엉켜 나눠야 할 고단함이 없고, 먹을 것에 찾아드는 벌레들도 꼬이지 않으니 바위틈에 살면서도 무엇 하나 부족함이 없는 듯하다. 신선은 먹지 않아도 늙지 않고 수백 년을 산다고 한다. 그러한 삶은 번거롭거나 비루해질 일이 없다. 옛날에 누구누구는 신선이 되어 어느 산에 들어가 몇 백 년이 넘게 살았다는 이야기가 전해오지만, 이 시대에 신선처럼 살기에는 문명이 너무나 멀리 와버렸다.

우리가 신선은 되지 못해도 신선하게 살아갈 수는 있다. 탁하고 기름진 음식을 멀리하면 몸과 마음이 신선해진다. 무엇을 갖고자 하는 욕심을 줄이면 일신이 한가해지고, 무엇이 되고자 하는 마음을 비우면 영혼이 맑아져서 아수라 세상으로부터 자유로워질 것이다. 그리고 돌단풍 푸른 신선한 계곡, 너럭바위에 누워 한 마리 나비가 되는 꿈을 꾸면 신선이 따로 없다.

청마 선생의 시 〈심산(深山)〉이 떠오른다.

심심 산골에는
산울림 영감이
바위에 앉아
나같이 이나 잡고
홀로 살더라.

단오의 신비로운 향기 창포

창포 *Acorus calamus* L.

연못가 습지에서 자라는 천남성과의 여러해살이풀. 높이 70㎝ 가량. 전체에서 향기가 나며, 땅속줄기는 통통하고 옆으로 뻗는다. 6~7월 개화. 꽃차례의 길이 5~7㎝. 꽃줄기는 잎과 비슷하나 자세히 보면 삼각기둥 모양이다. 땅속줄기와 잎은 약용, 또는 향료로 쓴다. [이명] 왕창포, 장포, 향포

창포의 꽃

창포(菖蒲)는 단오 무렵에 꽃을 피운다. 말이 꽃이지 사실 창포의 꽃은 그 명성에 걸맞지 않게 무슨 벌레집 같기도 하고 소나무 새순처럼 볼품이 없다. 그러나 이 무렵 창포의 잎에는 윤기가 흐르고 향기는 황홀하다. 초여름의 습한 열기가 창포의 향기를 농염하게 자아내는 것일까, 그 향기는 상큼하고 은근하고 신비로운 자연의 향수이며, 그 무엇에 비할 수도, 표현할 수도 없는 창포만의 것이다.

그 어느 여인인들 이 향기를 몸에 더하고 싶지 않았으랴. 단오에 여인들은 창포 삶은 물에 머리를 감고 그 이슬을 얼굴에 바르며, 창포 뿌리를 다듬고 조각해서 비녀 대신 꽂고 다녔다. 요즘 말로 하면 창포는 샴푸가 되고 향수가 되고 보습제, 액세서리가 되어 아름다워지고 싶은 여성의 욕구를 채워주었다.

옛 기록들이 전하는 창포의 다른 효험들도 신기할 정도다. 단옷날에 창포꽃을 따서 말려 창포요를 만들어 깔고 자면 모기, 빈대, 벼룩 등 온갖 해충들이 달려들지 않고, 그러므로 병마나 액귀(厄鬼)가 침범하지 못한다고 믿었다. 창

포 줄기로 엮은 방석도 그러한 벽사(辟邪)의 효과가 있다고 여겼다.

단오에는 창포로 술과 떡, 김치를 만들어 먹었다고 한다. 먹은 후 백일이 지나면 얼굴에 광채가 나고 손발에 기운이 생기며 이목이 밝아지고 백발이 검어지며 빠진 이가 다시 돋아난다고 했다. 아침에 창포 잎에 맺힌 이슬을 거두어 눈 씻기를 계속하면 한낮에도 별을 볼 수 있을 만큼 눈이 좋아진다고 전해진다.

이렇게 대단한 식물이라서 그런지 환경변화 탓인지는 몰라도 요즘은 자연상태에서 자라는 창포를 만나기가 어렵다. 단오의 풍속들도 창포와 함께 사라졌는지 보기가 힘들다. 내 어릴 석 단옷날에는 동네 처녀총각들이 뒷동산 백년 묵은 소나무에 긴 그네를 달아놓고 농사일에 고단한 하루를 쉬는 마을잔치를 벌였었다.

그때는 나도 얼른 자라서 멋들어지게 그네를 타고 싶었다. 그러나 몇 해가 지나지 않아 어떤 아이들은 도시로 공부하러 떠났고, 어떤 아이들은 무작정 가출을 해서 거의가 고향으로 돌아오지 않았다. 뒷동산에서 멋들어지게 창공을 차고 나가던 그네는 짙은 창포향기 흩날리던 흑진주 같은 머릿결과 함께 추억 속으로 아련하게 사라져 갔다.

석창포(石菖蒲) *Acorus gramineus* Sol.

골짜기 주변의 암반에 자라는 상록성 여러해살이풀. 높이 30cm 가량. 창포와 마찬가지로 향기가 좋다. 5~6월 개화. 꽃차례의 길이 10cm 정도. 땅속줄기는 약용한다. [이명] 바위석창포, 석장포, 석향포, 애기석창포 등

이름이 비슷한 식물

꽃장포

Tofieldia nuda Maxim.

산지의 골짜기나 바위에 나는 백합과의 여러해살이풀. 높이 20cm 가량. 줄기가 없으며 잎은 뿌리에서 뭉쳐난다. 7~8월 개화. 중부 이북 지방에서 드물게 볼 수 있다.

[이명] 꽃바위장포, 꽃장포풀, 돌창포

*꽃창포(*Iris ensata* var. *spontanea*)는 붓꽃과의 여러해살이풀이다.

좁쌀풀 앞에서 돌아본 40년

좁쌀풀 *Lysimachia vulgaris* var. *davurica* (Ledeb.) R. Kunth

산과 들의 습한 곳에 나는 앵초과의 여러해살이풀. 높이 1m 가량. 땅위 줄기는 곧게 서고 잎은 마주나거나 3~4장씩 돌려난다. 6~8월 개화. [이명] 가는좁쌀풀, 노란꽃꼬리풀, 큰좁쌀풀

우리나라에서 1950년대에 태어난 성인 남자의 평균 키는 164cm, 1990년대에 태어난 청년들의 평균 신장은 174cm라고 한다. 한국인의 평균 수명은 1970년에 62세였던 것이 2010년에는 20년 가까이 늘어난 81세가 되었다. 이런 수치의 변화에서 많은 원인과 의미를 짚어낼 수 있지만, 우리는 한마디로 놀라운 격변의 시대를 살아온 것이다. 인류사에 이런 일이 또 있었을까 싶고, 다시 있을 것 같지도 않다.

이런 변화는 식생활과 밀접한 관계에 있는 것 같다. 이 한 세대 남짓한 기간의 주식(主食) 변화를 단순하게 표현하자면, 60년대 이전까지는 90%가 쌀밥을 먹지 못하다가 80년대에 들어오면서 90%가 쌀밥을 먹는 시대를 지나 지금은 다시 90%가 쌀 아닌 것에서 높은 영양을 얻는 듯하다.

불과 두 세대 전, 쌀밥 구경을 하기 어렵던 시절에 이 나라 백성들은 무엇을 먹고 살았을까? 쌀밥보다는 보리, 수수, 조, 기장 같은 잡곡밥을 훨씬 많이 먹었다. 그 시대에는 지금에 비해 쌀 생산량이 10분의 1 정도로 낮았던 반면에, 밭에서 자라는 곡식들이 가뭄이나 병충해를 잘 견뎠기 때문인 듯하다.

지금도 좁쌀풀을 보면 그 시대 생각이 나지 않을 수 없다. 내 어릴 적에 보리밥 다음으로 많이 먹었던 것이 조밥이었다. 조밥은 씹는 느낌이 까칠하고, 알이 잘아서 감질이 나지만 노란 밥이 보기에 좋았고 옥수수처럼 고소한 맛이 있었다. 좁쌀풀은 노란 꽃봉오리가 맺힌 모습이 좁쌀을 닮았고, 꽃이 피면 누렇고 풍성한 꽃차례가 조밥을 떠올리게 하고, 그 씨앗까지도 좁쌀처럼 생겨서 어느 모로 봐도 어울리는 이름이다.

요즘 젊은이들에게 조, 수수, 기장, 서속 같은 이름을 대면 그 모양은 고사하고 그것이 곡식 이름인지조차도 잘 모른다. 이렇게 살아온 방식이 다른 세대가 함께 사는 시대에 나이 든 사람들은 '좁쌀영감' 소리는 듣지 않도록 조심할 일이다. 사소한 것까지 간섭과 참견을 일삼는 속이 비좁은 남자, 좁쌀영감이 되지 않으려면 이 시대의 코드를 잘 읽어야 할 것 같다.

참좁쌀풀
Lysimachia coreana Nakai
꽃 가운데가 붉은색인 것을 제외하고는 좁쌀풀과 같다. [이명] 고려까치수염, 고려꽃꼬리풀, 조선까치수염, 참까치수염 등
©박명숙

이름이 비슷한 식물

앉은좁쌀풀
Euphrasia maximowiczii Wettst.
깊은 산의 건조한 풀밭에 나는 현삼과의 반기생 한해살이풀. 높이 20cm 가량. 좁쌀풀과 분류계통이 전혀 다른 식물이다. 줄기가 곧게 서고, 가지를 친다. 잎은 마주나며 촘촘히 난다. 6~8월 개화.
[이명] 기생깨풀, 선좁쌀풀, 좁쌀풀

미련한 끈끈이귀개 현명한 끈끈이주걱

끈끈이귀개 *Drosera peltata* var. *nipponica* (Masam.) Ohwi
산지의 양지바른 풀밭에 나는 끈끈이귀개과의 여러해살이풀. 높이 20cm 가량. 5월 개화. 꽃의 지름 1cm 정도. 바람이 없고 볕이 좋은 날에만 꽃이 핀다. 해남, 진도 등지에 분포한다. 멸종위기식물 Ⅱ급

끈끈이주걱과 끈끈이귀개는 우리나라에 흔치 않은 식충식물이다. 이들은 약간의 광합성을 하며 곤충을 잡아서 영양을 보충한다. 끈끈이귀개를 유심히 보자면 한 가지 의문이 생긴다. 이 식물은 아름다운 꽃과 끈끈한 촉수가 아주 가까이 있어서 곤충이 꽃에 들락거리다가 죽음의 덫에 덜컥 걸려들기 십상이

끈끈이귀개

다. 곤충이 이 꽃 저 꽃 날아다니며 수분을 해 주어야 할 텐데 수분생물을 잡아 먹어버리면 도대체 번식은 어떻게 할까? 운 좋게도 첫 번째 꽃에서 잡히지 않고 다른 꽃에 가서 잡혀먹기도 하기 때문에 꽃가루받이가 되기는 할 것이다. 그렇지만 모든 수단을 동원해서 최대의 번식 기회를 추구하는 식물들의 보편적인 생태로 볼 때는 매우 특이한 녀석이다.

그에 비하면 *끈끈이주걱*은 상당히 현명하다. *끈끈이주걱*은 잎이 땅바닥에 붙어있다시피 하고 덩치에 비해 꽃대를 최대한 높이 올려 꽃을 피우기 때문에 수분 곤충이 잎의 촉수에 걸려들 위험은 거의 없다. 주걱같이 생긴 잎의 촉수는 붉은색을 띠고 있어서 흰색 꽃을 좋아하는 곤충은 촉수 쪽으로 가지 않을 것이다. 이로써 수분을 하는 곤충과 먹이가 되는 곤충의 살생부가 분명해진다. 그래서 끈끈이주걱은 끈끈이귀개보다 자생지가 많은 듯하다.

끈끈이귀개는 끈끈이주걱보다 훨씬 더 큰 꽃을 피우고, 온몸을 촉수로 만들어서 큰 곤충도 더 많이 잡아먹지만 바로 그 욕심이 멸종의 길로 가게 만드는 요인인 듯하다. 끈끈이귀개의 생태를 보면 당장 먹고 살기에 급급해 더 큰 미래를 생각하지 않는 현실을 보는 듯하다.

근래에 사교육비나 양육비 문제로 아예 아이를 낳지 않거나 적게, 늦게 가지려는 추세가 국가적 문제가 되었다. 불과 한 세대 전만해도 둘도 많다며 난리를 치던 나라가 오늘날 세계에서 가장 아기를 적게 낳는 나라가 되어버렸다. 이런 저런 이유로 결혼이나 출산을 망설이는 요즘 세태를 보면 우리나라도 끈끈이귀개 나라처럼 쇠락하지 않을까 염려가 된다.

끈끈이주걱
Drosera rotundifolia L.
산지의 늪이나 습지에 사는 끈끈이귀개과의 여러해살이풀. 높이 20cm 가량. 6~8월 개화. 꽃의 지름 3mm 정도. 꽃은 정오 전후에 두 시간 정도 꽃잎을 연다.

삼천 년 논둑길의 이야기를 간직한 논뚝외풀

논뚝외풀 *Lindernia micrantha* D. Don

논이나 논둑의 습한 곳에 나는 현삼과의 한해살이풀. 높이 8~25cm. 잎 가장자리에 밋밋한 톱니의 흔적이 있고, 잎 모양이 길쭉하며 끝이 비교적 뾰족하다. 8~9월 개화. [이명] 고추풀, 드렁고추, 논둑외풀

'논뚝외풀'이라는 이름은 우리를 잠시 헷갈리게 한다. 한글 맞춤법에서는 분명히 '논둑'이 맞는 표기인데 국가표준식물명에서는 '논뚝'으로 쓰고 있기 때문이다. 근래에 '자장면'은 '짜장면'으로 써도 된다고 하였으니, 논둑도 '논뚝'으로 써도 좋을는지는 잘 모르겠다.

아무튼 '논뚝외풀'이라는 이름은 논둑에서 흔히 자라며 그 열매가 작은 참외를 닮은 데서 유래했다고 한다. 논둑에 살다보니 이 풀은 늘 베어져야만 하는 운명이었다. 논둑의 잡초가 논으로 씨앗을 퍼뜨리는 것을 막고, 소 먹잇감으로 낫으로 자주 베어냈기 때문이다. 소로 농사짓는 집이 줄어들면서 예초기로 논둑의 풀을 베더니, 요즘은 아예 제초제를 써서 논둑에 풀빛마저 사라져 가고 있다.

한반도에서 벼농사를 지어온 역사가 삼천 년이 넘었다. 논둑길은 그 오랜 세월 동안 농부들이 고단한 하루 일을 마치고 황혼 무렵에 소를 몰고 돌아오던 목가적인 풍경의 무대였다. 그 길은 농부의 아내가 아이를 업고 새참 이고 나르던 길이며, 내 철부지 시절 동무들과 메뚜기를 잡으러 다니던 길이었다.

그 논둑길이 제초제의 무차별적 살상으로 불모지가 되어 메뚜기나 땅강아지 같은 온갖 풀벌레들이 자취를 감추고 논뚝외풀, 밭뚝외풀, 수염가래 같은 풀들이 쫓겨나고 있다. 그것은 그 작고 여린 것들에게만 닥친 재앙이 아니었다. 꽤 오래전의 일이지만 내 고향친구 하나는 신혼 초에 논에 농약을 치다가 중독이 되어 그날로 죽었고, 그의 아버지도 논둑에서 한 닷새 꺼이꺼이 울다가 죽었다.

논둑길 무대 위의 순박한 농부들과 소, 불알친구들과 메뚜기들이 문명의 뒤안길로 그렇게 사라져 갔다. 그러나 삼천 년을 베어지면서도 살아남은 논뚝외풀은 그 옛날 논둑길의 이야기를 오래도록 간직하고 있으리라.

밭뚝외풀

Lindernia procumbens (Krock.) Borbas

들이나 논, 밭에서 자라는 한해살이풀. 높이 7~15cm. 잎은 잎자루가 없는 타원형으로 가장자리가 밋밋하며 잎 끝이 둔하고, 3~5개의 평행맥이 발달해 있다. 7~8월 개화. 밭뚝외풀이라는 이름과는 달리 논뚝외풀처럼 논뚝이나 습지에서 흔히 볼 수 있다.

[이명] 개고추풀, 밭둑외풀

외풀

Lindernia crustacea (L.) F. Muell.

들이나 논, 밭에 자라는 한해살이풀. 높이 7~15cm. 잎은 계란형이며 가장자리에 톱니가 있고, 짧은 잎자루가 있다. 7~8월 개화.

[이명] 나도고추풀, 풀고추

물고기를 잡던 매운 풀 여뀌

여뀌 *Persicaria hydropiper*(L.) Spach
들이나 시냇가에 나는 마디풀과의 한해살이풀. 높이 40~80cm. 전체에 털이 없고 줄기는 홍갈색을 띠며 곧게 선다. 잎은 버들잎 모양으로 어긋나며 매운 맛이 난다. 6~9월 개화. 어린순은 식용, 잎과 줄기의 즙으로 고기를 잡는다. [이명] 버들여뀌(북한명)

여뀌는 본성이 매운 식물이다. 내가 어릴 적에는 꼬칫대(고춧대의 경상도식 발음)라고 불렀다. 냇가에 흔히 자라는 이 풀을 한아름 짓찧어서 물에 풀면, 물고기들이 그 매운 맛에 정신을 못 차리고 둥둥 떠다녔다. 영어 이름 'water pepper'나 종소명 '*hydropiper*' 도 물고추라는 뜻이다.

그런데 물가에는 여뀌 비슷한 것, 요즘 말로 짝퉁들이 많아서 눈썰미가 있는 아이가 아니면 원조 여뀌를 잘 골라내지 못했다. 지금 생각하니 짝퉁들은 '여뀌' 앞에 수식어가 붙은 것들이었다. 이들 여뀌들은 다른 것에 투자를 하다 보니 매운 맛이 없다. 흰꽃여뀌는 여뀌답지 않게 큰 꽃을 피우고, 기생여뀌는 좋은 향기와 찰싹찰싹 달라붙는 액체를 만들고, 가시여뀌는 가시를 만드느라 매운 맛을 잃은 듯하다. 이 여뀌(*Persicaria* 속) 가문에는 서른 가지가 넘는 여뀌들이 있어서 식물학자라도 여뀌 전문가가 아니면 그 이름을 제대로 알 수 없다.

기생여뀌

여뀌는 붉은색 꽃을 피우며 그 맛도 매워서 귀신을 쫓는다는 뜻의 '역귀(逆鬼)'에서 나온 이름일는지도 모른다. 옛날 사람들은 잠자는 동안에 귀신이 얼씬거리지 못하도록 이불의 겉을 검은색 천으로 하되 위쪽에는 붉은 천을 덧대었다. 동지에 붉은 팥죽을 끓여먹는 것도 잡귀를 쫓는 의미가 있었다.

내 고향에서는 봄과 가을에 동네 제사(洞祀)를 지냈다. 이 제사는 마을의 수호신인 동네 할배를 모시는 제사로, 집집마다 차례를 정해서 지냈다. 동네 제삿날은 동네에 잡귀가 얼씬거리지 못하도록 골목길 마다 몇 발짝 간격으로 붉은 흙을 뿌려놓았다.

고향 사람들은 부처님과 동네 할배와 조상님을 모두 공경했다. 그 무렵은 요즘처럼 유교, 불교, 토속 신앙 등으로 구분해 놓고, 편가르기를 하거나 서로 배척하지 않았다. 그것은 미신이나 우상숭배라기보다는 깨달은 분과 조상에 대한 공경과 사랑이었고 하늘과 땅에 대한 경외와 겸손이었다.

여뀌의 이름이 귀신을 쫓는 '역귀(逆鬼)'에서 온 것이 아닐까 하고 옛일을 더듬다보니 이야기가 상당히 먼 길로 샜다.

바보여뀌

Persicaria pubescens (Blume) H. Hara

습지에 나는 한해살이풀. 높이 40~80cm.
여뀌와 가장 비슷하다. 여뀌는 털이 없는데 비해 털이 있고, 잎 뒷면에 검은 점이 있고 매운 맛이 없다. 8월 개화. [이명] 점박이여뀌

흰꽃여뀌

Persicaria japonica (Meisn.) H. Gross ex Nakai

습기가 많은 곳에 나는 여러해살이풀.
높이 60~100cm. 줄기는 곧게 서고 마디가 길며 적갈색이다. 잎 가장자리와 뒷면 맥에 거세고 짧은 털이 있으며 잎자루가 짧다. 7~9월 개화.

개여뀌

Persicaria longiseta (Bruijn) Kitag.

들에 나는 한해살이풀. 높이 60cm 가량. 전체에 털이 없고 줄기는 원통형이다. 6~10월 개화.
[이명] 여뀌(북한명)

장대여뀌

Persicaria posumbu var. *laxiflora* (Meisn.) H. Hara

산이나 들에 나는 한해살이풀. 높이 35~60cm.
줄기는 가늘고 연하며, 밑부분에서 가지를 많이 친다. 잎 양면에 약간의 털이 있고 간혹 검은 반점이 있다. 6~9월 개화.
[이명] 꽃여뀌 *개여뀌에 비해 잎이 짧고 넓으며, 꽃이 성기게 달린다.

기생여뀌

Persicaria viscosa (Buch.-Ham. ex D. Don) H. Gross ex Nakai

들이나 연못, 습지에 나는 여러해살이풀. 높이 40~150cm. 전체에 긴 털과 선모가 있으며 향기가 좋다. 6~9월 개화. [이명] 향여뀌(북한명)

털여뀌

Persicaria orientalis (L.) Spach

들이나 길가에 자라는 한해살이풀. 높이 2m 가량. 전체에 거친 털이 퍼져 있으며, 줄기는 크고 곧게 선다. 가지가 많이 갈라지고, 잎은 어긋난다. 7~8월 개화.

[이명] 노인장대, 말여뀌, 붉은털여뀌

이삭여뀌

Persicaria filiformis (Thunb.) Nakai ex Mori

산이나 들에 나는 여러해살이풀. 높이 50~80cm. 전체에 거친 털이 퍼져나고, 마디가 굵다. 7~9월 개화. 꽃이 성긴 이삭처럼 달린다.

가시여뀌

Persicaria dissitiflora (Hemsl.) H. Gross ex Mori

산자락의 숲에 나는 여러해살이풀. 높이 1.5m 가량. 줄기에 붉은색 선모가 촘촘히 난다. 7~9월 개화. 이삭꽃차례로 드문드문 달린다.

[이명] 별여뀌(북한명)

삶의 터전을 잃어가는 낙지다리

낙지다리 *Penthorum chinense* Pursh

들판의 축축한 땅에 나는 돌나물과의 여러해살이풀. 높이 50~70cm. 기둥 모양의 줄기가 곧게 서고 끝에 낙지다리 모양의 꽃차례가 달린다. 7~9월 개화. 세계적으로 1속 2종의 식물이며, 우리나라에는 1종만 자생한다.
[이명] 낙지다리풀

우리나라의 식물들 대다수는 여러 가지 이름을 가지고 있다. 특히 토종 식물들은 수천 년 민초들과 함께하면서, 그 용도나 지방에 따라 다양한 이름을 얻게 되었다. 민들레나 제비꽃 같은 식물들은 이런 저런 향명이나 별명, 약재명들을 합치면 이름이 거의 스무 가지 가까이 된다.

낙지다리는 달리 부르는 이름이 없다는 점에서 우선 특별하다. 기껏해야 '낙지다리풀'이라고 '풀'자 하나 더한 이명(異名)이 전부다. 이는 이 식물만큼은 정말 낙지다리와 똑같다는 데에 사람들의 생각이 만장일치를 보인 것이다.

그 모양이 닮았을 뿐만 아니라 사는 곳도 비슷하다. 낙지는 바다의 갯벌에, 낙지다리는 육지의 진흙밭에 산다. 그러나 낙지가 기력을 돋우는 스테미너 식품으로 각광받는데 비해 낙지다리에서는 그와 비슷한 효능이 알려져 있지 않다. 그저 생리불순과 타박상에 효과가 있다고 전해질 뿐이다.

낙지다리가 신기하게 생기기는 했지만 심어두고 즐길만한 아름다움이 있지는 않다. 낙지다리는 산림청에서 희귀식물로 지정한 것이라서, 약으로도 별 효용이 없고, 미모도 없는 것이 오히려 다행이다. 사람들의 손을 타서 멸종될 가능성은 거의 없으니 말이다.

낙지다리가 희귀식물로 지정된 까닭은 이 식물이 자생하는 땅이 줄어드는 탓이지 싶다. 낙지다리는 어정쩡하게 진땅이나 하천의 가장자리에 산다. 요즈음은 하천 정비를 한답시고 하천의 중간 지대를 없애고 있다. 물이 흘러가는 길은 더 깊고 넓게 하고, 하천변은 훨씬 높여서 하천을 물길과 사람이 활용하는 고수부지로 양분했다. 그러면 하천 습지 생태계는 완전히 파괴되고 만다. 홍수예방이나 하천 정비라는 탈을 쓰고 두메산골의 하천까지 시멘트로 도배를 해서 자연의 옛 모습을 보기 어렵게 만들었다.

늘 물이 머무르는 낮은 땅이 낙지다리가 살기 좋은 곳이다. 이런 땅은 약간만 흙을 높여도 금싸라기 땅이 되기 때문에 개발과 부동산 붐을 타고 급속히 줄어들고 있다. 낙지는 영양식이라 해서 사람들에게 잡아먹히고 낙지다리가 사는 땅은 투자자들에게 잡아먹힌다.

벌나비가 야단법석을 벌이는 부처꽃

털부처꽃 *Lythrum salicaria* L.

산과 들의 개울가 습지에서 자라는 여러해살이풀. 높이 1~1.5m. 전체에 털이 있으며 윗부분에서 가지가 갈라진다. 6~9월 개화. 전국에 분포하며 우리나라에 부처꽃의 자생 여부는 확인되지 않았다.

부처님이 연꽃 한 송이를 들어 올리자 제자들 중에서 오직 마하가섭이 미소를 지었다. 사람들은 그것을 염화시중의 미소(拈華微笑)라고 했다. 연꽃과 때를 맞추어 연못가에 피는 부처꽃을 보노라면 그 옛날 이심전심(以心傳心)하던 부처들이 현신해서 연꽃 가득 핀 물가에서 미소 짓고 있는 듯하다.

부처꽃의 이름이 일본의 풍습에서 유래되었다는 설이 있다. 일본에서는 음력 7월 15일을 우란분절이라고 하는데 이 날 부처님께 이 꽃을 바치는 풍습에서 비롯된 이름이라는 이야기다. 그러나 이 꽃의 일본명은 부처꽃이 아니다. 이 식물의 일본명은 '미소하기'(みそ-はぎ)로서, 굳이 우리말로 옮기자면 '된장싸리'쯤 된다. 일본에서도 부처꽃이라고 부르지 않는데, 굳이 남의 나라의 풍습으로 그 이름을 지었을 것 같지는 않다. 일제강점기에 조선에 살던 일본인들이 하는 것을 보고 이런 이름을 붙였다고 한다면 자존심 상하는 일이다.

어쨌거나 이 꽃이 부처의 심상을 닮기는 한 모양이다. 벌이며 나비며 온갖 곤충들이 야단법석을 벌이니 말이다. 야단법석(野壇法席)이라는 말은 오늘날에는 '여러 사람이 모여 서로 다투고 떠들고 시끄러운 판'으로 흔히 쓰지만, 원래는 불교 행사로 야외에서 베푸는 큰 법회였다. 옛날에는 수천 명이 들어갈 수 있는 건축물이 없었으니 사람들이 많이 모이는 큰 법회는 야외에서 할 수밖에 없었다. 부처꽃 앞에 모여들어 '야단법석'인 벌나비들을 보면 정말 부처처럼 베푸는 식물이 아닐까 하는 생각이 든다. 부처꽃에는 '두렁꽃'이라는 정감어린 이름도 있다. 자주분홍빛 꽃이 아름답게 핀 논두렁이 그리워지는 이름이다.

미국좀부처꽃
Ammannia coccinea Rottb.
습지에 나는 부처꽃과의 한해살이풀. 높이 50cm 가량. 7~9월 개화. 근래에 발견된 미국 원산의 귀화식물이다. 남부 지방의 습지나 논두렁에서 볼 수 있다.
©배영옥

바늘 속에 또 바늘 바늘꽃

바늘꽃 *Epilobium pyrricholophum* Franch. & Sav.

산이나 들의 습지에 나는 바늘꽃과의 여러해살이풀. 높이 30~80cm. 줄기는 곧게 서고 잎은 마주난다. 8월 개화. 꽃자루가 거의 없다. 전초는 약용한다.

바늘꽃은 분홍색의 작은 꽃이 피는 평범한 들꽃이다. 굳이 이 꽃의 아름다움을 들자면 선명한 줄무늬가 있는 분홍색 꽃잎에 풍선껌이라도 불고 있는 듯 동그랗게 도드라진 암술머리가 매력 포인트다. 바늘꽃이 지고 나면 바늘처럼 가느다란 기둥이 남는다. 몇 년 동안 나는 그 바늘 같은 것들이 꽃줄기인줄 알았다. 그 모습 때문에 바늘꽃이라는 이름을 얻었을 것이라고 막연하게 추측했을 뿐, 이 꽃의 씨방이 어디에 있는지는 궁금해 하거나 특별한 식물이라고는 생각하지 않았다.

가을에 바늘꽃의 씨방이 갈라진 모습

어느 가을날 억새풀을 작게 축소한 듯한 키 작은 풀들이 신기해서 이리저리 살펴보다가, 그것이 바늘꽃인 것을 알게 되었다. 꽃이 지고 남은 바늘 같은 것들이 억새꽃처럼 갈라져 있었고 그 안에 솜털이 달린 씨앗들이 차곡차곡 쌓여 있었다. 꽃이 떨어진 다음에 바늘처럼 남아 있던 것이 꽃줄기인줄 알았더니 바로 씨방이었던 것이다. 도감의 설명을 자세히 읽어 보니 바늘꽃은 꽃줄기가 거의 없다고 했다. 가늘고 긴 씨방이 꽃줄기 노릇까지 했던 셈이다.

이 바늘 모양의 씨방은 네 갈래로 껍질이 갈라져, 마치 먼지털이나 억새의 꽃차례 보양처럼 되어 씨앗들을 바람에 실어 먼 여행을 떠나보낸다. 씨방의 껍질이 떨어져 나가고 모든 씨앗들이 떠나가면 뾰족한 바늘 같은 심지만 남는다. 굵은 바늘처럼 생긴 씨방 안에 진짜 바늘이 들어있었다.

우연히 억새처럼 씨앗을 날리는 바늘꽃을 만나서 꽃만큼이나 그 열매를 보는 기쁨을 맛보았다. 사람도 꽃다운 시절이 두말할 나위 없이 아름답지만 그 노년의 열매를 보는 것 또한 즐거운 일이다.

큰바늘꽃
Epilobium hirsutum L.
산지에 나는 여러해살이풀. 높이 70cm 가량. 전체에 거친 털이 있고 줄기는 곧게 서고 가지를 친다. 7~8월 개화. 꽃자루는 없고, 암술머리가 4갈래이다. [이명] 산바늘꽃
©박찬숙

분홍바늘꽃
Epilobium angustifolium L.
고지대의 초원에 나는 여러해살이풀. 높이 1.5m 가량. 줄기는 곧게 서고 거의 가지를 치지 않는다. 6~8월 개화. 꽃의 지름 2~3cm.
[이명] 큰바늘꽃, 버들잎바늘꽃

여뀌바늘
Ludwigia prostrata Roxb.
밭고랑의 습지에 나는 바늘꽃과 여뀌바늘속의 여러해살이풀.
높이 30~60cm. 줄기는 곧게 서고 가지가 많이 갈라진다. 9월 경 개화. 꽃의 지름 1cm 가량.
[이명] 개좃방망이, 여뀌바늘꽃, 물풀

해오라비난초의 멸종에 관한 불편한 진실

해오라비난초 *Habenaria radiata* (Thunb.) Spreng.
양지바른 습지에 나는 난초과의 여러해살이풀. 높이 20~40cm. 7~8월 개화.
[이명] 해오리란, 해오라기란, 해오래비난초 등

이 참담한 이야기를 어디서부터 시작해야 할지 모르겠다. 오랫동안 야생화 판매를 해온 분으로부터 우리나라 해오라비난초의 멸종 과정을 들은 얘기다.

1970년대까지만 해도 수원 부근에 이 난초의 대군락이 있었는데, 1978년에 L모라는 사람이 20~30만 포기를 뽑아서 일본에 팔았다. 이것이 불법채취인지 밀수출인지는 당시 법을 모르고 말할 수는 없다. L모씨는 그 후에도 몇 년 동안 자생지에 남아 있던 수천 포기를 충북 모처의 사유지로 옮겨 심고, 증식을 해서 국내에 팔았다. 여기서 '원예종 해오라비난초'라는 유령종이 탄생하게 된다. '원예종 해오라비난초'는 실제로 존재하지 않는 종이다. 야생의 난초를 자생지

자생하는 해오라비난초의 꽃(왼쪽)과 재배된 꽃(오른쪽)은 모양이 다르다.

와 조건이 다른 농장에서 증식하다 보니 꽃모양이 변형된 것뿐이다. 자생지보다는 기온이 따뜻하니 꽃이 커지고 꽃잎이 깊게 파이는 변이가 일어난지도 모르겠다.

몇 년 전에 믿을 만한 분으로부터 야생이 확실하다는 이 꽃 여덟 촉을 구해서 자생지와 비슷한 땅을 찾아 심었다. 막상 꽃이 피고 보니 흔히 말하는 원예종 같았다. 야생이 확실하다며 모종을 구해준 분도 면목이 없게 되었다. 그로부터 4년 동안 자연에서 잘 증식하는지, 원래의 꽃 모습으로 돌아오는지를 관찰해오던 중에 누군가의 손을 타서 사라져 버렸다.

실제로 수원의 자생지에서 채취되어 충북 모처의 개인 농장을 거쳐 수도권의 어느 농장으로 이주해 온 해오라비난초들을 관찰해 보면, 온실에서 신경 써 잘 관리한 난초들은 꽃이 크고 잎이 깊게 패였으나, 땅이 모자라 방치해둔 개체들은 야생의 꽃처럼 피었다. 그렇다면 우리들의 의지와 노력에 따라서 30여 년 전, 수십만 마리의 해오라비 낙원을 되살릴 수도 있겠다는 생각이 들었다.

요즘은 어디서 이 꽃이 피었다는 소문이라도 나면 전국의 야생화 동호인들이 성지순례하듯 모여든다. 이 꽃 한두 포기에도 오매불망하는 요즘 사람들이 이 참담한 멸종사를 들으면 어떤 생각이 들까? 해오라비 수십만 촉을 일본에 팔아 넘겼다는 사람이 지금 어떻게 살고 있냐고 물었다.

"꽃이나 훔쳐 파는 사람이 예나 지금이나 그 모양 그 꼴이지 뭐…."

잠자리난초
Habenaria linearifolia Maxim.
습지에 나는 난초과 해오라비난초속의 여러해살이풀. 높이 30~70cm. 줄기는 곧게 서고 5~7개의 잎이 어긋난다. 6~8월 개화. 해오라비난초와 같은 환경에서 난다.
[이명] 해오라비아재비, 십자란, 큰잠자리난초

개잠자리난초
Habenaria cruciformis Ohwi
습지에 나는 여러해살이풀. 높이 30~80cm. 줄기는 곧게 서며, 5~7개의 잎이 어긋난다. 6~8월 개화. 한국 고유종으로 알려져 있다.
*잠자리난초와 입술꽃잎과 거의 형태가 약간 다르며, 일반적으로 개체가 크고, 꽃이 풍성하게 달리는 편이다.

등에풀과 습지의 작은 친구들

등에풀 *Dopatrium junceum* (Roxb.) Ham. ex Benth.

논이나 습지에 나는 현삼과의 한해살이풀. 높이 10~30cm. 밑에서 가지가 갈라지고, 잎은 마주나며 위로 갈수록 작아진다. 7~9월 개화. 꽃은 잎겨드랑이에서 두 개씩 쌍으로 달린다. [이명] 방울조풀

등에풀의 씨앗 ©정귀동

등에풀은 물이 얕게 고이는 습지나 논에 무리지어 산다. 『새로운 한국식물도감』(이영노, 2006)에 의하면 열매가 등에의 눈처럼 생긴데서 나온 이름이라고 하지만, 어디서도 등에 눈을 닮은 모습을 찾기는 어려웠다. 그런 말이 나왔을 만한 가능성을 몇 가지 생각해 보았다.

우선 근연종인 진땅고추풀류이나 물꽈리아재비류들처럼 열매가 길쭉하지 않고 동그란 데에 주목했을 가능성이다. 등에풀의 다른 이름 '방울조풀'에서도 그런 느낌을 받는다.

'진땅고추풀'은 등에풀과 같은 습지에서 자라고, 모양도 아주 비슷해서 가까운 친척으로 보인다. 진흙땅에 살고, 그 열매가 고추를 닮았다는 이름이다. 실제로 작은 고추 모양의 길쭉한 열매가 붉게 익는다. '물꽈리아재비'는 등에풀과 먼 친척벌로 보인다. 이 식물은 물기가 많은 땅에 사는 식물이며, 꽈리 비슷한

열매를 만들기 때문에 붙은 이름인 듯하다.

등에의 눈을 닮았다는 말이 나올 법한 두 번째 가능성은, 꽃봉오리가 등에의 눈처럼 나란히 맺히는 데서 찾아보았다. 등에풀은 꽃자루가 없이 꽃봉오리 두 개가 먼저 맺힌다. 꽃이 필 때는 꽃자루가 V자 방향으로 각을 이루어 5mm쯤 자라고 열매가 익을 때는 15mm 정도까지 자라서 열매 사이도 벌어지므로, 등에 눈의 모양과도 거리가 점점 멀어진다. 열매가 아니라 붙어 있는 두 개의 꽃봉오리가 등에의 눈을 더 닮았다.

마지막으로, '열매가 등에의 눈을 닮았다'는 명제에서 '열매'는 '씨앗'의 오기(誤記)일 가능성도 생각해 보았다. 아는 분 중에 식물의 종자를 촬영하는 재미에 푹 빠진 분이 있는데, 그분의 사진에 나온 등에풀 씨앗은 등에의 눈과 아주 비슷하였다. 씨앗은 열매 속에 들어 있는 한 개 또는 여러 개의 종자 알갱이지만 '열매'와 '씨앗'을 가리지 않고 쓰는 경우도 흔히 보았다.

진땅고추풀

Deinostema violacea (Maxim.) T. Yamaz.

논밭이나 습지에 나는 현삼과의 한해살이풀. 높이 10~20cm. 줄기 밑에서 가지가 갈라지며, 잎은 마주나며 잎자루가 없다. 8~9월 개화. 윗부분의 잎겨드랑이에 달리며, 꽃자루가 길다.

[이명] 긴잎고추풀, 물벼룩알, 자주등에풀

물꽈리아재비

Mimulus nepalensis Benth.

물가나 산자락의 습지에 나는 현삼과의 여러해살이풀. 높이 10~30cm. 줄기는 네모지고 연하며, 밑에서 가지가 많이 갈라진다. 7~8월 개화. 꽃자루가 1.5~3cm이고 꽃받침이 길다.

[이명] 물꼬리아재비

애기물꽈리아재비

Mimulus tenellus Bunge

산자락의 습지에 나는 여러해살이풀. 높이 25cm 가량. 가지가 밑에서 갈라져 땅에 닿으면 뿌리가 나온다. 7~8월 개화. 잎겨드랑이에 1송이씩 달리며 꽃자루는 4mm 정도.

[이명] 애기물꼬아리, 애기물꽈리, 좀물꽈리아재비

모세가 생각나는 식물 뚜껑덩굴

뚜껑덩굴 *Actinostemma lobatum* Maxim.

물가에 자라는 박과의 한해살이 덩굴식물. 길이 2m 정도. 8~9월 개화. 수꽃은 잎겨드랑이에 원추꽃차례로 달리고, 암꽃은 수꽃 꽃차례 밑에 1송이씩 달린다. 열매가 익으면 가운데가 가로로 갈라져서 뚜껑 모양으로 열리고, 검은색의 종자가 2개씩 떨어진다. [이명] 개뚜껑덩굴, 단풍잎뚝껑덩굴, 합자초

뚜껑덩굴은 하천 주변에서 흔히 볼 수 있는 식물이다. 비가 오지 않을 때 말라붙는 작은 도랑가에서도 흔한 걸 보면 물길 주변이나 물이 범람하는 곳에 자리 잡는 식물이다. 뚜껑덩굴은 8월에 하얀 꽃이 피어서 도토리 같은 열매를 맺고 열매가 익으면 뚜껑이 열리면서 씨앗이 떨어진다.

씨앗이 물로 바로 떨어질 만한 곳에 자라는 뚜껑덩굴도 있지만, 마른 도랑에 떨어진 씨앗도 비가 오면 물길을 따라 여행을 시작한다. 먼 옛날에 모세가 바구니에 담겨 나일강을 떠내려갔듯이 뚜껑덩굴의 씨앗도 모세처럼 정처 없이 떠내려 갈 것이다. 그 씨앗이 물에 잘 뜨도록 작은 바구니처럼 생겨서 더욱 그러하다.

이처럼 물길을 따라 종자를 퍼뜨리는 방법도 효과적인 듯하다. 뚜껑덩굴은

열매마다 단 두 개의 씨앗만 만드는데 얼마나 번식력이 강한지 생태계교란종으로 지정되어 있다. 엄청나게 많은 씨앗을 바람에 날려 보내는 식물들보다 생존 가능성이 높은 곳에 안착할 확률이 높기 때문이다. 다행스럽게도 근래에 뚜껑덩굴의 추출물로 피지 용해제와 혈전 치료제를 개발하였다고 하니 앞으로는 생태계교란종이라는 불명예를 벗어날 듯도 하다. 뚜껑덩굴이 수분이 많고 물과 친한 식물이라서 그런지 막힌 것을 녹이고 소통시키는데 효과가 좋은 모양이다.

그리 점잖은 말은 못되지만 '뚜껑 열린다'는 말이 있다. 순간적으로 분노가 치밀어 뇌의 모세혈관이 터지면 정말로 뚜껑을 여는 수술을 해야 할는지도 모른다. 이런 불상사를 막는데 뚜껑덩굴의 추출물이 효과가 있다니 이래저래 뚜껑덩굴은 '모세'가 생각나는 식물이다.

평소에 뚜껑덩굴처럼 재미있는 식물도 즐겨 찾아 감탄하며, 자연의 섭리에 순응하며 살아간다면 굳이 뚜껑을 열어야 할 일이 생길까 싶다.

새박

Melothria japonica (Thunb.) Maxim. ex Cogn.

습한 숲 가장자리에 나는 박과의 덩굴성 한해살이풀. 7~8월 개화. 암수그루에 암꽃과 수꽃이 따로 달린다.

*새박, 새콩, 새팥 등의 식물명에 접두사로 붙는 '새'는 새가 먹는 열매인지는 모르겠으나, 주로 작다는 의미로 쓰이는 듯하다.

산외

Schizopepon bryoniifolius Maxim.

산지의 숲 가장자리에 나는 박과의 덩굴성 한해살이풀. 8~9월 개화. 꽃은 양성화이나 수꽃 상태에서 열매를 맺지 않는 꽃이 많다.

가시박

Sicyos angulatus L.

주로 하천 유역을 따라 자라는 박과의 덩굴성 한해살이풀. 줄기는 모가 나고 가시털이 있으며, 높이 기어오른다. 6~9월 개화. 수꽃 꽃차례 밑에 암꽃이 달린다. 북아메리카 원산의 귀화식물로 생태교란종으로 지정될 만큼 번식력이 강하다.

감쪽같은 트랜스젠더 숫잔대

숫잔대 *Lobelia sessilifolia* Lamb.

산이나 들의 습지에 나는 초롱꽃과의 여러해살이풀. 높이 50~100cm. 가지를 치지 않으며, 털이 없다. 7~8월 개화. 전초는 약용한다. [이명] 습잔대, 잔대아재비, 진들도라지

숫잔대는 습기가 많은 풀밭에 사는 풀이다. 습한 곳에서 산다고 '습잔대'라고도 부르는데, 이것이 변음이 되어서 '숫잔대'가 되었다는 유래설이 있다. 이 꽃은 꽃술이 한 개밖에 보이지 않는다. 최소한 암, 수 두 개의 꽃술은 있어야 번식이 되지 않겠는가. 확대경으로 보니 수술 다섯 개가 하나의 꽃술처럼 뭉쳐있고 암술은 그 가운데에 볼펜심처럼 살짝 나와 있는데 꽃이 피고 하루가 지나서야 암술머리의 모양이 생겼다.

숫잔대는 꽃이 핀 첫날엔 수꽃으로 꽃가루를 보내고 그 다음 날엔 암꽃이 되어 다른 꽃가루를 받는 트랜스젠더다. 두어 송이 꽃을 달고 있는 숫잔대를 자세히 들

여다보면 먼저 핀 꽃과 나중에 핀 꽃의 꽃술 모양이 다른 것을 볼 수 있다.

암술과 수술의 성장 시기를 달리해서 자화수분을 피하는 식물들이 많지만 숫잔대는 하나의 꽃술을 가지고 감쪽같이 성전환을 한다. 처음에는 모두 숫놈으로 나와서 숫잔대가 된 건 아닐까 싶다.

숫잔대는 꽃술뿐만 아니라 꽃잎도 별난 모양을 하고 있다. 가장자리 꽃잎 두 개는 양팔을 벌려 곤충들을 환영하는 모습이고, 가운데 세 개의 꽃잎은 보라색 카펫에 하얀 무늬를 수놓아 귀빈을 정성스럽게 맞이하는 듯하다. 곤충이 하얀 줄무늬를 따라 꿀샘으로 머리를 들이밀면 그 위에 드리운 수술이 곤충의 등에 꽃가루를 묻히거나 이미 암꽃이 되었다면 자동적으로 꽃가루를 받게 된다.

그런데 이상한 것은 며칠 동안 이 꽃을 관찰해보아도 도무지 곤충들이 즐겨 찾는 것 같지가 않았다. 이런 시각적인 형태를 만드는 데만 투자하다 보니 꿀과 향기를 만드는 데 소홀하지 않았나 싶다. 이 풀이 그리 흔하지 않다는 사실로 미루어 볼 때도 겉모양으로만 호객을 하는 이 전략은 실패한 듯 보인다.

사람 사는 세상 이치도 이와 비슷하지 않을까. 잘 생기고 세련된 사람보다는 인간적인 향기가 있고 남에게 베풀 줄 아는 이에게 사람들이 모이는 듯하다.

수염가래꽃
Lobelia chinensis Lour.
개울가나 논둑에 나는 여러해살이풀. 높이 3~15cm. 줄기는 땅에 깔리며 마디에서 뿌리가 갈라져 나온다. 5~7월 개화. 전초를 해충에 물린 곳을 해독하는데 쓴다. [이명] 수염가래

고마리와 며느리밑씻개, 며느리배꼽

고마리 *Persicaria thunbergii* (Siebold & Zucc.) H. Gross
들이나 물가에 무리지어 자라는 마디풀과의 한해살이풀. 높이 50~100cm. 줄기는 모가지고 연한 가시가 있다. 8~9월 개화. [이명] 꼬마리, 조선꼬마리, 줄고만이, 큰꼬마리, 고만이

고마리는 얕은 개울이나 습지를 가득 채우며 피는 꽃이다. 어떤 자료에서 고마리가 물을 정화시키는 효과가 크다고 고마우리 고마우리 하다가 고마리가 되었다는 얘기를 보았다. 그러나 반세기 전만 하더라도 하천을 오염시킬 만한 그 무엇이 없었던 나라에서 이 유래는 썩 공감이 가지 않았다.

우리 옛말에 '고마'라는 말이 있는데 '작다'는 뜻으로, 오늘날 쓰이는 꼬마라는 말이 여기서 유래되었다. '고마'는 또 '첩'이라는 의미로도 쓰였다고 하므로, 애첩이라는 속뜻이 있는 말이다. 고마리는 미인의 투명한 피부처럼 하얀 꽃잎 끝에 발그스레하게 연지를 찍은 듯한 작은 꽃을 피우므로, 자연스럽게 '작은 각시'가 연상되는 풀꽃이다.

고마리와 비슷한 꽃을 피우는 '며느리밑씻개'라는 풀이 있다. 며느리밑씻개는 들녘에서 흔히 볼 수 있고 주변의 식물을 타고 올라가기 위해 줄기에 날카로운 거꿀가시가 있다. 이 가시로 인해 생긴 며느리밑씻개의 유래는 잘 알려져 있다.

어떤 시어머니가 밭일을 하다가 갑자기 뒤가 마려워 밭두렁 옆에서 볼 일을 보고는 넓적한 호박잎을 따서 마무리를 하는데, 그만 가시 돋친 이 풀이 걸려 따라와서 시어머니의 밑(?)에 상처가 났다. 이때 시어머니가 내 뱉은 말이 "이 몹쓸 풀이 며느리 년 똥 눌 때나 걸려들지…"라고 했다는 데서 '며느리밑씻개'의 이름이 유래되었다고 한다.

며느리배꼽의 유래에 대해서는 별 이야기가 없는 듯하다. 며느리배꼽은 작은 포도송이처럼 생긴 꽃차례를 달고 하루에 한 개씩 볕 좋은 오전에 잠깐 삭은 단지 같은 꽃을 열었다가 닫는다. 며느리배꼽 꽃은 여간 주의 깊게 보지 않으면 볼 수가 없기 때문에 이 이름은 '아주 보기가 힘들다'는 의미로 지은 것 같다. 그렇다면 며느리배꼽을 보기 어려웠던 사람은 누구일까…. 그럴듯한 유래설이 나왔을 법도 하지만, 자칫 민망한 이야기가 될 수도 있기에 만들어지지 않았을지도 모른다.

야릇하고도 민망한 이름들을 가진 이런 풀꽃들을 만나면, 옛날 옛적 시어머니, 시아버지, 며느리, 그리고 첩까지 한집에 살면서 형성된 묘한 관계들이 어렴풋이 느껴진다.

며느리밑씻개
Persicaria senticosa (Meisn.) H. Gross ex Nakai
산과 들에 나는 덩굴성 한해살이풀. 길이 1~2m. 줄기와 긴 잎자루에 갈고리 모양의 거친 가시가 난다. 8~9월 개화. [이명] 가시덩굴여뀌, 며누리밑씻개, 사광이아재비(북한명)

며느리배꼽
Persicaria perfoliata (L.) H. Gross
들이나 길가에 나는 덩굴성 한해살이풀. 길이 2m 가량. 잎자루와 줄기에 갈고리 모양의 거친 가시가 달린다. 7~9월 개화. [이명] 참가시덩굴여뀌, 며누리배꼽, 사광이풀(북한명)

미꾸리낚시
Persicaria sagittata (L.) H. Gross
골짜기나 물가에 나는 한해살이풀.
높이 30~70cm. 줄기가 가늘고 갈고리 모양의 미세한 가시가 있다. 잎은 버들잎 모양으로 가장자리가 밋밋하고 잎자루가 없다. 8~9월 개화.
[이명] 미꾸라지낚시, 미꾸리덤불, 여뀌대

나도미꾸리낚시
Persicaria maackiana (Regel) Nakai ex Mori
들이나 물가에 나는 한해살이풀. 높이 40~60cm. 줄기는 모가 지고 옆으로 된 가시가 많이 퍼져난다. 잎은 화살촉 모양으로 잎자루가 있다.
8~9월 개화.
[이명] 나도고마리, 나도미꾸리, 여뀌아재비
©이성원

가무잡잡했던 시절의 추억 가막사리

미국가막사리 *Bidens frondosa* L.

길가나 습지에 나는 국화과의 한해살이풀. 높이 1~1.5m. 줄기가 네모지고, 털이 없고, 검은자주색이다. 잎은 마주나며 깃꼴 겹잎으로 가장자리에 날카로운 톱니가 있다. 9~10월 개화. 열매에 가시가 있어 옷에 잘 달라붙는다. 북아메리카 원산의 귀화식물이다.

가무잡잡한 시골 소년이 더 까맣게 되는 날이 있었다. 동네 아이들이 소를 먹이다가 심심하거나 출출해지면, 한 아이가 오늘은 누구 집 밀사리를 해먹자고 부추긴다. 덜 익은 밀을 한아름 서리 해다가 모닥불을 피워 놓고 껍질만 탈 정도로 불사르면 낱알이 맛있게 익었다.

숯처럼 된 밀 이삭을 후후 불며 손바닥으로 비벼서 까낸 따끈따끈한 연두색 밀알들은 고소하고 쫀득한 맛이 났다. 밀은 오월에, 콩은 구월쯤 사리를 해먹었으니 시절도 좋았다. 그 무렵 시골 아이들은 하나 같이 가무잡잡하고 꾀죄죄했지만, 사리를 해먹고 난 공범들은 손과 뺨에 더 까만 물증을 남겼다.

이 아름다운 추억의 '사리'가 국어사전에는 나와 있지 않다. '서리'는 '떼를

지어 남의 과일, 곡식, 가축 따위를 훔쳐 먹는 장난'으로 나와 있어서 먼 훗날에도 쉽게 잊히지 않을 말이지만, 설익은 밀이나 콩을 살라먹는 '사리'는 표준말이 달리 있는지는 모르겠으나 사전에 나와 있지 않다.

사리라는 말을 들어본 기억조차 가물가물하지만, 가막사리를 만나면 그 추억의 불쏘시개가 된다. 가막사리는 논두렁이나 냇가의 풀밭에서 잘 자라는데, 가을에는 누가 불이라도 사른 것처럼 가맣게 변한다. 우리가 흔히 볼 수 있는 가막사리는 거의 미국가막사리다. 토종 가막사리는 미국가막사리보다 키가 작고 잎 모양이 많이 다르다. 누군가 '미국가막사리'가 빠르게 영역을 확장해 가는 것을 보고 '가서 막 살아라'고 미국에서 보낸 녀석이라며 우스갯소리를 했다.

가을 한낮에 가막사리를 보면 불살라지거나 그을린 듯 가무잡잡해서 몰골이 남루하기 짝이 없지만, 아침이나 늦은 오후에 해를 등진 가막사리를 보면 갖가지 색이 잘 어우러진 화려한 단풍이 된다.

그 시절은 초라했지만 추억이 되면 아름다워진다. 관점이나 입장을 바꾸어 사물이나 사람을 바라보면 새로운 모습을 보게 되고 그것은 대체로 좋은 것이다.

가막사리

Bidens tripartita L.

밭둑이나 물가의 습지에 나는 한해살이풀. 높이 20~100cm. 전체에 털이 없고 줄기는 담녹색이다. 잎은 마주나며 깊게 3~5갈래. 가장자리 톱니가 부드럽다. 8~10월 개화. 갓털 3~4개에 가시가 있어서 달라붙는다. [이명] 가막살, 제주가막사리, 털가막사리

나래가막사리

Verbesina alternifolia Britton

북아메리카 원산의 여러해살이풀. 높이 1.2~2.5m. '가막사리'라고는 하나 가막사리속에 포함되지 않는다. 줄기에 지느러미 같은 좁은 날개가 붙어 있다. 8~9월 개화. 귀화식물로 충청도 이남에 주로 분포한다.

옛날의 도랑에서 만났던 구와말

구와말 *Limnophila sessiliflora* (Vahl) Blume

연못이나 논에 나는 현삼과의 여러해살이 수초. 길이 10~30cm. 전체에 털이 있고 뿌리줄기가 진흙 속에서 옆으로 뻗는다. 8~10월 개화. 꽃자루가 거의 없다. [이명] 논말

생각할수록 수수께끼 같은 일이 있다. '백 명이 농사를 지었는데 열 명 먹기에도 모자랐고, 열 명이 일해서 백 명이 먹고도 남는 것'이었다. 60년대에는 우리나라 사람 7할이 논, 밭에서 일했는데도 쌀밥은커녕 보리밥도 배불리 먹기가 어려웠다. 요즈음 벼농사 농가는 그때에 비해 십분의 일이 되지 않고 인구는 두 배 가까이 늘었는데도 쌀이 남아돌아간다고 한다.

평생 벼농사를 지어온 분들로부터 그 수수께끼의 답을 얻었다. 품종개량과 관개시설, 비료, 그리고 농약 덕분에 예전에 비해서 똑같은 논에서 쌀이 여덟 배 정도 더 나온다고 들었다. 게다가 옛날에 수십 명이 하루 종일 하던 모내기나 추수를 지금은 한 사람이 한 시간에 해치운다. 이 계산의 결과, 1인당 생산량이 백 배 이상 증가했다는 답이 나온다. 그렇게 되기까지 농약으로 벼 이외

의 생명을 죽이고 소 대신 기계를 부릴 수 있도록 논을 반듯하게 만들고 논둑길을 포장하고 콘크리트로 물길을 만들었다.

사람이 배불리 먹는 세상이 오면서 논과 벼와 더불어 살던 크고 작은 새와 짐승, 고기와 곤충들이 몰살하다시피 했다. 그들과 나누어 먹던 모든 것을 인간이 독차지한 것이다. 그리고 그만한 종의 식물들도 덩달아 자취를 감추었다.

어느 해 가을 생각 없이 들른 섬진강가의 외진 골짜기에서 수십 년 전에 눈에 익었던 구불구불한 계단식 논을 만났다. 그 논둑과 도랑에는 애기봄맞이, 외풀, 여우구슬, 구와말 등, 요즈음은 쉽게 만날 수 없는 여러가지 풀들이 살고 있었다. 깊은 산속에 있는 도깨비의 보물창고를 발견한 기분이었다.

그중에서 그때까지 만나지 못했던 구와말이 제일 반가웠다. '구와말'의 '구와'는 '국화'(菊花)의 옛말 '구화'에서 온 것이라 한다. 나는 우리말 이름인 '논말'을 훨씬 좋아한다. 논말은 논물이 채 마르지 않은 축축한 진흙 도랑을 따라 예쁘고 작은 분홍색 꽃을 피우고 나를 반겨주었었다.

해마다 가을이면 논말을 보러 그곳을 찾던 즐거움은 몇 년 뒤에 트랙터 길이 생기면서 작은 도랑과 함께 사라져 버렸다. 그 작은 풀꽃들은 한마디 말도 못하고 우리 곁을 떠나갔고 우리는 그들이 주던 위로와 행복을 잃은 줄도 모르고 산다.

민구와말
Limnophila indica (L.) Druce
습지에 나는 여러해살이 수초. 7~8월 개화. 구와말과 닮았으나 전체적으로 작고 원줄기에 털이 없다. 경남 물금, 충남 태안 일대에 자생한다.
[이명] 민논말, 애기구와말, 좀마름

손바닥 안의 작은 행복 물봉선

물봉선 *Impatiens textori* Miq.

산과 들의 약간 그늘진 곳이나 물가에 나는 봉선화과의 한해살이풀. 높이 60cm 가량. 잎 끝이 뾰족하고 가장자리에 톱니가 가지런하다. 8~9월 개화. [이명] 물봉숭아(북한명), 물봉숭

손톱에 들인 봉선화물이 사라지기 전에 첫눈이 오면 첫사랑이 이루어진다는 이야기가 있다. 꽃잎으로 물을 들이는 봉선화는 중국 쪽에서 들어온 화초이고, 물봉선은 우리나라 산과 들 어디서나 피는 야생화다. 이름대로 물가나 습한 그늘에서 흔히 볼 수 있지만 구름 안개가 자주 지나는 산마루에도 산다. 물봉선은 손톱에 꽃물을 들이기가 어렵다고 들었다.

나는 가을에 물봉선의 열매를 터뜨리는 짓을 즐긴다. 지천명이 넘어 이런 심술을 즐기다니 별일이기는 하지만, 탱글탱글하게 익은 열매를 살며시 움켜잡기만 해도 손바닥을 간지럽게 때리는 생명의 탄력이 무척 행복하다. 어린 메뚜기를 살포시 손아귀에 감싸 쥔 느낌이다. 물봉선의 속명 '*Impatiens*'는 건드리기만 해도 씨앗을 터뜨리는, 참을성 없는 성질에서 나온 것이다.

물봉선은 그렇게 씨앗을 튕겨서 흩어 뿌린다. 씨앗을 바람에 멀리 날려 보

내려는 식물들이나 동물에게 부탁해서 멀리 보내는 식물들과는 달리, 물봉선은 가족애가 강해서 대가족이 모여 산다. 사실 나는 물봉선을 운운할 처지가 못 된다. 오십이 넘어서야 이 꽃을 처음 만났으니 말이다. 이 꽃이 우리나라 어디서나 흔하게 자라는 것을 알고는 그동안 한 번도 보지 못했다는 사실에 스스로 놀라웠다.

살아오면서 어디선가 몇 번은 만났을 터이지만, 마음이 없으면 눈앞에 있어도 보이지 않는 법이다. 어디 물봉선 뿐이겠는가? 다른 수많은 꽃들도 모르고 살았기는 마찬가지다. 이 땅에 삼천 가지 들꽃이 핀다는 것을 알기 전까지 고작 열댓 가지 꽃 이름만 알고도 꽤나 잘난 척하며 살아왔다.

노랑물봉선
Impatiens nolitangere L.
산지의 습한 곳에 나는 한해살이풀. 높이 60cm 가량. 물봉선은 잎 끝이 뾰족하고 톱니가 날카로우나, 노랑물봉선은 잎 끝이 둥글고 톱니도 뭉그러진 듯 부드럽다. 8~9월 개화.
[이명] 노랑물봉숭, 노랑물봉숭아(북한명)

처진물봉선
Impatiens koreana (Nakai) B. U. Oh
꿀샘이 있는 꼬리가 아래로 처지고 꽃이 흰색이다. 아래 꽃잎이 확실하게 갈라진 것을 거제물봉선으로 분류한 학자도 있다. 거제도와 남부지방에서 드물게 발견된다. [이명] 거제물봉선, 밑물봉숭아, 털물봉선

꼬마물봉선
Impatiens violascens
경북 보현산에서 발견되어 2010년에 학회에 보고되었다. 물봉선에 비해 꽃과 높이가 각각 절반 정도로 작다.
나는 2008년에 최초 발견자 두 분의 안내로 직접 현장에서 볼 수 있었다.
©이주용

억새와 갈대 그리고 달뿌리풀 이야기

달뿌리풀 *Phragmites japonica* Steud.

계곡이나 냇가의 모래땅에서 자라는 벼과의 여러해살이풀. 높이 2m 정도. 뿌리줄기가 마디에서 뿌리를 내면서 땅 위로 뻗는다. 8~9월 개화. 꽃은 자주색으로 원추꽃차례의 길이 25~35㎝.

[이명] 달, 덩굴달, 달뿌리갈(북한명)

©김필연

아주 옛날에는 억새와 갈대가 산에서 사이좋게 살았다. 어느 날 갈대가 강가에 바람 쐬러 며칠 다녀온다더니 그만 거기가 좋았던지 눌러앉아 살게 되었다고 한다. 어릴 때 읽어서 기억이 어렴풋한 어떤 시(詩)에서, "갈 때는 돌아오마고 가더니 갈대는 영영 돌아오지 않고, 억새는 산 위에서 억세게 기다린다"는 구절이 생각난다.

식물분류학으로 보면 갈대와 억새의 구분은 간단하다. 갈대의 잎은 부드러우며 가운데에 잎맥(中肋)이 보이지 않고, 억새는 잎 가장자리가 살을 벨만큼 억세고 가운데에 흰맥이 뚜렷하다. 갈대의 꽃차례가 익으면 갈색을 띠며 어수선 하지만 억새는 은빛으로 빛나며 가지런한 먼지털이 모양이다.

분별적인 지식은 쉽고 명확해도 시간이 지나면 잊어버리거나 혼동하기가 쉽

달뿌리풀은 뿌리가 서로 달려 있어서 홍수에도 떠내려가지 않는다. ©김필연

지만 시인이 우스갯소리처럼 쓴 시는 세월이 흘러도 깊게 각인되어 좀처럼 잊히지 않는다. 과학자들은 지식이 많고 시인은 지혜가 깊은 탓일까?

억새와 갈대를 반반씩 닮은 듯한 달뿌리풀은 구별해내기가 까다롭다. 시인처럼 풀어내면 아주 쉬울 듯한데 말이다.

옛날에 달뿌리풀도 갈대를 따라 강으로 가던 중이었다. 도중에 큰 비를 만나 개울물이 급류가 되자 서로 손에 손을 잡고 떠내려가지 않고 며칠을 버텼다. 그 와중에 포기마다 뿌리를 깊고 튼튼하게 내려 물 맑은 계곡에 아주 눌러앉아 살게 되었는데, 서로 뿌리를 달고 살아서 달뿌리라고 한다.

이 풀은 이렇게 태생적으로 억새와 갈대의 중간에 있으니 이 녀석을 억새와 갈대와 분별해서 조목조목 알아보자고 하면 또 얼마나 많은 지식을 입력하고 저장해야 하겠는가? 그냥 큰비가 오면 급류가 될 만한 계곡과 하천에 자라는 것이 대체로 달뿌리풀이거니 여겨도 십중팔구는 맞을 것이다.

옛날에는 달뿌리풀이 사는 골짜기마다 작은 마을이 많았지만, 오늘날에는 갈대가 사는 강을 끼고 있는 도시가 커지고 있다. 산골 마을들이 사라져 간 적막한 골짜기일수록 달뿌리풀은 잡초처럼 계곡을 메우고 있다.

억새 *Miscanthus sinensis* var. *purpurascens* (Andersson) Rendle

산과 들에서 자라는 벼과의 여러해살이풀. 높이 1~2m. 잎의 아래 부분이 줄기를 감싸며 잎 가운데 맥이 희고 굵다. 9월 개화. 꽃차례는 부채꼴로 길이는 10~30cm다. 국가표준식물목록에는 17종의 야생 억새가 등록되어 있다. [이명] 자주억새 ©김인래

갈대 *Phragmites communis* Trin.

습지나 갯가, 호수 주변의 모래땅에 사는 벼과의 여러해살이풀. 높이 3m 정도. 잎이 줄기를 감싸지 않으며, 줄기에 마디가 보인다. 8~9월 개화. 원추꽃차례로 달리며, 처음에는 자주색이나 담백색으로 변한다.
[이명] 갈(북한명), 갈때, 달, 북달

조물주의 흡족한 걸작 물매화

물매화 *Parnassia palustris* L.

산기슭의 습한 곳에 자라는 범의귀과의 여러해살이풀. 높이 30cm 가량. 8~10월 개화. 수술은 다섯 개이며 외곽에 다섯 개의 헛수술이 왕관 모양으로 둘러싸고 있다. 각각의 헛수술은 12~22갈래로 갈라진다. 이 갈래가 8개 이하인 것을 애기물매화로 분류한다. [이명] 물매화풀, 풀매화

영국의 진화학자인 잭 홀데인(J. B. S. Haldane) 교수는 "조물주께서는 딱정벌레에 대해 지나친 호감을 가졌던 분"이라는 재미있는 말을 했다고 한다. 지금까지 알려진 딱정벌레가 35만여 종인데 이는 곤충 종류의 거의 절반 가까이 되기 때문이다. 그는 하느님이 진흙으로 딱정벌레 한 마리를 빚으신 다음, 그 벌레의 귀여움에 도취되어 딱정벌레 만들기를 멈추지 못하는 하느님의 천진난만한 모습을 상상했던 모양이다.

물매화를 보면 그의 상상은 단순한 농담이었다는 생각이 든다. 홀데인의 상상대로라면 하느님은 물매화 종류도 스스로 빚어낸 아름다움에 도취되어 수십만 종을 만들었을 것이다. 그런데 지구상에 물매화속의 꽃은 10여 종밖에 없다. 하느님은 물매화의 아름다움에 흡족하셔서 몇 가지로 그쳤고 딱정벌레는

뭔가 자꾸만 아쉬움이 있어서 수십만 종이나 정신없이 계속 만드셨던 것이 아닐까 싶다.

해마다 물매화가 필 때면 들꽃을 사랑하는 수많은 사람들이 순례자의 행렬처럼 이 꽃이 피는 곳을 찾는다. 물매화는 연한 주름 무늬가 있는 옥양목 같은 꽃잎 위에 보석 왕관 같은 꽃술을 달고 조형미의 절정을 보여준다. 왕관처럼 보이는 꽃술은 곤충을 유인하기 위한 헛수술이고, 진짜 수술은 다섯 개로, 보통 연노란색 꽃밥을 달고 있다. 드물게 빨간 꽃밥을 단 물매화는 흔히 '립스틱물매화'로 불리면서 야생화를 즐겨 찾는 이들의 인기를 독차지하고 있다. 이 '립스틱물매화'는 해마다 발견되는 지역이 늘어나고 있는데, 이것이 진화의 과정인지는 긴 세월 동안 관찰해 보아야 할 것이다. 물매화를 한 번이라도 본 사람은 이 꽃이 조물주도 스스로 흡족해할 만한 걸작이라는 데 동의할 것이다.

딱정벌레 만들기에 대한 홀데인의 유쾌한 상상을 이 물매화를 통하여 뒤집어 생각해 보니 그 또한 재미있다. 창조론에 대한 진화론자의 여유를 보는 것도 기분 좋은 일이다.

물레방아 만들며 놀던 추억의 골풀

골풀 *Juncus effusus* var. *decipiens* Buchenau

냇가나 습지에 나는 골풀과의 여러해살이풀. 높이 25 ~100㎝. 줄기는 원기둥 모양, 잎은 줄기 밑부분에 비늘처럼 붙어 있다. 5~6월 개화. 줄기는 세공용, 속살은 약용한다. [이명] 등심초

어린 시절에 물레방아를 만들며 놀았던 추억이 있다. 냇가에 흔했던 이름 모를 풀로 물레방아를 만들었는데 식물에 취미를 붙이고 나서야 그 이름이 골풀인 것을 알았다. 골풀은 줄기가 둥글고 매끈해서 조리를 만들어 놀기도 했고, 메뚜기를 잡아서 줄줄이 꿰어 다니기도 한 풀이었다.

옛날에는 이 풀의 매끈한 껍질로 작은 방석 같은 여러가지 생활 도구를 만들어 썼다. 그리고 줄기 속에 국수가락처럼 생긴 하얀 섬유질을 등잔 심지로 썼기 때문에 등심초(燈心草)로도 불렀고, 이것을 가루로 만들어 진통, 이뇨, 지혈제로 썼다고 한다. 『한국 식물명의 유래』에서는 '골풀'이라는 이름이 '골짜기에서 나는 풀'에서 유래되었다고 하지만, 평탄하게 흐르는 하천 주변이나 습지에서 잘 자란다.

어릴 적만 해도 냇가에 흔히 보이던 골풀이 요즈음은 어쩐 일인지 내 고향에서 사라져 버렸다. 골풀이 살던 자리는 갈대처럼 키 큰 식물들이 차지하고 사시사철 노래 부르듯 흐르던 맑은 시냇물은 제대로 흐르지 못하고 소리 없이 흐느끼는 듯하다. 사람이 사라진 마을의 산이 너무 울창해져서 이제는 개울물조차 흘려보내지 않는 탓이다.

논두렁을 지날 때 놀래 튀던 메뚜기도 볼 수가 없고, 냇가 풀밭마다 풀을 뜯던 소들이 사라진 지도 이미 오래다. 어린 나이에 무작정 도시로 나가 소식이 끊긴 친구가 여럿이고, 친구 하나는 젊은 나이에 농약중독으로 죽었다. 어떤 친구는 나이 오십이 넘도록 홀로 살다가 목을 매기도 했다.

지난 반세기 동안 밀어닥친 산업화와 도시화의 쓰나미에 두메산골 고향 산천과 친구들, 풀과 벌레들은 새벽하늘의 별들처럼 가을날의 낙엽처럼 사라져 갔다. 골풀 물레방아를 걸어놓고 놀던 개울이 사라졌듯이 아름다웠던 옛날 추억의 흔적 하나 남지 않은 오늘, 홀로 살아남은 고아처럼 나는 도시 문명 속에서 외롭다.

04 물 위에 피는 꽃들

수생식물들은 대체로 물의 흐름이 거의 없거나 느리고,
사람 허리에서 가슴 깊이 정도의 연못이나 하천에 산다.
물 위에 잎을 띄우고 꽃을 피우는 식물이 많지만,
물속에서 잎이 자라며 꽃만 요정처럼 물 위에 피우는
물질경이나 검정말 같은 식물도 있다.
줄기는 물밑 땅에 내린 뿌리와 물 위의 잎과 꽃을 이어준다.
물이 불어나면 꽃이나 잎이 물에 잠기지 않도록 줄기를 세우고
보통 물 높이에서는 줄기가 비스듬하게 누워 있다.
물옥잠이나 개구리밥처럼 물 위에 떠서 사는 식물도 있다.

어리연꽃

한여름 태양아래
물 위의 하얀 눈밭
녹지 않는 눈송이들

수면에 어리비치는
그 모습 아름다워라

날마다 물속에서
솟아오르는 요정
여리여리
어린 연꽃들

어리연꽃 *Nymphoides indica* (L.) Kuntze

못이나 흐름이 느린 물에 나는 조름나물과의 여러해살이 수초. 8월 경 개화. 꽃의 지름은 1.5 cm 가량. 10개 정도의 꽃대가 하루 한 개씩 물속에서 올라와 핀다. 중부 이남 지역에 주로 자생한다.

[이명] 금은연, 어리연

좀어리연꽃

Nymphoides coreana (Lev.) Hara

주로 얕은 연못에 살며 어리연꽃에 비해 전체가 소형이다. 잎자루가 길고 지름 2~6cm, 6~9월 개화. 꽃의 지름은 8mm 가량. 제주도와 강원 지역에 드물게 자생한다.

[이명] 애기어리연꽃, 좀어리연, 흰어리연꽃 등

물 위에 내린 봄날의 눈꽃 매화마름

매화마름 *Ranunculus kazusensis* Makino

논이나 늪에서 나는 미나리아재비과의 여러해살이 수초. 50cm 정도 줄기를 뻗고 마디에서 뿌리를 내린다. 4~5월 개화. 서해안 일대의 논에서 드물게 볼 수 있다. [이명] 미나리말, 미나리마름

물풀 중에는 '마름'이나 '말'이라 부르는 것이 많다. '마름'과 '말'이 물풀을 두루 아우르는 같은 말인지 다른 의미인지 궁금하던 차에 마침 수생식물을 전공한 박사님의 강의를 들을 기회가 생겼다. 박사님에게 '마름'과 '말'은 어떻게 다른지 질문을 했더니, "식물학과 무관한 질문이니 고어(古語)사전에서 찾아보라"고 했다.

그런데 그분의 강의교재에 첨부된 '수생식물목록'을 보니 식물분류학과 결코 무관하지 않은 보편적인 규칙이 있었다. 그 목록에는 '말' 종류가 27종, '마름'이 15종이 있었는데, '말'은 모두 잎이 물속에 있는 침수성 식물이었고 '마름'은 대부분 잎이 물에 뜨는 부엽성 식물이었다. 예외적으로 매화마름과 붕어마름류들만 침수성 식물이면서도 '마름'이라는 이름을 쓰고 있었다. 붕어마름은 내가 본 적이 없었으므로, 바로 매화마름이 '말'과 '마름'의 이름 규칙에서 벗어나서 몇 년 동안이나 궁금증을 키워온 장본인이었던 것이다.

©김희영

일본에서는 매화마름을 물속에 사는 조류(藻類)로 보아서 '바이카모(梅花藻)'라고 하므로 우리말로는 '매화말'이 된다. '말' 종류는 물 위에 모습을 거의 드러내지 않는 식물들이다. 그러나 매화마름이 피면 물 위에 눈이 쌓인 듯, 매화천지가 된다. 매화를 사랑하는 우리 고유의 정서가 이 아름다운 식물을 물속의 '말'에서 물 위의 '마름'으로 끌어올린 것 같다.

매화마름은 원래 논이나 그 주변의 도랑에 흔했다고 하는데 언제부터인지 자생지가 줄어서 멸종위기 2급 식물이 되었다. 매화마름이 자생하는 몇 군데의 논을 보고서 이 식물이 멸종위기에 처한 까닭을 어렴풋이나마 짐작할 수 있었다. 매화마름이 자생하는 곳은 자연수가 흘러 들어와서 이듬해 모내기철까지 물이 고여 있는 논들이었다. 그리고 부근에 숲이 있는 소규모 농경지여서 곤충들이 농약의 영향을 덜 받는 지역이었다. 이런 논들이 없어지면 매화마름도 사라질 수밖에 없다.

그나마 다행인 것은 내셔널트러스트라는 환경보호재단에서 강화도의 한 동네에 매화마름이 자생하는 논을 사서 지키고 있다. 정작 예산을 쓰는 정부는 '자연보호'의 목청만 높이고 있을 뿐이다.

개구리자리를 처음 만났던 곳은…

개구리자리 *Ranunculus sceleratus* L.

논이나 얕은 개울에 자라는 미나리아재비과의 두해살이풀. 높이 30~60cm. 전체에 털이 없고, 가지를 많이 친다. 4~6월 개화. 꽃의 지름 8mm 가량. [이명] 놋동이풀, 늪바구지

내가 개구리자리를 처음 보았던 곳은 지금의 신사동이나 압구정동 부근일 것이다. 중학교 때 그곳으로 해부실습용 개구리를 잡으러 갔었다. 그때는 서울로 전학을 와서 이태원에 살고 있었다. 개구리를 잡으려고 한남동을 지나 제3한강교(지금의 한남대교)를 걸어서 건너가니 사람 사는 집은 한 채도 보이지 않는 들판에 논과 나지막한 언덕이 전부였었다.

그 무렵은 한창 경부고속도로를 건설 중이었고 고속도로 진입을 위해 한강에서 세 번째 다리가 개통된 직후였다. 다리를 건너가 보니 들판 한가운데로 고속도로를 만들려고 빨간 깃발들을 꽂아놓은 논에 흙을 메워가고 있었다. 개구리를 잡으러

간 들판에는 사람 그림자도 없었다.

당시 대통령이 고속도로를 만들겠다고 하니까 어떤 분이 "그러면 부자들만 팔도유람할 테니 절대 반대다"고 했다. 나도 언젠가 부자가 되어서 고속도로를 타고 여행을 하고 싶은데 왜 그렇게 반대를 하는지 그때는 이해할 수 없었다. 세월이 흘러서 내가 어른이 되었을 때, 반대하던 그분도 고속도로를 타고 동분서주 선거유세 다니더니 삼수 끝에 대통령이 되기는 했다.

그날은 비가 내려 논둑길이 질척거리고 들판은 수렁이 되어 개구리 한 마리 잡기가 만만치 않았다. 잡으려 하면 물속으로 퐁당 뛰어드는 개구리를 아이의 민첩성이 따라가지 못했다. 그때 논가의 수로마다 가득하게 자라 노란 꽃을 피우던 풀이, 지금에 와서 생각하니 개구리자리였다. 개구리자리나 개구리밥같은 수생식물은 개구리의 좋은 도피처였다. 개구리가 물속으로 뛰어들어 잠수한 자리를 아무리 노려보아도 그 노란 꽃이 핀 개구리자리만 시침을 뚝 떼고 있었다. 확실히 그곳은 개구리가 숨은 자리인데 개구리는 보이지 않았다.

지금 그곳은 심야와 새벽 사이를 빼고는 항상 차가 밀리는 구간이다. 그 지루한 교통체증의 시간에 나는 깜박 졸 때가 있다. 노란 개구리자리가 가득 핀 그 소년 시절의 들판에서….

젓가락나물
Ranunculus chinensis Bunge
들의 습지나 풀밭에 나는 두해살이풀. 높이 40~80cm. 전체에 거친 털이 밀생하고 줄기는 속이 비었다. 6월경 개화. 꽃의 지름 6~8mm. [이명] 애기젓가락바구지
©김병만

먹으면 졸음이 온다는 조름나물

조름나물 *Menyanthes trifoliata* L.
습지나 도랑에 자라는 조름나물과의 여러해살이풀. 꽃줄기는 둥근 모양으로 높이 30cm 정도. 꽃의 지름 1~1.5cm. 한반도 내에서는 4월 말~5월, 백두산 지역은 6~7월에 개화한다. 강원도(태백, 고성) 이북 지역에 분포하는 북방계 식물이다.

조름나물은 멸종위기종 2급으로 지정된 식물이다. 우리나라에는 자생지가 몇 군데밖에 알려져 있지 않을 정도로 희귀한 식물인데다가 여러 사정으로 그곳에 접근하기도 어렵다. 그래도 나물이라고 부르는 걸 보면 옛날에는 먹을 만큼 흔한 식물이었던 듯하다.

조름나물이 특별한 맛이 있거나 꽃이 아름다워서 남채의 대상이 된 것 같지는 않다. 백두산 주변을 탐사하다 보면 그 일대의 웬만한 습지에서는 조름나물을 잡초처럼 볼 수 있다. 그것은 남한 지역의 기후가 조름나물이 살기에 예전에 비해 따뜻해졌다는 방증이 아닐까 싶다. 그러고 보니 조름나물의 꽃은 따뜻한 날씨에는 녹아버릴 듯한 하얀 눈송이를 닮았다.

조름나물은 『본초강목』에 수채(睡菜)라는 약재의 이름으로 나온다. 잠이 오는 나물이라는 뜻이므로 옛 이름은 '졸음나물'이었음이 분명하다. 스웨덴에서

©백태순

는 아편 대신 조름나물을 상비약으로 쓴다고 하며, 옛 문헌에도 피를 맑게 하고 해열과 진통의 효과가 있다고 하니, 이 풀은 어느 정도 신경안정제 성분을 가지고 있는 듯하다.

근래에 어떤 지역에서 조름나물의 새로운 군락지가 발견되어 안내 표지를 설치하고, 야생화 촬영대회를 열겠다는 기사를 보았다. 이 귀한 식물의 새로운 군락지가 발견된 것은 반가운 일이기는 하지만, 촬영대회까지 열게 된다면 딱한 노릇이 아닐 수 없다. 기사에 나온 자생지는 농구 코트 정도 크기의 습지였다. 전국의 야생화 동호인들에게 이곳으로 사진 찍으러 오라 하면 자생지가 심각하게 훼손될 것은 불 보듯 뻔한 일이다.

그 지역은 한때 석탄 산업으로 제법 돈이 돌던 곳이었으나 대부분이 폐광이 된 요즘에는 지역 경제가 말이 아니라고 한다. 어떤 소재로건 관광객을 불러들여야 하는 절박한 사정이 이해는 되지만 그곳을 훼손하지 않을 방도를 먼저 마련해 놓고 벌일 일이다.

조름나물은 수천만 년 대자연사의 살아있는 화석이다. 이 자생지가 한반도의 북쪽으로 점점 옮겨가면 우리 당대에 이 땅에서 다시 만나지 못할지도 모른다.

우렁각시를 닮은 꽃 수련

수련 *Nymphaea tetragona* Georgi
물에 나는 수련과의 여러해살이풀. 7~8월 개화. 꽃은 정오 전후에 서너 시간 동안 피며, 개화 전후의 꽃봉오리는 물속에 있다. [이명] 개수련, 애기수련

혼자 살면서 수련을 길러본 적이 있었다. 여름이 되어 물속에서 꽃봉오리가 몇 개 맺히는 걸 보고 머지않아 아름다운 꽃을 볼 수 있으리라 설레었다. 그로부터 한 달이 넘도록 매일 꽃봉오리를 들여다보아도 물 위로 올라올 듯 말 듯 하더니 끝내 물속에서 녹아버렸다. 인연이 없는 탓이라 여기고 그 후로는 수련을 기를 생각을 접었다. 그리고 몇 년이 지나서야 그때 꽃을 보지 못한 까닭을 알

수련(왼쪽)과 각시수련(오른쪽)

게 되었다.

수련은 정오 무렵에 물속에서 봉오리를 내밀어 꽃을 피웠다가 서너 시간이 지나면 꽃을 접고 물속으로 자취를 감춘다. 이렇게 사나흘 피고 지고 하다가 한 꽃봉오리가 시들면 다음 꽃송이가 또 그러기를 되풀이하면서 한 달 정도 피고 진다. 꽃봉오리가 피지도 않고 녹아버렸다고 생각한 것도 알고 보니 해면체로 싸인 열매가 물에 녹아서 씨앗을 떨어뜨린 것이었다. 나는 그 무렵 쉬는 날도 없이 출퇴근을 하던 시절이라 그 우렁각시 같은 꽃을 한번도 볼 수 없었던 것이다.

정오가 다 되어서야 잠을 깨서 물 위로 꽃을 피우고, 해가 기울기도 전에 다시 물속으로 들어가 잠을 자는 '수련(睡蓮)', 그 이름이 '잠꾸러기 연꽃'이라는 의미를 그때 알았더라면 그렇게 설레며 기다리던 꽃을 한 번이라도 제대로 보았을 텐데….

첫사랑에 가슴 뛰던 시절도 그렇게 지나간 듯하다. 어느 날 홀연히 다가온 그 의미도 모르고 애태우다가 눈도 한번 맞추지 못한 채 멀어져 갔다.

수련의 속명 '*Nymphaea*'는 요정(nymph)에서 유래되었고 꽃말은 '청순한 사랑'이라고 한다. 그 꽃말마저도 아련하고 그립다.

각시수련

Nymphaea tetragona var. *minima* (Nakai) W. T. Lee

여러해살이수초. 애기수련이라고도 하며 한국 특산이다. 꽃의 지름이 4cm를 넘지 않아 각시수련이라는 이름이 붙었다. 수련의 꽃잎이 15장을 넘는데 비해 각시수련은 보통 8장 정도이다.

연꽃

Nelumbo nucifera Gaertner

연못에서 자라거나 재배하는 수련과의 여러해살이수초. 잎의 지름이 30~50cm, 꽃의 지름은 15~20cm. 7~8월 개화. 꽃은 관상용, 잎과 땅속줄기, 열매는 식용 및 약용한다.

중국 동북 지방의 각시수련.
우리나라 각시수련보다 꽃잎이 2배 이상 많아서 분류학적 자리매김이 진행 중이다.

아수라지옥에 피는 모성 가시연꽃

가시연꽃 *Euryale ferox* Salisb.

1~2m 깊이의 못에 사는 수련과의 한해살이풀. 전체에 가시가 있고 잎은 지름 120cm까지 자란다. 7~8월 개화. 종자는 감실(芡實)이라고 하여, 강장약재로 사용해 왔으며, 첫해에 20%, 다음해에 50%가 발아하며, 3년 뒤부터는 많이 발아한다. 아시아 특산의 1속 1종 희귀식물. [이명] 가시연, 가시련, 개연, 칠남성

가시연꽃은 볼수록 참담한 느낌이 드는 꽃이다. 창 같이 생긴 꽃대가 자신의 잎을 불쑥 뚫고 나온 모양이 제 어미의 살을 찢고 나온 괴물처럼 섬뜩하다. 악어의 등껍질 같은 잎에는 날카로운 가시들이 촘촘히 솟아 있고 그 잎맥은 무시무시한 육식공룡의 눈에 뻗친 핏줄처럼 보인다.

잎은 구겨진 휴지뭉치처럼 물 위로 올라와 수면에서 주름을 펴다가 급기야 서로 부딪쳐서 엎치락뒤치락하며 아수라장을 만들어 간다. 수면이라는 2차원의 한정된 공간에 집착하고 있기 때문이다. 이 처참한 모습은 3차원 공간에서

가시연꽃의 꽃봉오리 단면

우무질로 싸여 물에 뜬 씨앗

넉넉하고 풍성하게 자라는 보통 연꽃의 모습과는 완연하게 대비가 되는 모습이다.

가시연꽃에 대한 이런 편견이 어느 날 한순간에 사라졌다. 어느 해 가을, 저수지 수면에서 썩어가는 가시연꽃의 잎을 보았는데 그 넓적한 잎마다 토끼똥 같은 씨앗들이 널려 있었다. 자신의 잎 위에 씨앗을 널어놓으려고 꽃대가 잎을 찢고 나온 것이고, 새들이 씨앗을 먹지 못하도록 잎에다 가시를 세우고 있는 듯했다.

밤송이처럼 생긴 가시연꽃의 열매 속에는 백 여 개의 씨앗이 들어있다. 가시연꽃의 어미는 이 씨앗들이 모두 한자리에 떨어지게 되면 그 이듬해에 자식들끼리 다툴 것을 염려해서 씨앗을 물 위에 띄워 놓고, 어떤 적절한 조건이 될 때마다 여기저기 씨앗을 가라앉히는 듯하다.

씨앗들은 물 위에 떠 있다가 우무질(jelly)의 껍질이 녹으면 바로 가라앉고, 어떤 것은 잎 위에서 까맣게 익어서 잎이 썩으면 가라앉는 듯했다. 가라앉은 씨앗은 몇 년에 걸쳐서 매우 불규칙하게 싹을 틔우고, 그냥 보관한 씨앗은 500

모체의 잎 위에 남아 있는 여문 씨앗

잎이 삭아가는 모습

년이 지나도 싹을 틔울 수 있다고 한다.

가시연꽃은 백 년에 한 번 꽃 피운다고 할 정도로 꽃을 보기 어려우며 개화가 불규칙하다. 아닌 게 아니라 몇 년 동안 가시연꽃이 꽃 피우는 모습을 찾아 다녀보니 해마다 꽃을 피우지는 않았다. 종자를 지키기 위하여 개화와 발아를 불규칙하게 하는 건지 모르겠다. '내 새끼를 먹으려고 해마다 기다리다가는 굶어죽을 걸'이라고 말하는 듯하다.

아름다운 모습으로 살려고 하기보다는 스스로 가시투성이 괴물이 되어 오직 자식 잘 되기만을 바라는 모성애를 가시연꽃에게서 보았다. 그러한 모성애라는 것도 어디까지나 나의 느낌이었을 뿐, 오랫동안 가시연꽃을 찾아다니며 제대로 알아낸 것은 거의 없다. 가시연꽃은 여전히 신비로움과 궁금증만 자아내고 있다.

순채는 왜 우리 곁을 떠났을까?

순채 *Brasenia schreberi* J. F. Gmelin

얕은 연못에 사는 수련과의 여러해살이수초. 어린잎과 줄기는 우무 같은 점액질로 덮이고, 성장한 잎은 물에 뜬다. 6~8월 개화. 어린잎과 줄기는 식용, 원줄기와 잎은 약용한다.

순채의 암꽃

얕은 연못에서 자라는 순채(蓴彩)는 2500여 년 전의 문헌인『시경(詩經)』에도 나올 정도로 역사가 깊은 나물이다. 우리나라에도 순담(蓴潭)계곡, 순동리(蓴洞里), 순호리(蓴湖里) 같은 지명이 있을 정도로 순채가 많이 나고 널리 재배도 했지만 요즈음은 그 자생지가 줄어서 멸종위기종으로 지정되어 있다. 다행히도 몇몇 뜻있는 곳에서 자생지를 보전한 덕분에 애써 찾으면 만날 수는 있는 식물이다.

무리지어 핀 순채 꽃을 유심히 보면, 모양이 완전히 다른 두 가지 꽃이 있다. 그중 한 가지는 그날 핀 꽃이고, 다른 한 가지는 전날 핀 꽃이다. 순채 꽃은 딱 이틀만 피는데, 첫날 피는 꽃은 암꽃이다. 이때 수술은 암술의 밑동을 에워싼 낮은 울타리처럼 보인다. 이 암꽃 상태에서 다른 수꽃의 꽃가루를 받고 저녁이 되면 물속으로 사라진다. 다음날 꽃이 물 위로 나올 때는 수술이 길게 자라서 첫날과 다르게 보인다. 이틀째 꽃에서 암술은 수술에 둘러싸인 채 시들어 있다. 순채

처럼 암술과 수술을 시간차를 두고 성숙시켜 자가수분을 피하는 것은 식물의 세계에서 흔한 일이다.

그런데 순채에는 성전환보다도 더 궁금증을 자아내는 것이 있다. 순채의 꽃은 전형적인 풍매화이다. 풍매화는 바람이 수분을 해 주니까 꽃이 예뻐야 할 필요가 없지만 이 꽃은 도무지 풍매화답지 않게 예쁘다. 게다가 꿀벌들까지 부지런히 이 꽃 저 꽃을 넘나든다. '자연은 결코 불필요한 일을 하지 않는다'는 내 생각이 맞다면, 순채는 바람에 의해 수분을 하면서도 벌에게 수분보험을 든 것이다. 식물의 세계에는 실제로 이런 다양한 보험이 성행하고 있다.

이렇게 수분보험까지 들 정도로 똑똑한 순채가 지금은 모두 어디로 사라져 갔을까? 문헌에 의하면 우리 조상들은 순채를 즐겨 먹었고, 일제강점기에는 일본에 대규모로 수출도 했다는데 말이다. 알만한 사람들은 환경 파괴니 생태계의 변화니, 무분별한 채취 탓이라고 늘 써먹는 모범답안을 내놓는다. 나는 사람 세상의 정이나 식물 세상의 정이 다르지 않다고 믿는다. 순채는 우리가 사랑해주지 않았기 때문에 우리 곁을 떠난 것이다. 그나마 다행인 것은 요즈음 순채국을 맛볼 수 있는 음식점이 가끔 눈에 띈다. 어디선가 재배를 하는 모양이다.

통발, 누가 이 기막힌 이름을 붙였을까

통발 *Utricularia vulgaris* var. *japonica* (Makino) Tamura

연못이나 논에 나는 통발과의 여러해살이풀. 꽃대의 높이 10cm 정도. 뿌리가 없으며, 잎이 깃 모양으로 갈라지고 벌레잡이주머니가 달려 있다. 8~10월 개화. 겨울에 물속에 가라앉아 월동한다.

통발은 가는 댓조각이나 싸리를 엮어서 만든 고기잡이 기구다. 통발의 입구는 안쪽 방향으로 향한 깔때기 모양으로 생겨서 들어가기는 쉽지만 나오기는 어려운 도구이다.

물에서 사는 식물 이름 중에도 '통발'이 있다. 이 식물은 물속에 살면서 꽃을 피울 때만 고개를 내민다. 통발은 뿌리가 없어서 특별한 방법으로 양분을 섭취한다. 잎줄기의 겨드랑이마다 작은 통발을 조롱조롱 달아서 물속에 사는 물벼룩 같은 작은 벌레를 잡아먹고 산다.

밥알 반쪽만한 이 초미니 통발은 속이 진공이고 뚜껑이 있다. 물벼룩이 돌아다니다가 이 뚜껑에 달린 섬모를 건드리면 뚜껑이 열리면서 순식간에 물과 함께 통발 속으로 빨려 들어간다. 그리고 눈 깜짝할 사이에 뚜껑이 도로 닫혀서 통발의 밥이 된다.

'통발'이란 통 모양으로 만든 '발'이라는 말이 아닐까? 우리의 전통 주거생활에서 널리 쓰이던 '발'은 햇볕은 차단하고 바람은 통과시키는 선별의 기능과 안에서는 밖을 볼 수 있으되 밖에서는 안을 보기 어려운 일방성 기능이 있는 절묘한 생활필수품이었다.

이 '발'을 통 모양으로 만들어 물속에 넣으면 물은 빠져나가되 고기는 통과하지 못하며, 고기가 들어갈 수는 있으나 빠져나오지 못하니 바로 '통'으로 된 '발'이 아니겠는가 말이다. 그 옛날 이 깨알만한 통발들이 작은 벌레를 잡는 모습을 어느 누가 보았기에 '통발'이라는 기막힌 이름을 붙였을까….

나의 노년은 고향의 유년으로 돌아가기를 소망한다. 그날이 오면, 여름 냇가에 통발 쳐놓고 대청마루에 발 드리우고 오수의 꿈길을 따라 동무들과 고기 잡고 놀던 시절로 돌아가리라.

들통발

Utricularia pilosa Makino

연못이나 논에 나는 한해살이 식충식물.

높이 8~10cm. 물속의 잎은 깃 모양으로 갈라지고, 실같이 가늘며, 잎마다 벌레잡이주머니가 몇 개씩 달린다. 8~10월 개화. 통발에 비해 꽃이 동글고 작다. [이명] 들통말

땅귀개

Utricularia bifida L.

습지에 자라는 여러해살이 식충식물.

높이 7~15cm. 뿌리줄기는 실 모양, 땅속으로 뻗으며, 뿌리에 벌레잡이주머니가 있다. 잎은 뿌리줄기 군데군데에서 나온다. 8~10월 개화.

이삭귀개

Utricularia racemosa Wall.

흔히 땅귀개와 같이 섞여서 자란다. 땅귀개보다 약간 키가 크고 꽃은 연분홍 또는 연보라색. 꽃 모양이 약간 다르다.

자주땅귀개

Utricularia yakusimensis Masam.

높이가 8cm를 넘지 않을 정도로 소형이다. 꽃 모양은 땅귀개를 닮았고, 색깔은 이삭귀개와 비슷하다.

벗풀에서 생각해본 친구의 의미

벗풀 *Sagittaria sagittifola* subsp. *leucopetala* (Mig.) Hartog
논이나 연못에 나는 택사과의 여러해살이풀. 높이 40~70cm. 뿌리줄기가 옆으로 길게 뻗은 끝에 1개의 덩이줄기가 달린다. 7~10월 개화. 암수한그루에 암꽃과 수꽃이 따로 핀다. [이명] 가는보풀, 택사

'벗풀'은 논이나 저수지 가장자리에 사는 식물이다. 이름부터 친근감이 들뿐더러 그 모양도 여유로운 풀이다. 벗풀을 보며 '벗과 친구는 같은 말일까?'라는 의문이 들었다. '벗'보다 '친구'라는 말에서 어쩐지 세월의 무게가 느껴졌다. 아니나 다를까 사전을 찾아보았더니, 벗은 '마음이 서로 통하여 사귄 사람'이라는 뜻으로 나와 있고, 친구는 '오래 두고 가깝게 사귄 벗'으로 뜻풀이가 되어 있었다.

'오동나무는 천년을 늙어도 항상 가락을 지니고(桐千年老恒藏曲), 매화는 한평생 추위에 떨어도 향을 팔지 않는다(梅一生寒不賣香)'는 한시의 구절처럼, 진정한 친구란 오래도록 한결 같았으며 앞으로도 그러하리라고 믿을 수 있는 마음의 보금자리다. 이 명구는 유안진 님의 '지란지교(芝蘭之交)를 꿈꾸며'라는 시에 인용되면서 널리 애송되었다.

모든 벗이 친구는 될 수 없는 것에 빗대어 말하자면, 벗풀을 만나기는 쉬우나 보풀을 만나기는 어렵다. 보풀을 만나려면 벗풀과 차이를 제대로 알아야 한다.

두 식물의 근본적인 차이는 말 그대로 그 뿌리에 있다. 벗풀은 땅속줄기가 옆으로 길게 뻗으며 끝에 덩이줄기가 있고, 보풀은 잎겨드랑이에 작은 덩이줄기(혹은 주아라고도 함)가 있다. 이 덩이줄기는 7월에 생기기 때문에 그 전에는 보기가 어렵다. 이 두 식물에는 벗과 친구가 다른 것처럼 재미있는 차이가 있다. 두 식물 모두 잎줄기의 아랫부분에 날개가 있는데 그 단면을 보면, 벗풀은 그 날개가 '벗이여 어서 오게' 하고 양팔을 활짝 편 모양이고, 보풀은 '친구야 널 사랑해' 하며 양팔로 꼭 껴안은 모양이다.

아무튼 이러한 모습들은 거의 물속에 잠겨 있어서 물에 들어가 살피는 수고를 해야만 알 수 있는 것들이다. 보풀과 친구는 관심 없이는 찾을 수 없는 보물 같은 존재다.

보풀

Sagittaria aginashi Makino

연못이나 습지에 나는 여러해살이풀.

높이 40~70cm. 땅을 기는 줄기가 없으며, 잎 겨드랑이에 작고 둥근 덩이줄기가 있다. 벗풀에 비해 잎이 좁은 편이나 환경에 따라서 잎 모양은 변이가 많다. 7~10월 개화.

올미

Sagittaria pygmaea Miq.

논이나 연못에 나는 여러해살이풀. 뿌리줄기가 가늘고 길게 옆으로 뻗으며 끝에 덩이줄기가 달린다. 종소명 '*pygmaea*'는 '난장이'로 전초 높이가 25cm 이하이다. 6~10월 개화. 암수한그루에 암꽃, 수꽃이 따로 핀다. ©엄의호

택사

Alisma canaliculatum A. Br. & Bouche

택사과 택사속의 여러해실이풀. 논이나 도랑의 습지에 자란다. 잎은 길이 10~30cm, 너비는 4cm 정도이며 끝이 뾰족하다. 7~9월 개화. 약용(이뇨제, 수종, 임질)으로 재배하기도 한다.

[이명] 물택사, 쇠대나물, 쇠태나물

질경이택사

Alisma orientale (Sam.) Juz.

택사와 자생환경, 개화시기, 꽃 형태, 약리작용 등 대부분이 유사하나 잎 모양이 다르다. 잎의 길이 5~10cm, 너비 2~6cm로 질경이의 잎을 닮았다. 택사가 주로 한반도를 기준으로 남쪽에 분포하는데 비해, 질경이택사는 북쪽으로 갈수록 많이 볼 수 있다.

물에 뜬 심장 노랑어리연꽃

노랑어리연꽃 *Nymphoides peltata* (J. G. Gmelin) Kuntze

물의 흐름이 느린 하천이나 연못에 나는 조름나물과의 여러해살이물풀. 뿌리줄기는 물 밑의 진흙 속에 가로로 뻗고 줄기가 끈 모양으로 길고 굵다. 잎자루가 길고 잎은 물에 뜬다. 6~9월 개화. [이명] 노랑어리연

올망졸망 마름풀을 이리저리 찾네 (參差荇菜 左右流之)
아리따운 아가씨를 자나깨나 그리네 (窈窕淑女 寤寐求之)
구해도 얻을 수 없어 자나깨나 그 생각뿐 (求之不得 寤寐思服)
부질없는 이 마음 잠 못 이뤄 뒤척이네 (悠哉悠哉 輾轉反側)

2500년 전의 고전인 『시경』의 첫 머리에 나오는 대목이다. 이 시는 젊은 총각이 '행채(荇菜)'라는 나물을 뜯으면서도 마음속에는 아리따운 아가씨 생각뿐이라는 이야기를 담고 있다.

공자는 "300여 편의 시에 거짓이 없다(詩三百 思無邪)"라고 하였다. 『시경』에는 조정의 제례나 향연에서 연주되던 노래도 있지만 민간에서 유행되었던 가요가 더 많은 부분을 차지하고 있다. 쉽게 말하면 고대 중국의 히트 가요 모음집인 것이다. 지금도 가곡이나 클래식보다는 유행가 가사에서 대중들의 마음을 적나라하게 표현하고 있는 것과 같다.

첫 시에 나오는 시구(詩句)들 중에도 귀에 익은 것들이 많다. 요조숙녀(窈窕淑女)는 물론이고, 오매구지(寤寐求之), 전전반측(輾轉反側)도 요즘 쓰이는

오매불망(寤寐不忘)이나 전전긍긍(戰戰兢兢)과 비슷한 뜻이다. 구직이 어려웠던 2009년의 사자성어로 선정된 '구지부득(求之不得)', 즉 '구해도 구할 수 없다'는 말도 이 첫머리에 나오는 구절이다.

다산 선생의 둘째 아들인 정학유는 『시경』에 나오는 식물 이름을 풀이한 『시명다식(詩名多識)』이라는 책에서 '행채'를 '노랑어리연꽃'이라고 했다. 대개 한시를 우리말로 옮길 때는 수생식물은 통칭해서 '마름'으로 번역한다. 예컨대 '올망졸망 노랑어리연꽃을 이리저리 찾네'라고 번역하면 식물학분류학적으로는 맞지만 시적인 운율은 떨어지기 때문이다.

노랑어리연꽃은 영어로는 '물에 뜬 심장(floating heart)'이다. 물 위에 어리는 그림자가 하트 모양과 닮아서 그런 이름이 붙은 것 같다. 옛날 중국의 총각이 아리따운 아가씨를 오매불망하며 행채를 뜯던 마음은 '물에 뜬 심장'을 하나하나 걷어 올리는 정서와 공명하고 있다.

노랑어리연꽃을 보면 수천 년의 세월을 거슬러, 그리고 지구 저편 수만 리의 공간을 초월하여 인간의 심장과 심장이 닿는 일치를 느낀다.

살아있는 자연사 박물관 개연꽃 삼형제

남개연 *Nuphar pumilum* var. *ozeense* (Miki) Hara
못이나 흐름이 느린 하천가에 자라는 수련과의 여러해살이수초. 물속 줄기는 1m 정도고 꽃대는 15cm 정도로 물 위에 올라온다. 5월 말~9월 개화. 꽃 가운데의 꽃술 부분이 붉다.
[이명] 오제왜개연(일본 중부 고산습원 'Oze'란 곳에서 처음 발견됨.)

물 위에 노란 막대사탕처럼 피는 꽃이 있다. 그들은 개연꽃, 왜개연꽃, 그리고 남개연 중의 한 가지이다. 많은 사람들이 그들의 이름을 불러주는데 자신없어 하지만 조금만 눈여겨보면, 이들 삼형제를 쉽게 가려낼 수 있다.

이 삼형제 중에 '개연꽃'이 맏이일거라고 나는 믿는다. 이름 앞에 '개'가 붙어서 자존심은 상하지만 그래도 연꽃이라고 잎을 물 위로 힘겹게 쳐들고 있는 것이 순종적이고 무던한 맏이의 성향을 닮았기 때문이다.

둘째는 '왜개연꽃'이 틀림없다. 왜개연꽃은 '개'라고 천대받는 주제에 '왜' 연꽃 흉내 내느라 잎을 힘들게 들고 있냐며, 잎을 물 표면에 턱 놓아버렸다. 형제간에도 둘째는 이런 반항적인 성격이 많다.

막내는 '남개연'일 것이다. 기왕에 '개'라는 오명을 썼으니 대접받으며 살기는 틀렸고 '남'들보다 튀어야 잘 살기라도 하지 않겠냐며 빨간 립스틱을 발랐

왜개연꽃 군락 ©손광민

다. 역시 자유분방한 막내의 기질이 엿보이는 대목이다.

이들 형제간의 터울은 몇백만 년인지 몇만 년인지 모르겠지만 45억 년쯤 된다는 지구의 나이에 비추어보면 그리 긴 터울도 아니다. 요즈음 우리나라에서는 자연 상태의 개연꽃을 보기 힘들다. 왜개연꽃과 남개연은 어렵사리 만날 수 있지만, 어느 종이 더 번성하고 있다고 단정하기는 어렵다. 막연하지만 개연꽃은 대자연사(大自然史)의 뒤안길로 사라져 가고, 남개연이 개연꽃 가문의 명맥을 이어 번성할 것 같은 생각이 든다.

사실 이 생각은 언젠가 울릉도 여행을 갔을 때, 한 시간 동안 배를 기다리며 재미있는 관찰을 한 경험에서 나온 것이다. 부둣가에 똑같이 생긴 리어카 노점상 세 대가 나란히 늘어서서 오징어를 구워 팔고 있었는데 그중 한 집에만 유난히 손님이 몰렸다. 손님은 거의 여행자들이라 어느 곳이 맛있는지 모를 것이고, 사람들이 오고 가는 곳이니 오른쪽, 왼쪽 위치도 차이가 없고, 모두 예순 정도 되어 보이는 아주머니들이라 미모를 볼 것도 아닌데도 사람들은 멀리서부터 망설임 없이 한 집으로만 가는 것이었다. 굳이 그 세 가게의 차이라면 가게 이름뿐이었다. 그 이름들은 '빨간모자 자야', '탱자 아지매', '부산 아줌마'였다.

이 세 이름이 주는 느낌에서 고객 선택이 이루어지지 않았을까? 여행에서 돌아와 몇 달이 지나도 '빨간모자 자야'는 기억이 나는데, 다른 가게 이름은 그때 찍은 사진을 보고서야 알 수 있었기 때문이다.

이 가게들의 이름을 떠올리면 덩달아 개연꽃 형제들도 생각난다. 자연은 수천, 수만 년 동안 그 선택을 멈추지 않을 것이다. 노랑 암술머리의 왜개연꽃이냐, 빨강 암술머리의 남개연이냐를…. 고객들은 제나름의 기준과 느낌으로 물건이나 가게를 선택한다. 선택되는 것이 강한 것이고, 강한 것이 살아남는다.

개연꽃
Nuphar japonicum DC..
다른 개연꽃들과는 달리 잎이 물 위로 솟아서 자란다. 6~7월 개화. 중부 이남 지방에 드물게 분포한다.
[이명] 개구리연, 개연, 개련꽃, 긴잎좀련꽃, 긴잎련꽃

왜개연꽃
Nuphar pumila (Timm) DC.
꽃과 꽃술이 모두 노란색이다. 잎이 물 표면에 뜬다. 8~9월 개화. 전남 지방에 자생한다.
[이명] 물개구리연, 북개연, 왜개련꽃

재단사들의 오랜 스승 마름

마름 *Trapa japonica* Flerow

연못이나 저수지에서 자라는 마름과의 한해살이풀. 뿌리는 진흙 속에 내리고 줄기가 길게 자라며, 잎자루에 공기주머니가 있어서 물에 뜬다. 7~8월 개화. 꽃의 지름 1cm 정도. 민간에서는 열매를 식용하며, 해독제와 위장약으로 사용한다. [이명] 골뱅이

우리나라의 연못이나 저수지에는 마름이 흔하다. 마름은 잎자루에 공기주머니가 있어서 잎이 물 위에 뜨는데, 잎들이 겹치지 않도록 펼쳐진 배려와 질서가 보인다. 이런 모습의 마름을 보면 '마름질'이라는 말이 생각난다.

옷감이나 목재를 치수에 맞추어 자르는 것이 마름질이고, 버려지는 자투리를 줄이는 것이 좋은 마름질이다. 빼곡하면서도 잎마다 골고루 볕을 나누어 가지는 마름에서 옷감을 재단한다는 뜻의 '마름질'이란 말이 나오지 않았나 싶다.

또 '마름모'의 한자말인 '능형'(菱形)에서 마름 '능'(菱)자를 쓰는 것을 보면, 마름모꼴이라는 말도 마름이 물 위에 퍼져 자라는 모양에서 비롯된 것 같다. 마름모는 '네 변의 길이가 같고 그 대각선이 수직으로 만나는 사각형'이니 바로 마름의 사는 모양이 그러한 정의에 대체로 들어맞기 때문이다.

마름은 물 위에서 마름모꼴로 펼쳐진다. ©이상옥

고대로부터 오늘날까지 장애물의 용도로 쓰이는 '마름쇠'도 물속에 있는 마름의 열매에서 착상을 하였을 법하다. 밤톨만한 이 열매는 맛도 밤과 비슷해서 '말밤'이나 '물밤'이라고도 하는데, 날카로운 가시가 있어서 맨발로 들어갔다가는 상처를 입기 십상이다. 임진왜란 때에도 마름쇠(菱鐵)를 이용해서 왜적을 물리쳤다는 기록이 있고, 오늘날까지도 군 검문소에서 급조장애물로 쓰는 오뚜기침이 바로 마름쇠다. 마름쇠는 네 개의 침이 같은 각도를 유지하고 있어서 그냥 던져놓아도 세 개의 침이 땅을 딛고 한 개의 침은 하늘을 보고 서게 된다.

말밤의 가시는 방어수단보다는 종자를 퍼뜨리는 수단으로 보인다. 개구리나 물고기가 마름 줄기 사이를 다니다가 이 가시에 찔리면 이것을 빼내려고 몸부림치며 돌아다니다가 결국은 죽게 된다고 한다. 그러면 말밤은 그곳에서 뿌리를 내려 새로운 영토를 찾게 된다.

여러 분야에 두루 쓰이는 '마름'이라는 낱말과 그 파생어의 선후 관계를 정

말가시 또는 말밤으로 불리는 마름의 열매

리해보자면, 아무래도 물에 사는 마름이 원조가 되었을 것이다. 옛날 사람들은 모두 스스로 옷감을 짜고 재단하여 옷을 지었으므로 수면을 알뜰하게 나누면서 자라는 이 식물의 이름에서 '마름질'이라는 말이 자연스레 생겨났을 것이고, 기하학의 용어로 '마름모꼴'이 등장한 시기는 빨라야 20세기의 일이다. 군인들은 말밤의 가시에서 마름쇠의 아이디어를 얻어 갔으리라.

마름을 보노라면 자연은 인류문명의 오랜 스승이라는 생각이 들면서 태양 아래 새로운 것은 없다는 말을 새삼 실감하게 된다.

애기마름
Trapa incisa Siebold & Zucc.
마름에 비해 잎, 꽃, 열매가 아주 작다. 마름은 잎자루(공기주머니)에 털이 있으나, 애기마름은 털이 없다.
7~8월 개화. 열매는 식용한다.
[이명] 마름, 좀마름.

정체성이 모호한 식물 세수염마름

세수염마름 *Trapella sinensis* Oliv.

연못이나 저수지에 자라는 참깨과의 여러해살이풀. 줄기가 물 위에 떠서 뻗어가며 꽃을 피운다. 7~9월 개화. 열매에 달린 부속체 5개 중 3개는 길고(1.5~5.0cm) 끝이 말리며, 2개는 짧고(0.2~1.2cm) 끝이 가시처럼 날카롭다. 수염마름(*Trapella sinensis* var. *antenifera*) 은 세수염마름과 비슷하나 열매에 달린 부속체 5가닥의 길이가 같다.

세수염마름의 열매

세수염마름은 수염이 세 개 달린 마름이다. 이 식물의 열매에는 다섯 개의 뿔이 나와 있는데, 그중에 세 개가 길며 카이젤수염처럼 끝이 말려 있다. 보통 수염마름은 다섯 개의 뿔의 길이가 같다. 연못에 흔히 자라는 마름은 '마름과'에 속하지만, 세수염마름은 '참깨과'의 수염마름속으로 분류되어 있다. 세수염마름은 자라는 환경과 전체의 모양, 특히 잎모양이 마름을 많이 닮았고 열매까지도 비슷한 형태인데, 밭에서 기르는 참깨과로 분류된다니 참 뜻밖이었다. 한 술 더 떠서 세수염마름의 꽃은 성주풀을 많이 닮았다. 성주풀은 '현삼과'이니 이 식물의 정체성이 더 모호해진다.

세수염마름을 보면 어릴 적 내 고향 이웃집에 사셨던 재미있는 할아버지 한 분이 생각난다. 이분은 외모가 서양인 비슷해서 별명이 '미국 사람'이다 보니 아예 끝이 꼬부라진 서양식 수염까지 기르고 다니셨다. 이 할아버지가 서울 구경 다녀온 이야기를 할 때는 온 동네 사람들이 다 모이다시피해서 몇 날 며칠

을 들었다. 라디오도 없던 그 시절에는 어느 집 사랑방에 모여 듣는 바깥세상 이야기가 뉴스나 교양 프로그램이었다.

이 할배가 경복궁인가하는 대궐 구경을 가서는 임금님이 앉던 자리인 용상에 한 번 앉아보고 싶더란다. 문은 열려 있었고 '들어가지 마시오'라는 팻말만 있길래, "어차피 나를 미국 사람으로 알건데… 에라 모르겠다" 하고 성큼성큼 들어가 용상에 앉아보니 그렇게 기분이 좋더란다. 그 시대는 미국 사람은 무조건 정의롭고 힘센 사람, 다시 말해서 'Good guy'로 간주되던 시절이었었고, 게다가 영어로 한 마디라도 나무랄 수 있는 사람도 없었다. 그 정도로 이 할아버지의 모습은 '돌연변이'에 가까웠고 생긴 모습답게 돌발적이고 재미있는 행동을 많이 했다. 이런 일들이 있은 후에 '들어가지 마시오'라는 경고문에 'keep out'이라는 영문 한 줄이 덧붙었으리라 짐작된다. 돌발적인 일들로 사회도 생태계도 변화하고 진화한다.

늘 변함없고 규칙적인 일상은 편안하나 따분해지기 쉽고 호기심 많고 모험적인 삶은 고단할지언정 날로 새롭다. 별난 식물, 세수염마름을 찾아 나선 일도 그러하였다.

한 송이 물질경이를 피우기 위하여…

물질경이 *Ottelia alismoides* (L.) Pers.

물 흐름이 거의 없는 물속에서 자라는 자라풀과의 한해살이풀. 물속 수염뿌리에서 잎이 뭉쳐나며(침수성 식물) 꽃줄기의 길이 25~50cm. 8~9월에 개화. 꽃 지름 3cm 정도. 기관지천식, 종기 등에 약용한다. [이명] 물배추, 용설초(龍舌草)

고요한 수면 위에 요정처럼 피어나는 꽃이 있다. 인적 없는 작은 연못에 제 그림자를 드리우며 피는 그 꽃은 잎도 줄기도 보이지 않아 물에 앉은 나비처럼 보인다.

한 송이 국화꽃을 피우기 위해서 봄부터 소쩍새가 울고 먹구름 속에서 천둥이 또 그렇게 울어야 한다는데, 물속에 뿌리를 두고 물 위에 꽃을 피우는 일은 그 얼마나 어려우랴! 수면 위에 발끝으로 선 발레리나처럼 절묘하게 물 위에 꽃 한 송이 밀어 올리는 이 식물의 이름은 물질경이다.

물속의 잎이 질경이의 잎을 닮아서 물질경이겠지만, 잎이 풍성하고 우람해

©박해정

서 물배추라고 불리기도 한다. 수생 식물 중에 물속에서 이처럼 넓은 잎이 자라며 꽃만 물 위에 피우는 식물은 물질경이뿐일 것이다.

물질경이 꽃이 핀 물속엔 검은 녹색 잎들이 수풀처럼 무성하다. 색깔은 소박하고 묵직하며 겸손하지만 어쩐지 깊은 고통이 느껴진다. 그 잎들이야말로 먹구름 속에서 우는 천둥의 모습이다. 물질경이의 잎은, 보이지 않는 곳에서 묵묵히 일하는 이 세상의 수많은 노동자와 농민을 생각나게 한다. 그들은 비록 갈채와 영광을 받는 일도 없으나 세상의 근본이며 이를 먹여 살리는 생산자다. 세상에는 권력과 인기를 누리는 극소수의 사람들이 있는 반면, 절대다수의 백성들은 주목받지 못한다. 그러나 이들 모두가 물질경이의 꽃과 잎처럼, 하나의 생명체요 공동운명체라는 것을 깨닫는 것은 중요한 일이다.

관객 없는 스타는 존재할 수 없고, 민심이 떠난 권력은 줄기 끊어진 꽃과 같다.

끝내 알아내지 못한 흑삼릉의 정체

흑삼릉 *Sparganium erectum* L.

연못이나 도랑에 나는 흑삼릉과의 여러해살이풀. 높이 70cm 가량. 식물체 전체가 해면질이며, 포복지가 옆으로 뻗고 줄기는 곧게 선다. 6~8월 개화. 꽃줄기의 높이는 30~50cm. [이명] 호흑삼능, 흑삼능

'흑삼릉(黑三稜)'은 비밀공작원의 암호명 같은 식물 이름이다. 만나기가 쉽지 않은 식물로 멸종위기식물 목록에도 올라있다. 이 식물의 이름은 중국명과 같고, 일본명도 비슷하다. 우리나라에서 부르던 다른 이름도 특이한 것이 없고, 학명이나 영어명을 찾아보아도 특별한 점을 찾지 못했다. 생긴 것은 참 별난데 뒷조사를 해보니 나온 것이 없었다.

흑삼릉은 암수한그루 식물로 암꽃이 밑에, 수꽃이 위에 달린다. 암꽃은 꽃줄기 밑에서부터 파대가리를 닮은 두상화 너댓 개를 피우고, 수꽃은 암꽃에 이어서 면봉 같은 두상화 예닐곱 개를 올라가며 피운다. 암꽃은 철퇴처럼 뿔이 박힌 열매가 되고, 수꽃은 타버린 재처럼 사라진다.

흑삼릉은 이름에 삼(三)자가 들어갈 만큼 숫자 3과 관련이 많다. 암꽃과 수꽃의 화피가 각각 3개, 수술이 3개, 씨앗이 삼각뿔 모양이다. 이 씨앗들이 알알

이 박힌 철퇴 모양의 열매가 익으면 거무스레해져서 '흑삼릉'이라는 이름을 얻은 모양이다. 한약재명인 듯도 하지만 그를 뒷받침할만한 자료는 없고, 단지 다른 야생초들처럼 몇몇 효능이 알려져 있을 뿐이다.

굳이 이 식물의 특별한 점을 말하라면 겉보기에는 멀쩡하지만 대부분의 식물체가 해면체로 이루어졌다는 사실이다. 바꾸어 말하자면 속이 스펀지처럼 허술하고 가벼워서 어떤 조건에서는 쉽게 손상되고, 물에 잘 뜬다는 말이다. 많은 자료를 찾아보았지만 알아낸 것이 고작 이 정도였다.

역시 비밀공작원 같은 이름값을 하는 식물이다. 어느 시대 어느 나라에서도 자신을 철저히 숨겨야 하고, 무덤까지 가지고 가야 할 비밀을 가진 사람이 있었다. 그것은 그런 특수한 사람에게만 있는 것 같지도 않다. 평범한 삶을 살아가는 사람들도 평생 가지고 가야 할 비밀이 있을 수 있고 우연히 알게 된 일로 누군가를 위해서 지켜줘야 할 비밀이 생길 수 있다.

흑삼릉이 어떤 식물인지 알아낸 것은 별로 없지만, 그에게서 값진 침묵을 배웠다.

기발한 방법으로 근친혼을 피하는 물옥잠

물옥잠 *Monochoria korsakowii* Regel & Maack
논과 늪의 물 위에 떠서 자라는 물옥잠과의 한해살이풀. 줄기는 스펀지같이 구멍이 많아 연약하고 높이가 20~40cm이다. 9월 개화. 수술은 6개인데 그중 5개는 짧고 노란색이며, 나머지 한 개는 길고 자주색이다. 암술대는 가늘며 1개이다.

'물옥잠'은 물에 떠서 사는 식물로서 꽃이 옥잠화를 닮았다고 해서 붙은 이름이다. 예전에는 논이나 수로에서 흔히 볼 수 있었으나, 요즘은 자연 상태에서 이 꽃을 만나기가 쉽지 않다. 물옥잠의 꽃을 자세히 보면 재미있는 것을 발견할 수 있다. 수술 여섯 개 중에 노란색 꽃밥이 다섯 개, 짙은 보라색이 한 개인데, 노란 수술 다섯 개는 벌을 유인하기 위한 가짜 수술이다. 꽃이 보라색이므로 노란색이 곤충의 눈에도 잘 띄는 모양이다. 짙은 보라색의 진짜 꽃밥을 단 수술은 한 개뿐이며 진짜 수술의 맞은편에 수술보다 긴 암술이 하나 있다.

꽃술 방향이 다른 물옥잠의 꽃들

정말 흥미로운 사실은 진짜 수술이 오른쪽에 있는 꽃과 왼쪽에 있는 꽃이 한 포기에 반반씩 달린다는 점이다. 결론부터 말하자면 물옥잠은 자화수분을 피하기 위해서 수술과 암술의 배치가 반대인 두 가지의 꽃을 만든 것이다. 진짜 수술이 오른쪽에 달린 꽃에서 꽃가루를 묻힌 벌이 수술이 왼쪽에 달린 꽃으로 날아가야 수분이 된다.

이런 꽃의 구조는 분명히 곤충에 의한 수분을 기대하는 것인데, 불행하게도 물옥잠이 사는 곳의 곤충이 사라지고 있다. 요즘은 논농사가 농약으로 지탱되고 있는 듯하고, 자연 수로도 골프장 같은 곳에서 흘러나온 독성 물질로 오염되어서 그 주변에서 곤충은 거의 찾아보기가 힘들게 되었다. 일본에서는 과거에 물옥잠이 논에서 쫓아내기 어려운 잡초였는데 요즈음은 멸종위기종으로 지정이 되었다고 한다.

이웃나라에서 먼저 생긴 좋지 못한 일들을 뻔히 보고서도 미리 손을 쓰지 못한다면, 후대에 무슨 면목이 있겠는가.

물달개비
Monochoria vaginalis var. *plantaginea* (Roxb.) Solms
논이나 연못에 주로 나는 여러해살이풀. 높이 20㎝ 가량. 물옥잠보다 잎이 좁고, 꽃이 작으며 꽃잎을 활짝 열지 않는다. 물옥잠은 꽃이 잎 위로 피고, 물달개비는 보통 잎 밑에서 핀다. 7~9월 개화. [이명] 물닭개비

하얀 토끼를 등에 태운 별주부 자라풀

자라풀 *Hydrocharis dubia* (Blume) Backer

느리게 흐르는 하천이나 연못에 자라는 자라풀과의 여러해살이수초. 8~10월 개화. 암수한그루에 암꽃과 수꽃이 따로 핀다. [이명] 수별(水鼈), 지매(地梅), 모근

자라풀은 잎이 자라를 닮았다고들 한다. 잎의 뒷면에는 납작한 공기주머니가 붙어 있어서 잎을 엎어 놓으면 영락없이 자라의 형상이 된다. 같은 수생식물인 어리연꽃이나 수련의 잎도 자라풀과 비슷하게 생겼지만 공기주머니는 없다.

추측건대 자라풀은 수면에서 줄기를 옆으로 길게 뻗다가, 마디에서 다시 잎을 내고 뿌리를 내려서 번식하는 식물이므로, 그 과정에서 잎이 잘 떠 있으려고 공기주머니가 생긴 듯하다.

어쩌다가 줄기가 끊어져서 떨어진 무리는 물에 떠내려가다가 적당한 곳에 뿌리를 내리고 일가를 이루는 생명력이 강한 풀이다.

자라풀은 자라 '별(鼈)'자를 써서 '수별(水鼈)'이라고도 부른다. 우리 고전 중에 「별주부전」이라는 작자미상의 소설은 용궁에서 자라가 주부(注簿 : 고려시대

의 하급 문관 관직) 벼슬을 한 것으로 의인화한 이야기다.

별주부는 주색이 지나쳐서 죽을병에 걸린 용왕을 살리려고 토끼를 속여서 용궁으로 데려간 충직한 신하였다. 토끼는 간을 산속에 두고 왔다는 말로 죽을 고비를 넘긴다. 뭍으로 올라온 토끼가 간을 빼고 다니는 놈이 어디 있냐며 별주부를 조롱하고 산속으로 도망쳤다는 이야기는 어릴 적부터 들어온 별주부전이었다.

그 후에 알게 된 별주부전의 다른 판본에는 토끼가 용왕과 별주부의 딱한 처지를 생각해서 간 대신 똥을 줘서 자라를 돌려보냈다는 뒷얘기가 있었다. 용왕은 토끼똥을 먹고 병이 나아서 토끼에게 치하하고, 별주부와 화해시키는 극적인 해피엔딩이었다. 용서와 화해가 아쉬운 이 시대에 모두가 행복해지는 길을 찾은 이 이야기는 감동적이었다. 작은 짐승인 토끼도 이렇게 큰 아량을 베푸는데, 하느님의 모습으로 창조되었다는 사람이 무얼 못하겠는가?

가끔 무리에서 떨어져 강물에 흘러가는 자라풀을 본다. 하얀 꽃을 피운 자라풀이 천천히 떠내려가는 모습에서 하얀 토끼를 등에 업고 가는 별주부의 모습이 겹쳐진다.

연못에 작은 우주를 만드는 검정말

검정말 *Hydrilla verticillata* (L. f.) Royle

연못이나 개울물속에 사는 자라풀과의 여러해살이수초. 8~10월 개화. 암수딴그루 식물로 암꽃의 지름은 1mm 정도이며 수꽃이 약간 작다. 어항의 수초로 쓰인다.

검정말 꽃이 필 무렵 연못은 작은 우주가 된다. 물 위에 하얗게 떠다니는 꽃과 꽃가루들은 밤하늘의 별이다. 밝고 큰 별은 암꽃이고 수꽃은 작은 별이다. 그리고 수많은 꽃가루들이 은하수처럼 흐른다.

검정말의 꽃은 맨눈으로는 물 위에 떠 있는 먼지처럼 보이더니, 마이크로렌즈로 찍어서 확대하고 나서야 꽃인 줄 알았다. 그 작은 꽃들에서는 신비로운 진줏빛이 감돌았다. 작은 꽃이지만 몇 개의 수술과 세 갈래로 갈라진 암술까지 있었다. 300여 년 전에 린네가 이런 미세한 꽃의 구조를 제대로 관찰했는지는 의문이다. 왜냐하면, 그는 은화식물(隱花植物)이라는 용어를 처음 쓰면서, 수술 암술의 구분이 없고 포자로 번식하는 식물이라고 정의했다. 그리고 그는 '말(藻類)'을 양치류 등과 함께 은화식물로 분류했기 때문이다.

그 후에 프랑스 식물학자 브로냐르는 은화식물의 상대적인 개념으로 꽃을 피우는 식물을 현화식물(顯花植物)이라고 해서 식물계를 양분했다. 이 분류법

은 현대 분류학의 발달에 따라 몇 가지 모순점이 밝혀져서 '은화식물'의 개념은 퇴색되고 '현화식물'이라는 용어는 '종자식물'로 대체되었다. 어떤 자료나 서적에서 '은화식물'이나 '현화식물'이라는 용어가 나오면 그 발간 시기나 출처를 확인해볼 필요가 있다.

검정말은 여느 꽃처럼 열매를 만드는 '종자식물'이다. 때가 되면 줄기가 수면에 닿아서 물 위에 암꽃을 피우고, 수꽃은 물속줄기의 겨드랑이에서 피어서 물 위로 올라와 떠다니다가 암꽃을 만나 꽃가루를 전해준다.

사람과 사람의 만남도 이와 다르지 않다. 꽃과 꽃의 만남이나 사람과 사람의 만남, 그리고 새로운 생명의 탄생에는 우주적 섭리가 있다.

나사말
Vallisneria natans (Lour.) H. Hara
연못이나 물이 흐린 강가에 나는 자라풀과의 여러해살이수초. 암수딴그루 식물로 암꽃이 수분을 하고 나면 꽃줄기가 나사처럼 꼬인다. 수꽃은 물속에 있다가 암꽃이 피면 꽃가루를 물 위로 보낸다.
©황재현

기적을 보여주는 핫도그 부들

부들 *Typha orientalis* C. Presl
개울가나 연못에 나는 부들과의 여러해살이풀. 높이 1~1.5m. 7~8월 개화. 원기둥 모양의 암꽃이삭(길이 6~10cm)이 줄기 끝에 달리고, 그 위에 길이 3~5cm의 수꽃이삭이 달리며 서로 붙어 있다. 꽃가루는 약용한다.
[이명] 좀부들

부들을 처음 보았을 때 핫도그가 먼저 연상되었다. 나중에 알고 보니 핫도그처럼 보이던 것은 부들의 암꽃 35만 개가 뭉쳐있는 덩어리였다. 부들의 수꽃은 암꽃 위로 솟아오른 꼬챙이에 지저분하게 붙어 있다. 이 가루가 다른 암꽃으로 바람에 날려가서 수분이 된다. 수꽃이 피어 있을 때는 자신의 암꽃은 아직 성숙하지 않아서 제꽃가루받이가 될 염려는 없다.

아무튼 저마다 35만 개의 암꽃을 수분해 줄 책임이 있는 수꽃은 확률적으로 백 배, 천 배가 넘는 수의 꽃가루를 만들어야 한다. 멋대로 날려가서 암꽃에 닿지 못하는 꽃가루가 훨씬 많기 때문이다. 작은 연못에 100포기의 부들이 자란다고 하면 그것은 3,500만 개의 암꽃이 핀다는 의미이다. 그리고 그 작은 연못 위에는 수억, 수십억 개의 꽃가루가 떠다닌다. 수십억 꽃가루 중의 한 개가 3,500만 개의 암꽃 중 하나를 만나 씨앗이 되는 일은 기적이다. 수천만 개의 씨앗 중에 제자리를 잡아 다시 부들로 싹 틔우는 것은 만 개 중에 하나가 될까 말까 하니 그 역시 기적이 아닐 수 없다.

부들은 그 이름의 느낌이나 외모처럼 부드럽지는 않다. 핫도그를 만져보면 메마른 빵처럼 가볍고 단단하다. 씨앗이 여물면 핫도그가 산발한 귀신처럼 해

체된다. 새 생명을 위하여 자신을 갈갈이 찢어내는 모습은 처참하다. 35만 개의 씨앗들이 바람에 날려 연기처럼 흩어진다. 우리가 살고 있는 자연은 이렇게 생명의 기운으로 가득하다. 대기에는 산소와 질소뿐만 아니라 수십만 종의 꽃가루도 있다. 우리는 늘 기적을 호흡하고 보고 듣고 만난다.

수백만 종의 생물 중에 사람으로 태어난 것도 기적이다. 한 송이 꽃을 만나는 것은 기적을 만나는 것이고 사람과 사람의 만남도 기적과 기적의 만남이다.

애기부들
Typha angustifolia L.
강가나 연못, 습지에 나는 여러해살이풀. 높이 1.5~2m. 6~7월 개화. 꽃이삭이 부들보다 가늘고 긴 편이다. 수꽃이삭이 암꽃이삭 위로 2~6cm 떨어져 있다. 수꽃이삭 길이 10~30cm, 암꽃이삭은 6~20cm. 꽃가루는 약용한다(신경통, 지혈, 이뇨제). [이명] 좀부들

물을 맑게 하는 식물 이삭물수세미

이삭물수세미 *Myriophyllum spicatum* L.

연못이나 논의 고랑에 나는 개미탑과의 여러해살이수초. 물의 깊이에 따라 크기가 다르며, 길이 1m 이상 자라는 것도 있다. 6~10월 개화. 물 위 줄기 끝에 수꽃은 위쪽, 암꽃은 아래쪽에 달린다. 어항용 수초로 쓰인다.

[이명] 붕어마름

작은 텃밭이 있는 집에서 살았던 몇 년 동안 수세미를 길러서 이웃에게 나누어 주곤 했었다. 수세미 덩굴이 완전히 마르는 늦가을까지 그냥 두었다가 마른 껍질을 벗겨내고 절반을 뚝 잘라서 씨앗을 툭툭 털어내면 바로 훌륭한 수세미가 되니 그보다 쉽고 쓸모 있고 부담 없는 선물이 또 어디 있으랴 싶다.

오늘날 과학 기술이 발달해서 좋은 소재들이 많이 나왔어도 자연이 만든 수세미만큼 좋은 수세미를 보지 못했다. 자연 수세미는 어떤 화학 섬유보다도 질기면서도 부드럽고 그릇을 닦는 느낌과 손에 잡는 느낌이 좋다. 잘 자란 수세미 두어 개를 몇 토막으로 나누어 쓰면 식구가 단출한 집에서는 일 년 동안 넉넉히 쓸 수 있다. 수세미의 해면 조직은 적절하게 성기어서 때가 잘 빠지고 잘 마르기도 해서 오래 써도 새것처럼 색이 밝고 위생적이다.

개미탑과의 수생식물인 물수세미와 이삭물수세미는 그릇을 닦는 박과의 수세미와는 전혀 다른 식물이다. 이들 물수세미류의 식물은 젖병 닦는 솔 모양인

데, 이름만 수세미일 뿐 수세미로 쓸 만큼 질기지 못하다. 그러나 이들은 좋은 수질정화식물이니 진정한 물수세미다. 수세미는 때를 묻히거나 흡수하지 않으면 그릇을 깨끗하게 하거나 물을 정화할 수 없다. 맑고 사심 없는 분들도 질시와 험담을 받는 일이 있다. 나라의 큰 어른으로서 만백성의 존경을 받았던 분들에게도 소인배들은 그들의 이해관계에 따라 비난을 퍼붓곤 한다.

별별 사람들이 사는 세상에서 이런 저런 소리를 듣기 싫어서 말과 행동을 아끼는 사람들이 많을수록 세상은 혼탁하다. 제 몸에 때 묻는 것을 마다하지 않는 작은 수세미들은 망설임이 많아지는 나이에 용기를 주는 큰 스승이다. 수세미들은 제 몸에 아무리 때를 묻혀도 늘 깨끗하다.

물수세미
Myriophyllum verticillatum L.
연못에 나는 여러해살이수초. 큰 것은 길이가 50cm에 달한다. 물속의 진흙 속으로 뿌리줄기를 뻗는다. 5~7월 개화. 줄기 위에 수꽃, 밑에는 암꽃이 달린다. 어항용 수초로 쓰인다.
[이명] 붕어풀, 금붕어풀

알고 보면 대단한 식물 가래

가래 *Potamogeton distinctus* A. Benn.

논이나 얕은 연못에 사는 가래과의 여러해살이 물풀. 물 밑 진흙 속의 뿌리줄기로부터 가느다란 줄기가 60cm까지 자란다. 7~8월 개화. 생선, 육류로 인한 식중독 해독제로 쓴다. [이명] 긴잎가래

사전을 찾아보면 '가래'라는 낱말에는 여러가지 뜻이 있다. 흙을 뜨는 농기구인 가래, 엿이나 떡처럼 긴 것을 세는 단위, 목에서 나오는 가래, 가래나무의 열매, 물풀 이름 가래 등이다. 앞의 네 가지 가래들은 '가'가 짧게 발음되는 낱말이고, 물에 사는 식물, 가래는 '가:래'로 길게 발음한다. 그러므로 식물명으로서의 '가래'는 어떤 사물의 모양에서 차용해온 이름이라기보다는 고유의 이름으로 보인다.

가래의 학명 '*Potamogeton distinctus*'를 풀어 보면, '물과 가까우며 갈라져 있는' 식물이라는 뜻이다. 갈라지다는 뜻의 'distinctus'는 가느다란 잎자루가 물속에 잠겨서 잘 보이지 않으므로 물 위에는 잎들만 서로 떨어져 있는 듯 보이기 때문에 나온 이름이 아닐까 추측을 해보았다. 그렇다면 '가래'도 '갈라지다'에서 나왔을지도 모르겠다.

가래는 '안자채'(眼子菜)라고도 한 모양이다. 眼子菜는 눈 모양의 나물이라는 뜻이니 가래의 잎이 눈 모양을 닮은 데서 나온 이름인 듯하다. 가래는 물 위에 있는 잎과 물속에 있는 잎의 모양이 다르다. 물 위에 뜨는 잎은 크게 뜬 눈 모양으로 폭이 넓고, 물속에 잠긴 잎은 눈을 가늘게 뜬 것처럼 좁다. '안자채'라는 옛 이름에 나물 '채'(菜)자가 들어 있으나 나물로 먹었다는 기록은 없고, 줄기와 잎을 말려서 가루로 만들어 생선이나 육류로 인한 식중독의 해독제로 썼다는 기록이 전해진다.

가래는 논이나 수로에서 잘 자라는 잡초에 속한다. 가래가 번져서 논을 덮으면 수온이 낮아져서 벼가 잘 자라지 못한다. 가래는 번식력이 왕성하고 생명력이 질겨서 없애기도 어려운 풀이다. 트랙터가 지나가서 줄기가 잘라져도 잘린 줄기마다 뿌리를 내린다.

가래는 잎들만 물 위에 떠있는 듯 단순하게 보이지만 한여름에 막대기 모양의 꽃대를 세워서 연두색의 작은 꽃을 피운다. 꽃잎은 없고 꽃가루주머니가 날개 모양으로 변해 꽃잎처럼 보인다. 하잘 것 없이 보이는 식물도 알고 보면 참 대단하다.

부평초 개구리밥 앞에서…

개구리밥 *Spirodela polyrhiza* (L.) Sch.

논이나 연못의 물 위에 떠서 산다. 엽상체의 길이 5~8mm, 나비 4~6mm. 앞면은 녹색으로 광택이 있고 뒷면은 자주색이다. 엽상체의 뒷면 가운데에서 가는 뿌리가 5~11개 나오고, 그 옆에서 새로운 싹이 나온다. 꽃은 흰색으로 7~8월에 드물게 피며, 작아서 보기 어렵다. 가을에 작은 겨울눈을 만들어 물속에 가라앉아 겨울을 나고, 이듬해 봄에 다시 물 위로 떠올라서 번식한다. [이명] 머구리밥, 부평초

개구리밥은 개구리가 아니라 올챙이가 먹는 밥이다. 올챙이가 이 밥을 먹고 개구리가 되면, 올챙이시절은 까맣게 잊고 파리나 작은 물고기를 잡아먹고 산다.

개구리밥은 자잘한 잎 모양, 즉 엽상체에 달린 뿌리 옆에서 새로운 싹을 내어 새 엽상체가 되고 이들이 모체로부터 떨어져 나가 독립한다.

수온이 높고 조건이 좋으면 개구리밥은 100일에 400만 배까지 늘어난다. 이는 대강 4~5일에 두 배로 늘어나는 번식 속도라서 개구리밥 하나가 석 달 만에 논 한 마지기만큼 늘어나게 된다.

©손광민

개구리밥은 예로부터 여러가지 피부질환에 약으로 써 왔는데, 요즘은 치료하기가 어렵다는 아토피피부염에 좋다고 난리들이다. 이런 효능들이 검증이 되고 정확한 용법이 알려져서 많은 사람들의 고통과 어려움이 해결되었으면 좋겠다.

개구리밥의 옛 이름은 부평(浮萍) 또는 부평초(浮萍草)였다. 뿌리를 내리지 못하고 물에 떠 있는 풀이라는 뜻의 이름이다. 한곳에 정착하지 못하고 떠도는 삶을 흔히 부평초에 비유한다. '부평초 신세'라는 말은 타인이 그렇게 말하기보다는 스스로 자기의 가여운 처지를 자조할 때 주로 쓴다.

어느 시대 어느 세상에나 그런 사람들이 있어 왔지만 나라가 개인의 삶을 지켜줄 힘이 없으면 부평초 인생은 개구리밥이 번지는 것처럼 온 나라를 뒤덮게 된다. 부평초의 삶은 나라를 빼앗겼을 때나 전쟁에 휘말렸을 때 일상의 삶과 가족과 마을이 산산이 부서지면서 시작된다. 19세기 말부터 세계사의 탁류에 힘없이 휩쓸렸던 이 나라에서는 그로부터 반백 년 동안 수많은 백성이 부평초의 삶으로 내몰렸다. 사람들도 개구리 닮았는지 올챙이 시절을 까맣게 잊고 있다. 역사의 아픔을 까맣게 잊고 사는 요즘 세태가 왠지 불안하다.

올챙이솔
Blyxa japonica (Miq.) Maxim. ex Asch. & Gurk.
논이나 연못에 나는 자라풀과의 한해살이 수초. 뿌리줄기는 5~25cm. 옆으로 자라 윗부분이 2갈래씩 갈라진다. 7~10월 개화. 꽃은 잎겨드랑이에 한 송이씩 달리고 꽃자루가 없다.
©박명숙

05 바닷가에 피는 꽃

바닷가에 사는 식물들은 서로 닮은 곳이 많다.
모양과 크기는 달라도 대체로 잎이 두텁고 거칠다.
물기가 부족한 바닷가 모래땅이나 바위에서
종일 바닷바람을 받으면 그렇게 되는 모양이다.
강렬한 태양 아래서 수분을 보존하려고
잎 표면을 매끈하게 코팅해 놓은 식물들도 많다.
뿌리는 깊고 단단하다.
믿지 못할 모래땅에서 제자리를 빼앗기지 않으면서
수분을 빨아올리려면 깊게 뿌리를 내려야 한다.
모래땅이 불안해서 바위에 뿌리박은 식물들도 많다.
볕은 좋으나 바람이 세차게 부는 바닷가에서는
키가 크게 자라려고 애쓸 까닭이 없다.

©박해정

해국

떠나 보낼 때는 여인이었다가
기다릴 때는 망부석이었다가
산산히 부스러져 꽃이 되었다.

그리움이 절절하면
바위도 꽃이 되는가.

해국 *Aster sphathulifolius* Maxim.

바닷가 암석지대에 자라는 국화과의 반목본성 여러해살이풀. 높이 30cm 정도. 잎이 두텁고 전체에 부드러운 털이 밀생한다. 9~10월 개화. [이명] 왕해국, 흰해국

등대풀에서 잃어버린 등잔을 찾다

등대풀 *Euphorbia helioscopia* L.
바닷가 모래땅이나 들에 나는 대극과의 두해살이풀. 높이 30cm까지 자라며 자르면 흰 유액이 나온다. 4~5월 개화. 유독식물이지만 약용으로 쓴다. [이명] 등대대극, 등대초

신라시대의 등잔 모양 토기

등대풀하면 누구나 바닷가의 등대를 떠올릴 것이다. 인터넷에서 등대풀에 관한 정보를 검색해보아도 '밝은 색의 꽃이 바다를 보고 피어서 등대를 닮았다.'든가 '바닷가의 등대 옆에서 잘 자란다.'든가 하는 이야기가 많다. 그렇지만 나는 등대풀 옆에서 하루 종일 앉아 있어 보아도 뱃길을 밝히는 등대까지는 도무지 생각이 닿지 않았다. 등대는 주로 바닷가의 높은 절벽 끝에 서 있고 등대풀은 낮은 지역의 풀밭에서 자라므로, '등대 옆에서 이 풀이 잘 자란다.'는 명제도 사실이 아니다.

그런데 이 등대풀을 보면 볼수록 어디서 많이 본 듯한 친근감이 드는 건 무슨 까닭이었을까? 기회 있을 때마다 우리나라의 큰 박물관들과 등대박물관 같은 곳들을 둘러본 끝에 삼국시대의 등잔 모양에서 이 이름에 대한 희미한 실마리가 보일 듯했다.

정작 후련한 답은 뜻밖에 가까운 곳에 있었다. 늘 옆에 두고 있는 『한국 식물명의 유래』라는 책에 '등대풀'은 '일명'(日名)에서 유래되었다고 나와 있었던 것이다. '등대풀'의 일본명은 '등대초'(燈臺草, とうだいくさ)다. 일본어사전을 찾아보니 '등대'는 뱃길을 밝히는 '등대'와 '등잔받침대'라는 두 가지의 뜻으로 나와 있었다. 우리말사전의 뜻풀이도 일본어사전과 같았다. 다만 언어 습관 때문에 우리나라에서는 '등잔'이라고 하고 일본에서는 '등대'(燈臺, とうだい)라고 부르는 것이다.

예컨대 우리 속담에 "등잔 밑이 어둡다"라고 하는 것을 일본 속담으로는 "등대 밑이 어둡다"라고 한다는 말이다. 옆에 있는 책 속에 답이 있는 것을 수천 리를 돌아오다니, "등잔 밑이 어둡다"는 말은 바로 나를 두고 하는 말이었다.

이 풀의 이름은 '등잔풀'이라 해야 마땅하다. 그래야 이 풀을 보고 바다의 등대와 엮어보려는 어설픈 상상을 하는 대신에 수천 년 전 우리의 아름다운 토기 등잔을 생각하지 않겠는가. 이런 풀이름의 유래를 알아볼 때마다 삼천리 산천 초목마저 일제강점기를 거친 것 같아 가슴이 아프다.

바람만이 알고 있는 갯완두의 역사

갯완두 *Lathyrus japonicus* Willd.

바닷가의 모래땅에 나는 콩과의 여러해살이풀. 땅속줄기가 발달하였으며 땅위줄기는 60cm 정도 뻗는다. 5~6월 개화. 바닷가의 모래 유실을 막아주는 식물이다.

브리태니커 백과사전에는 갯완두를 '해변의 모래나 자갈밭에서 제멋대로 기어 다니며(sprawling) 자라는 식물'이라고 설명하고 있다. 이 '제멋대로 기어 다니는' 자유는 아무나 누릴 수 있는 특권이 아니다. 한적한 바닷가에서 살아가는 것이 그리 대수롭지 않은 것도 같지만 바닷가의 모래밭은 염분이 많고 메마른데다가 영양분도 없는 곳이다.

식물들은 온도, 수분, 일조량, 토양 등이 허용하는 생존의 한계 안에서 사는데, 이 일반적인 한계를 넘는 환경에서 사는 식물들은 '제멋대로'의 특권을 누린다. 갯완두는 사람으로 치자면 사막의 베두윈족처럼 생존의 극한에서 자유롭게 살아가는 식물이다. 'Freedom is not free'라는 말대로 자유는 공짜가 아니다. 갯완두의 몸에는 수십만 년 전인지 수백만 년 전인지는 모르겠지만 '언젠가 자유를 찾아 내륙에서 바닷가로 나왔을 것'이라는 단서가 있다. 잎줄기 끝에 있는

손목시계 바늘 같은 덩굴손이 바로 그것이다.

어떤 덩굴손은 분침과 초침처럼 두 갈래로 갈라져 있기도 하고, 어떤 것은 단 하나의 초침만을 가지고 있으며, 어떤 것은 덩굴손처럼 꼬부라져 있기도 하다. 바닷가에는 덩굴손으로 감을만한 주변 식물도 별로 없거니와 모래땅을 기면서 줄기를 뻗어 나가기만 하면 된다. 그렇다면 갯완두의 덩굴손은 지금도 퇴화가 진행 중인지도 모른다.

나는 갯완두 잎줄기 끝에 남은 가느다란 시계 바늘에서 수백만 년을 이어온 장엄한 자연사의 한 대목을 읽는 듯하였다.

푸른 바닷가 하얀 모래밭에 핀 갯완두의 무리를 보노라면 1960년대에 밥 딜런(Bob Dylan)이나 존 바에즈(Joan Baez)가 불렀던 노래, '바람에게 물어봐(Blowing In The Wind)'의 가사가 생각난다.

"얼마나 많은 세월이 흘러야 높은 산이 씻겨 내려 바다로 사라질까. 얼마나 많은 세월이 흘러야 사람들은 진정한 자유를 얻을까…. 친구야, 그건 바람에게 물어봐. 바람은 알고 있을 거야."

사철쑥에 기생하는 초종용

초종용 *Orobanche coerulescens* Stephan

바닷가 모래땅에 나는 열당과의 여러해살이 기생식물. 높이 10~30cm. 사철쑥의 뿌리에 기생한다. 5~6월 개화. 원줄기는 약용(강장, 강정제)한다. 보통 꽃잎에 흰무늬가 없으나 흰무늬를 띠는 군락도 드물게 있다.
[이명] 갯더부살이, 사철쑥더부살이, 쑥더부살이, 열당 * 멸종위기종 2급

초종용은 사철쑥의 뿌리에 기생하는 식물이다. 사철쑥은 바닷가나 냇가의 모래땅에 흔한 풀이고, 간경화나 간암 등에 좋다고 알려진 약초이다. 초종용은 좋은 약초의 진수를 빨아먹어서 그런지 예로부터 귀한 약재로 여겨졌다. '갯더부살이'나 '사철쑥더부살이'라는 우리말 이름을 두고 뜻도 잘 모를 '초종용'(草蓯蓉)이라는 이름을 쓰는 까닭은 한약재 이름으로 수백 년 동안 써내려 왔기 때문일 게다.

초종용은 모래색 줄기에 보라색 꽃을 달고 있을 뿐, 잎이 없고 어느 구석에도 초록색이 없다. 이와 같은 기생식물은 광합성, 즉 노동을 하지 않고 다른 식물에 붙어 양분을 가로채서 살아간다.

초종용과 아주 비슷한 백양더부살이라는 식물이 있다. 백양사 부근에서 처

음 발견되어서 이름에 '백양'이 붙었으나 제주도에서도 발견되고 있다. 그리고 두메오리나무에 기생하는 오리나무더부살이가 있고, 울릉도에는 너도밤나무의 뿌리에 기생하는 개종용이 있다. 개종용의 다른 이름은 '산더부살이'다.

이렇게 모든 기생식물의 이름에 '더부살이'가 들어가다 보니 자칫 더부살이는 기생(寄生)이라는 등식으로 인식될까 염려가 된다. '더부살이'라는 말에는 남에게 얹혀산다는 뜻도 있지만, 원래의 의미는 남의 집에서 먹고 자면서 일을 하며 그 대가로 삯을 받는 일이나 사람을 뜻하는 말이다. '더부살이'는 기생(寄生)한다는 의미보다는 더불어 사는 인간적인 상호관계의 의미가 더 큰 말이다.

반세기 전만하더라도 집집마다 보통 머슴 한둘이 있었다. 그 무렵에는 형편이 넉넉해서 머슴과 식모를 둔 집보다는 오갈 데 없는 불쌍한 사람을 더부살이로 데리고 산 경우가 많았고, 주종관계가 없지는 않았으나 가족 같은 정이 더 깊었다. 요즘은 기생식물의 이름에나 '더부살이'가 남아 있다 보니, 어려운 사람을 보살피던 원래의 의미가 많이 퇴색된 듯하다.

백양더부살이

Orobanche filicicola Nakai

초종용과 비슷하나 아래 꽃잎에 흰 줄무늬가 있다. 초종용은 사철쑥에, 백양더부살이는 쑥에 기생한다. 한국 특산식물. 전북 정읍, 제주도 대정읍 일대에 자생한다. [이명] 쑥더부사리

가지더부살이

Phacellanthus tubiflorus Siebold & Zucc.

숲 속의 나무 뿌리에 나는 여러해살이 기생식물. 높이 5~10cm. 전체가 흰색 또는 연한 노란색으로 원줄기는 작은 비늘조각으로 덮여 있다. 6~7월 개화. 줄기 끝에 5~10송이씩 뭉쳐난다.
[이명] 노랑더부살이, 황통화
ⓒ백태순

개종용

Lathraea japonica Miq.

산지의 숲에 나는 현삼과의 여러해살이 기생식물. 높이 10~20cm. 전체가 백색으로 약간 갈자색을 띤다. 4~5월 개화. 울릉도, 제천 등지에 자생한다.
[이명] 산더부살이(북한명)
*열당과로 분류한 자료도 있으나 국가표준식물목록을 기준으로 하였다.

모호한 경계에 사는 갯개미자리

갯개미자리 *Spergularia marina* (L.) Griseb.

바닷가 갯벌이나 간척지에 자라는 석죽과의 한해 또는 두해살이풀. 높이 10~20cm. 잎은 가늘고 도톰한 솔잎처럼 생기고 길이 3cm 정도다. 5~8월 개화. 꽃의 지름은 4mm 정도이며 가운데 부분이 흰색이다. 수술은 5개, 암술머리는 세 갈래로 갈라진다. [이명] 개미바늘(북한명), 나도별꽃, 바늘별꽃

갯개미자리는 바닷가에서 별처럼 생긴 꽃을 피운다. 분홍빛 화사한 꽃이 거무스레한 갯벌에 핀 모습을 보면 파티복을 입고 어시장에 간 귀부인처럼 어울리지 않는다. 갯벌에 피는 꽃이라고 하기에는 너무 곱상한 꽃을 피우는 갯개미자리를 막상 찾아 나서 보면 만나기가 쉽지 않다. 이 풀은 키가 작아서 다른 갯벌 식물들처럼 바닷물 가까이에는 없고, 육지 쪽으로는 육상식물에게 치여서 어정쩡한 지대에 살기 때문이다.

바닷가에는 한 달에 대여섯 번만 물이 들어오는 묘한 땅이 있다. 밀물이 가장 높이 드는 사리 무렵에만 몇 시간씩 물에 잠기는 이런 땅은 뻘도 아니고 육지도 아닌 모호한 경계지대다. 개인적인 생각이지만 이런 곳은 수도권이나 충청권에서는 거의 매립을 해서 활용하기 때문에 찾아보기가 힘들다. 그런 연유로 갯개미자리는 사람들이 거의 찾지 않는 남도의 외진 바닷가에서나 우연히

ⓒ임성준

만나게 되는 식물이다.

야생의 식물들은 적극적으로 종자를 퍼트리며 공격적으로 영역을 넓혀가며 험난한 삶을 사는 편이지만, 갯개미자리는 모호한 중간지대에서 몸조심하며 성실하게 살아간다. 그런 땅은 조금만 비용을 투자하면 쓸만한 땅이 되기 때문에, 인간이 그 땅을 쓰게 되면 고스란히 멸종할 수밖에 없다.

무엇을 지키기만 하려 하면 언젠가 그것을 잃게 되는 것이 자연의 섭리다. 자연은 모든 생명체에게 끝없이 도전하고 모험하라라고 한다. 갯개미자리의 씨앗 중에 가끔 날개를 단 용감한 돌연변이가 발견된다고 한다. 먼 후일 그런 개체의 후손들만 살아남을 가능성이 많다.

유럽개미자리 *Spergularia rubra* J. Presl & C. Presl

갯개미자리와 아주 비슷하다. 갯개미자리는 꽃의 가운데가 흰색인데 비해, 유럽개미자리는 전체적으로 분홍색이다. 꽃잎은 갯개미자리보다 끝이 동그스럼하여 계란 모양에 가깝다. 갯개미자리의 수술은 5개, 유럽개미자리는 6~10개이다. [이명] 분홍개미자리

큰개미자리 *Sagina maxima* A. Gray

바닷가나 들의 양지에 나는 두해살이풀. 높이 10~25cm. 5~8월 개화. 개미자리는 수술이 10개이며, 큰개미자리는 5~10개로 불규칙하다.

[이명] 좀개미자리

사구식물 좀보리사초와 통보리사초

좀보리사초 *Carex pumila* Thunb.
바닷가 모래땅에 자라는 사초과의 여러해살이풀. 높이 10~15cm. 뿌리줄기는 길고, 줄기는 무디게 세모지고 단단하다. 5~6월 개화. 수꽃이삭은 줄기 위쪽에 1~3개 달리고 적갈색이며, 암꽃이삭은 줄기 옆에 1~2개 달리고, 보리이삭을 닮았다. [이명] 모래사초

사초(莎草)라고 불리는 식물들이 참 많다. 사초과 식물은 벼과 식물과 함께 지구를 장악한 대가족이다. '사초'라는 이름이 붙은 식물은 우리나라에도 130여 종이나 산다. 사초는 모래땅에 사는 풀이라는 뜻이다. 그 많은 종류의 사초들이 모두 모래땅에 살지는 않으므로 바닷가의 모래언덕에 사는 좀보리사초나 통보리사초야말로 사초다운 사초다.

바닷가 모래언덕, 즉 해안사구는 모래가 파도와 바람에 의해 육지와 바다를 순환하며 일정한 양이 유지되는 곳이다. 해안사구는 큰 파도를 모래 속으로 흡수하여 그 충격을 줄이고, 사구의 땅 밑에는 빗물 저장소를 만들어서 바닷물이 육지 지하수로 침투하는 것을 막아준다.

좀보리사초나 통보리사초는 다른 사구식물들과 어울려 바람에 날려가는 모래를 잡아서 사구를 지켜주는 파수꾼이다. 이들은 모래땅에 깊게 뿌리를 내려 단단하게 붙어 있다. 모래언덕은 사초의 터전이 되고 사초는 모래언덕을 지키는 것이다. 이 모래언덕은 파도와 모래바람으로부터 사람이 사는 마을과 농토를 지킨다. 인간은 이렇게 대지와 바람과 풀의 도움으로 살아간다. 이 해안사구에 제방과 도로를 만들면 모래의 순환이 끊긴다. 그러나 사람들은 황금알을

낳는 거위 배처럼 모래언덕을 갈라서 도로를 만들었다. 해풍에 육지로 날려간 해수욕장의 모래가 다시 돌아오지 못해 폐허가 된 해수욕장이 이미 많고, 해운대처럼 사람이 몰리는 해수욕장은 해마다 엄청난 양의 모래를 보충하고 있다.

2000년, 인디언 부족회의에서 채택한 '미국에 주는 성명서'에는 이런 구절이 있다.

"생명 가진 모든 것들을 존중할 때만이 그대들은 성장할 수 있다. 어머니 대지를 사랑하고 존중하기를 우리는 기도드린다. 대지는 인간 생존의 원천이다. (중략) 우리가 대지를 보살필 때 대지 또한 우리를 보살필 것이다. 서로 다른 것들이 평화롭게 공존할 수 있는 법을 배우게 되기를 우리는 기도드린다."

통보리사초
Carex kobomugi Ohwi
바닷가 모래땅에 무리지어 나는 여러해살이풀.
높이 15~20cm. 암수딴그루. 5~7월 개화.
[이명] 보리사초(북한명), 큰보리대가리

띠, 처녀지에 나부끼는 천사의 깃털

띠 *Imperata cylindrica* var. *koenigii* (Retz.) Pilg.

산기슭과 강가에 흔히 자라는 벼과의 여러해살이풀. 해안사구나 간척지에 대군락을 이룬다. 높이 30~120cm. 5~6월 개화. 지붕을 엮거나 수공예품의 재료로 쓰였다. [이명] 띄, 삘기, 삐비

시화호의 남쪽에는 끝이 아득한 평원이 있다. 갯벌을 방조제로 막아서 생긴 땅인데, 천만 평이 넘는 땅이 생기자 띠가 가장 먼저 싹을 틔웠다. 바다 생물들이 살던 갯벌을 말려 놓은 땅은 소금기가 허옇게 드러난 모래 토질의 처녀지다. 어떤 풀도 살기가 어려운 그 땅에 띠가 살고 있다.

그곳은 이 나라에서 대자연이라고 부를 만한 유일한 곳이다. 띠 이삭이 피는 유월, 그곳에는 은물결이 일렁인다. 그곳에서는 바람이 어떤 모습으로 지나가는지 보인다. 천사의 깃털인양 부드러운 하얀 이삭들이 물결치며 태초에 이 땅이 얼마나 아름다웠는지 보여주는 곳이다.

띠처럼 바람에 꽃가루를 날리는 식물들은 무리지어 산다. '띠'는 '떼'지어 살아서 '띠'가 되지 않았을까 상상은 해보지만, 내겐 '삘기'라는 이름이 훨씬 더 익숙하다. 계절이 무르익어 띠의 이삭 줄기 끝에 통통하게 살이 오르면 촉촉하고

달짝지근한 삘기를 빼먹던 시절이 있었다. 그 맛은 지금 아이들이 먹는 과자에 비하면 달다고 할 수 없을 정도로 밋밋한 맛이었다. 그 시절 아이들은 자연이 주는 당분을 섭취했다. 봄에는 찔레순, 뱀딸기, 소나무순에 단맛이 올랐다. 그 맛은 추억과 버무려져서 더 달콤하게 남아 있다.

요즘은 웬만한 시골 아이들조차 어린이집, 학원, PC방… 이런 곳에서 비싼 비용으로 바쁜 하루를 보낸다. 부모들은 그 비용을 대느라 제 아이는 남의 손에 맡기고 삶의 본질과 거리가 먼 일에 시간과 노동을 바치고 있다.

나의 유년은 산과 냇가, 동네 골목이 놀이터였고 돈이 없어도 나무와 풀들이 맛있는 것을 주었다. 요즘 세태를 보면 나는 천국에서 살았다는 생각이 든다.

천사의 깃털 같은 띠가 물결치는 그 처녀의 땅, 끝없는 초원 가운데에서 가끔 전라(全裸)의 여인을 만났었다. 그곳에 태초의 이브로 돌아가고 싶은 여심이 있었다.

안쓰러운 이름 바위채송화와 땅채송화

바위채송화 *Sedum polytrichoides* Hemsl.

해발 700m 이상의 높은 산에 나는 돌나물과의 여러해살이풀. 높이 7cm 가량. 잎은 도톰하고 뾰족하며 길이는 1.5cm 가량. 7~9월 개화. 어린순은 식용한다. [이명] 개돌나물, 대마채송화

아들 녀석이 중학교에 다닐 무렵에 있었던 일이다. 지금은 기억조차 할 수 없는 사소한 잘못을 저질러서 '나를 아버지라 부르지 마라'며 농담 삼아 핀잔을 주었더니, 그때부터 이 녀석이 '아비를 아비라 부르지 못하고….' 하는 홍길동전의 한 대목을 입에 달고 다니며 복수(?)를 했다. '아비를 아비라 부르지 못하고…'라는 유명한 대목은 첩의 자식이었던 홍길동의 설움을 잘 나타낸 구절이다.

우리 꽃 이름에도 이런 서러운 이름이 있으니, '바위채송화'와 '땅채송화'가 바로 그것이다. 식물 분류계통으로 보면 이들은 돌나물(*Sedum*) 집안의 풀인데, 쇠비름(*Portulaca*) 집안의 외래종인 '채송화'의 이름을 쓰고 있다. 쉽게 말하자면 아버지와 형제가 엄연히 A씨인데, B씨 집안의 족보에 올라 있는 어처구니없는 경우다.

성은 그렇다 치고, 이름 또한 함부로 붙였다는 느낌이 든다. 돌나물속 식물 대부분이 바위에 붙어살므로 '바위채송화'라는 이름은 돼지를 '네발돼지'라고

부르는 것만큼이나 무의미한 이름이다. '땅채송화'라는 이름은 더욱 이 식물의 정체성을 모호하게 한다. 갯바위에 사는 식물을 '땅채송화'라고 부르는 것은 '미역'을 '야채'라고 부르는 것과 별로 다르지 않다.

더욱이 안타까운 일은 이 이름들이 예로부터 전해온 것이 아니라, 근세에 남미 원산의 채송화가 도입된 이후에 붙여진 이름이고, 기껏해야 광복 이후에 이름을 지은 근거가 있기 때문이다. 이 자그마한 풀꽃들에게 조금이라도 올바른 이름을 찾아주자면, '바위채송화'는 꽤 높은 산에 살므로 '산돌나물'로, '땅채송화'는 바닷가 갯바위에 붙어살므로 '갯돌나물'로 불러야 옳다.

그런데 학계에서는 금과옥조로 여기는 '선취권'이 있어서, 부를 때마다 거북하고 이치에 맞지 않는 식물의 이름을 고치는 일이 헌법 개정보다 더 어려운 듯하다. '아비를 아비라 부르지 못하는' '바위채송화'와 '땅채송화'가 늘 안쓰럽다.

땅채송화 *Sedum oryzifolium* Makino
바닷가 갯바위에 붙어 자라는 돌나물과의 여러해살이풀.
높이 7~12cm. 잎은 원기둥처럼 도톰하고 길이는 3~6mm 가량. 5~7월 개화. [이명] 제주기린초, 갯채송화

돌나물

Sedum sarmentosum Bunge

산지와 들에 나는 여러해살이풀. 높이 15cm 가량. 줄기는 땅 위로 뻗어가며, 각 마디에서 뿌리가 나고, 꽃줄기는 곧게 선다. 잎은 보통 3장씩 돌려난다. 5~6월 개화. 어린순은 식용한다.

[이명] 돈나물(돈나물), 석상채(石上菜)

©박명숙

말똥비름

Sedum bulbiferum Makino

들이나 논 사이에 나는 두해살이풀.

높이 10~20cm. 원 줄기 밑부분이 옆으로 뻗으면서 마디에서 뿌리가 나온다. 6~8월 개화.

[이명] 싹눈돌나물, 알돌나물, 알돌나물아재비

기린초

Sedum kamtschaticum Fisch. & Mey.

산의 바위에 나는 여러해살이풀. 높이 10~30cm. 줄기가 뭉쳐나며, 잎은 어긋나고, 가장자리에 둔한 톱니가 있다. 6~7월 개화. 어린잎은 식용한다.

[이명] 각시기린초, 넓은잎기린초

애기기린초

Sedum middendorffianum Maxim.

높은 산의 바위에 나는 여러해살이풀. 높이 20cm 가량. 겨울 동안 길이 10cm 가량 밑동이 살아남아 싹을 낸다. 6~8월 개화. 기린초에 비해 꽃의 크기가 작다.

[이명] 각시기린초, 버들기린초, 버들잎기린초

아름다움의 덫에 걸린 갯패랭이꽃

갯패랭이꽃 *Dianthus japonicus* Thunb.
바닷가 갯바위에 나는 석죽과의 여러해살이풀. 높이 20~50cm. 줄기는 원기둥 모양으로 곧게 서고 타원형의 잎이 마주난다. 7~8월 개화. 꽃이 아름다워서 관상용으로 가꾸어진다.

요즘에는 '동물학대'도 사회적 이슈가 된다. 사람이 살만한 세상이 되니까 동물의 권리까지 생각하는 모양이다. '동물학대'를 문제 삼는 풍조는 동물의 기본권 배려보다는 그것을 보는 사람의 마음이 다칠까 하는 염려가 더 큰 듯하다.

동물은 고통스러울 때 최소한의 의사표현을 하거나 움직이기라도 할 수 있지만 식물은 표현할 방법이 없으니 동물보다 훨씬 딱한 처지에 있다. 물론 식물도 무언가 맞지 않으면 시들고 초췌해지고 백방으로 살 길을 찾겠지만 그것을 사람이 알아챌 때는 이미 극한 상황에 처해 있을 때이다.

학대받는 듯한 식물 중에 눈에 흔히 띄는 것이 돌단풍이다. 깊은 계곡 맑은 물가의 바위에 사는 식물을 캐다가 수택의 정원석 틈새에 꽂아 놓은 것을 가끔 본다. 이런 돌단풍은 주인이 주는 물로 마지못해 사는 듯하다.

©박경옥

몇 해 전에 어느 국도변에 심어진 갯패랭이꽃들을 보았다. 바닷가에서 살던 풀이 낯설고 물 설은 곳에 와서 자동차 매연과 먼지를 뒤집어쓰고 참 고생한다는 생각이 들었다. 아니나 다를까 함께 꽃을 피우고 있던 루드베키아나 코스모스들은 몇 년 후에도 잘 살고 있었으나 그 길에서 갯패랭이는 보지 못했다. 부산 근교나 제주도의 바닷가 갯바위에 가면 가슴속까지 확 트이는 푸른 바다를 배경으로 아름다운 꽃을 피운 갯패랭이꽃을 만날 수 있다. 그가 있어야 할 자리에 있어야 꽃도 편안하고 보는 사람의 마음도 평화롭다.

패랭이꽃의 이름은 옛날에 신분이 낮은 계층 사람들이 쓰던 모자인 패랭이를 닮은 데서 유래되었다고 한다. 들녘에 핀 패랭이꽃은 가냘프고 작은 꽃이지만 맑은 분홍색으로 하여 초원에서 단연 돋보이는 꽃이다.

갯패랭이꽃은 보통 패랭이꽃들보다 꽃이 크고 풍성해서 도시나 도로변의 화단에 심어져 힘들게 살아가고 있다. 세월이 흐르면 '식물학대 금지법'도 나오려나….

패랭이꽃

Dianthus chinensis L.

들에 나는 석죽과의 여러해살이풀. 높이 30cm 가량. 전초는 흰 가루가 덮인 것 같은 녹색을 띠고, 줄기가 빽빽이 나며 가지가 갈라진다. 6~8월 개화. [이명] 석죽, 패랭이, 꽃패랭이꽃

수염패랭이꽃

Dianthus barbatus var. *asiaticus* Nakai

산지나 습지에 나는 여러해살이풀.
높이 30~60cm. 줄기가 네모지며 잎은 넓은 타원형이고 끝은 뾰족하다. 6~8월 개화. 소포가 수염 모양이라서 수염패랭이꽃이라고 한다.
[이명] 가는잎수염패랭이꽃

술패랭이꽃

Dianthus longicalyx Miq.

산이나 들에 나는 여러해살이풀. 높이 1m 가량. 털이 없으며 흰 가루가 덮인 것 같은 녹색을 띤다. 7~8월 개화. 꽃잎의 끝이 술처럼 잘게 갈라진다. [이명] 수패랭이꽃

구름패랭이꽃

Dianthus superbus var. *alpestris* Kablik. ex Celak.

높은 산에 나는 여러해살이풀. 높이 10~30cm.
7~8월 개화. 꽃잎 가운데 부분에 짙은 갈색 놀기가 있다. 술패랭이꽃과 비슷하나 키가 작고, 원통형 꽃받침의 길이가 짧다. [이명] 구름술패랭이꽃, 멧술패랭이꽃, 산패랭이꽃

해변을 수놓는 갯메꽃

갯메꽃 *Calystegia soldanella* (L.) Roem. & Schultb.
바닷가 모래땅에 나는 메꽃과의 덩굴성 여러해살이풀. 땅속줄기는 통통하고 모래 속에 길게 뻗는다. 5~6월 개화. 어린 싹과 땅속줄기는 식용한다. [이명] 개메꽃, 해안메꽃

'메'라는 말은 제사상에 놓는 밥을 일컫는 말이다. 그 외에도 사전에는 궁중에서 '밥'을 이르던 말, 동물의 '먹이'를 일컫는 말 등으로 뜻풀이가 되어 있다. 한마디로 '메'는 먹이나 밥의 옛말이거나 높임말이다.

메꽃의 뿌리는 굵고 영양분도 있어서 옛날 흉년이나 보릿고개에 식량을 대신했다고 한다. 대표적인 구황작물이었던 고구마와 친척뻘이 되니 굶주림을 면하는 데 크게 도움이 되었을 것이다.

메꽃은 우리나라의 어느 풀밭에서나 흔한 풀이다. 옛날에는 이른 봄에 메꽃의 뿌리를 캐서 생으로 먹기도 했고, 밥에 쪄 먹거나 구워먹기도 했다고 한다.

게다가 맛이 달작지근해서 아이들이 좋아했다고 한다.

요즘은 메꽃 뿌리를 먹지 않다 보니 메꽃보다는 우선 보기에 좋은 갯메꽃이 더 사랑 받는 듯하다. 갯메꽃은 바닷가 모래땅에 수를 놓듯이 피어서 풀밭에 얼기설기 피는 보통 메꽃들보다 돋보인다. 꽃은 나팔꽃이나 다른 메꽃과 큰 차이가 없지만, 바닷가의 건조한 모래땅에서 강한 볕을 견디기 위해서 잎이 작고 두터우며 왁스 성분으로 코팅이 되어 있다. 그 똘망똘망한 잎 모양은 갯메꽃만이 가지는 매력이다. 갯메꽃도 여느 메꽃과 마찬가지로 통통한 땅속줄기로 가난한 백성들의 배고픔을 채워준 고마운 식물이다. 여름 한철 무수한 꽃을 피워내는 연분홍 꽃들을 보면 그 옛날 굶주리던 수많은 입들이 떠오르기도 한다.

세상의 들풀 중에 어느 하나도 고맙지 않은 것이 없지만, 그중에서도 굶주릴 때 밥이 되어준 메꽃들은 특별하다.

메꽃
Calystegia sepium var. *japonicum* (Choisy) Makino
들에 나는 덩굴성 여러해살이풀. 땅속줄기는 흰색. 사방으로 줄기가 길게 뻗고, 군데군데에서 순이 나와 자란다. 6~8월 개화. 꽃의 지름 5cm 가량. 어린순과 땅속줄기는 식용한다.
[이명] 가는메꽃, 가는잎메꽃, 메, 좁은잎메꽃

애기메꽃
Calystegia hederacea Wall.
들에 나는 덩굴성 여러해살이풀. 잎은 어긋나며 좁고 길다. 잎의 밑동이 양쪽으로 뾰족하다. 5~9월 개화. 꽃이 메꽃보다 약간 작다(지름 3~4cm). 어린순과 땅속줄기는 식용한다. [이명] 좀메꽃

나를 부끄럽게 하는 낚시돌풀

낚시돌풀 *Hedyotis biflora* var. *parvifolia* Hook. & Arn.
바닷가 바위틈에서 자라는 꼭두서니과의 여러해살이풀. 높이 5~20cm. 줄기는 뭉쳐나며, 많은 가지가 옆으로 퍼진다. 7~8월 개화. 열매는 지름 4~5mm의 보리쌀 모양이다. [이명] 갯치자풀, 낚시돌꽃

'낚시돌풀'은 갯바위 틈새에서 자라는 작달막한 풀이다. 이 풀이름만 들어도 갯바위 낚시를 해본 사람은 한두 가지 추억이 떠오를 것이다.

'낚시돌'은 우리 맞춤법에 의하면, '낚싯돌'로 표기해야 맞고, '낚시돌'은 북한 맞춤법에 맞는 표현이다. 그러나 식물명은 고유명사로 간주하여 맞춤법에 상관없이 선취권이라는 것이 있어서 먼저 쓴 이름이 절대적 지위를 갖는다.

사전에는 '낚싯돌'에 대하여 두 가지로 뜻풀이가 되어 있다. 첫째는 낚시할 때 걸터 앉는 큼직한 돌(釣石)을 일컫는 말이고, 둘째는 봉돌이라고도 하는 낚시 추로, 낚시돌풀은 이들 중 두 번째 의미에서 유래된 이름이다.

낚시를 멀리 보내려고 뒤로 젖히다가 낚싯돌이나 바늘이 갯바위 틈에 끼였던 적이 가끔 있었다. 그 때는 그 바위틈새에 작은 풀들이 살고 있는지 몰랐다.

눈과 마음이 온통 바다로 가 있었기 때문이다. 낚시돌풀은 그렇게 낚싯돌이 끼이기 좋은 갯바위 틈에 자란다. 그 도톰한 잎은 보통 쓰는 낚싯돌의 크기와 모양을 썩 닮았다. 낚시돌풀의 열매는 보리쌀 같은 납작한 공 모양이고 지름이 4~5mm 정도라서 더욱 낚싯돌을 닮았다.

갯바위 낚시꾼들은 대체로 뒷정리가 깔끔하지 못한 편이다. 함부로 버린 미끼나 음식, 빈 술병은 청소라도 할 수 있지만 정말 심각한 문제는 주로 납으로 만드는 낚싯돌에 의한 바다 오염이다. 갯바위 낚시터 주변 바다는 끈 떨어진 낚싯돌로 인해 바닷고기의 납 중독이 크게 위험한 수준이라고 한다. 환경에 대한 의식과 행동이 크게 나아지기 전에는 갯바위 낚시는 사람과 생태계에 매우 해로운 일이다.

낚시를 그만둔 지 이십 년도 넘었지만 갯바위 틈새에 핀 귀여운 낚시돌풀을 만나면 내가 바닷속에 떨어뜨렸을 낚싯돌 생각에 아직도 부끄러운 마음이 든다.

번행초의 학명에서 얻은 깨달음

번행초 *Tetragonia tetragonoides* (Pall.) Kuntze

바닷가에서 자라는 번행초과의 여러해살이풀. 높이 40~60cm. 추운지방에서는 겨울을 나지 못하고 한해살이풀이 되기도 한다. 봄부터 가을까지 꽃이 피며 잎겨드랑이에 1~2개씩 달린다. 꽃잎이 없고, 노란꽃잎처럼 보이는 것은 꽃받침이 젖혀진 것이다. 어린순은 식용한다. [이명] 번향

번행초는 우리나라 남부의 해안에서 흔히 자라는 풀이다. 대체로 따뜻한 지역에 살다 보니 봄부터 늦가을까지 꽃이 피고, 바닷가에 살기 때문에 잎에서 약간 새콤한 짠맛이 난다.

이 식물의 학명은 테트라고니아 테트라고노이데스(*Tetragonia tetragonoides*)다. 우리말로는 '네 개의 뿔이 난 열매가 달리는 사각형의 풀'쯤 된다. '4'라는 숫자를 의미하는 'tetra'가 두 번이나 들어있으니 도대체 이 식물은 숫자 '4'와 어떤 관계에 있는 걸까? 번행초의 꽃은 네 장의 꽃잎과 꽃받침이 있고, 씨앗에 네 개의 돌기가 튀어나와 있으니 숫자 4와 관련성은 충분하다. 그러나 식물들 중에서 이런 4수성의 꽃은 무수히 많다. 번행초 학명의 '테트라'에는 뭔가 특별한 의미가 있을 것 같다.

바닷가에서 '테트라…' 어쩌고 하면 생각나는 것이 테트라팟(tetrapot)이다.

©김태원

테트라팟은 방파제를 구성하는 네 개의 뿔이 달린 콘크리트 덩어리다. 번행초는 잎들이 120도의 각도를 두고 어긋나기 때문에, 곧게 선 줄기와 같이 보면 네트라팟을 닮은 구석도 있다. 이런 구조 때문에 모래땅에 자라는 연약하고 부드러운 풀이 테트라팟처럼 얽혀서 파도와 바람을 견뎌내지 않을까 싶다.

인간관계도 테트라팟이나 번행초처럼 사방으로 가지를 뻗으면 단단하게 얽혀서 그 어떤 역경에서도 쓰러지지 않을 것이다. 이 '네 뿔 달린 열매의 사각형 풀'을 그냥 '네뿔싸가지'라고 부르면 좋겠다. 번행초를 본받아서 사람을 대할 때, '호의(好意), 예의(禮意), 신의(信義), 성의(誠意)'의 네 가지를 갖추면 인간관계가 돈독해지지 않을까도 싶다.

바닷가 모래땅의 토박이 남가새

남가새 *Tribulus terrestris* L.

바닷가의 모래밭을 기며 자라는 남가새과의 여러해살이풀. 길이 1m 가량. 깃꼴 겹잎이 마주나며, 꽃이 달리는 쪽의 잎이 짧다. 7~8월 개화. 열매는 5개로 갈라지고 각 조각에는 2개의 가시가 있다.
[이명] 질려자(蒺藜子), 백질려(白蒺藜)

담장에 남가새는 쓸어버릴 수가 없네. (牆有茨 不可埽也)
집안 이야기라서 말할 수도 없네. (中冓之言 不可道也)
말하고자 한다면 그 말이 너무 더러워. (所可道也 言之醜也)

『시경(詩經)』에 나오는 이 노래는 위(衛)나라 궁중의 스캔들을 풍자한 것이다. 남가새는 밉지만 없앨 수 없는 존재에 비유된다. 어떤 해설서에는 남가새 덩굴이 허술한 담장에 얼기설기 엮여서 이것을 뜯어버리면 담장이 무너진다는 설명이 있다.

옛 기록에는 남가새 열매를 고혈압과 눈병, 강정제, 피부염 등에 약용으로 썼다고 한다. 예전에는 삶 가까이에서 흔하게 보았던 식물이 요즘에는 왜 쉽게 볼 수 없게 되었을까? 나는 남가새 씨앗에 돋친 가시에 혐의를 두고 있다. 남

가새는 사막이나 바닷가 모래땅을 기며 자라는 식물이다. 줄기 끝마다 하루 한 개씩 하늘을 보고 꽃을 피웠다가 다음 날 바로 꽃줄기를 땅 쪽으로 떨구고 열매를 만든다. 그리고는 열매에서 가시가 자라나 문어 나리에 붙은 빨판처럼 바닷바람이 센 모래 위에 줄기를 단단히 고정시킨다. '남가새'의 '가새'는 가시의 방언이거나 옛말로 추측된다.

크게 번성하는 식물들은 대체로 씨앗에 날개나 갈고리를 달아 새로운 땅으로 떠나는 모험을 감행한다. 남가새가 왜 가시를 만들었는지 모르지만, 그 가시는 땅을 파고드는 말뚝, 말 그대로 '토박이'가 되어버렸다. 겨우 몇 군데에서 명맥을 이어가는 남가새를 보노라면, 비록 영육이 건강하고 성실한 사람이라도 새로운 세계를 향한 동경과 모험심이 없다면 항해하지 않는 배와 같다는 생각이 든다.

말채찍을 닮은 풀 마편초

마편초 *Verbena officinalis* L.

바닷가나 섬의 들에 나는 마편초과의 여러해살이풀. 높이 30~60cm. 줄기가 곧게 서며 네모지다. 6~11월 개화. 꽃의 지름 4mm 가량. 어린 식물은 식용, 전초는 약용한다. [이명] 말초리풀

'마편초'라는 풀이름을 처음 들었을 때 느낌이 좋지 않았다. 마약, 아편, 대마초 같은 고약한 것들에서 한 글자씩 모은 이름처럼 들렸기 때문이다. 알고 보니 마편초(馬鞭草)는 말채찍을 닮은 풀이라는 뜻이었고, 말초리풀이라고도 하므로 이상한 약들과는 관계가 없었다.

전라남도 완도 바닷가에서 마편초를 처음 보았다. 긴 줄기 끝에 자잘한 연보라색 꽃을 서너 개 달고 있는 것이 어쩐지 먼 나라에서 온 식물처럼 낯이 설었다. 그때는 남해안에서도 꽃을 거의 볼 수 없는 11월 중순이어서 가을에 핀 꽃이 오래도 가는구나 하고 대견해 하였는데, 이듬해 6월에 목포 부근의 작은 섬에서 활짝 핀 무리를 만났다. 그렇다면 여름부터 겨울까지 반년 이상 꽃을 피우는 식물이니 참으로 놀라운 체력이 아닐 수 없다.

중세 유럽에서는 사랑의 미약에 이 마편초를 넣었다고 한다. 그리고 어린

아이들이 마편초 줄기를 몸에 지니고 다니면 행동이 활발해지고 지식에 대한 욕구가 많아진다고 믿었다. 이 식물에 실제로 이런 약효가 있는지, 주술적인 믿음에서 오는 심리적인 효과인지는 몰라도 줄기차게 꽃을 피우는 이 풀의 생명력과 관련이 있어 보인다. 마편초의 속명 '*Verbena*'도 라틴어로 '신성한 올리브 가지'나 '신성한 월계수나무'를 뜻하므로 서양에서는 귀하게 여겨지는 식물 같다.

마편초라는 이름은 생각할수록 그럴싸한 이름이다. 말채찍의 모양을 갖추려면 꽃줄기가 길어져야 하므로 반년 동안 꽃을 피워내서 씨앗을 줄줄이 달고 있는 이 식물에 딱 어울리는 이름이다. 마편초에는 말초리풀이라는 우리말 이름이 있다. 말초리는 말의 회초리이니, 말채찍이나 마편과 같은 말이다. '마편초'라는 이름을 써서 이상한 약들의 이름을 떠올리게 하느니 기왕이면 듣기에 좋고 뜻도 명확한 '말초리풀'로 불렀으면 좋겠다.

말초리풀은 남해안의 섬들에서 어쩌다 만나는 흔치 않은 풀이다. 옛 유럽 사람들이 생각했던 것처럼 사랑의 미약이 되고 아이들에게 좋다는 소문이 돌지 않아서 다행이다.

귀신도 울고 갈 식물 지채

지채 *Triglochin maritimum* L.

만조에 바닷물에 잠기는 곳에 자라는 지채과의 여러해살이풀. 10~25㎝의 꽃줄기에 벼이삭 모양으로 꽃이 달린다. 4~5월 또는 8~9월경 개화. 연한 잎은 식용한다.

©박명숙

어느 해 여름, 동호인 한 분이 지채를 보여주겠다고 했다. '지채라는 풀도 있었나?' 하는 호기심으로 따라나선 그곳은 어느 한적한 바닷가였는데, 끝내 지채를 찾지 못했다. 그분은 얼마 전 그곳에서 분명히 지채 군락을 보았다고 했다. 나는 '지채가 좋은 동네로 이사를 한 모양입니다'는 말로 그의 무안함을 덮어두고 '지채'라는 이름만 기억해 두었다.

그 이듬해 수소문 끝에 다른 지방에서 지채를 볼 기회가 생겼다. 며칠 전에 지채를 보았다는 분에게 정확한 위치를 물어서 찾아갔다. 그런데 어찌된 일인지 한 해 전처럼 그곳에서도 지채를 찾을 수가 없었다. 지채란 놈은 발이 달려서 여기저기 돌아다니는 식물인가? 귀신도 어리둥절할 상황이었다.

한참을 찾아 헤매다가 실망하고 돌아서려는데 물속에서 부추 같은 풀들이 솟

아오르기 시작했다. 불과 10분 만에 지채는 발끝까지 그 모습을 드러냈다. 가득 찼던 바닷물이 막 빠지기 시작한 순간이었다. 그 날은 바닷물이 땅으로 가장 높게 들어오는 그믐사리라서 처음에는 지채의 머리끝조차 보이지 않았던 것이다.

집에 와서 한 해 전 지채를 찾아갔던 음력 날짜를 찾아보니 우연히 그날도 그믐날이었고 그 바닷가를 찾았던 시간은 만조 시간이었기 때문에 지채의 머리카락도 보지 못한 것이었다.

지채는 아직 제대로 연구가 되지 않은 탓인지 책이나 자료마다 개화 시기가 구구 각색으로 나와 있다. 나는 8월에 꽃을 피워 9월에 결실한 지채를 보았지만, 4, 5월에 꽃을 피운 지채를 본 사람도 여럿 있었다. 나는 몇 년 동안 이 식물을 관찰하였지만 서로 가까운 지역에서도 개화 시기가 다르고, 어느 해에는 모든 지채가 꽃대를 전혀 올리지 않기도 하여 여전히 혼란스럽다.

이 식물은 하루의 절반을 바닷물 속에서 보내는 편이다. 바닷속에서 이 식물은 무슨 활동을 하는지, 무엇이 이 식물의 수분을 돕는지 궁금하기 짝이 없다.

동해 바닷가에 사는 신비한 요정 해란초

해란초 *Linaria japonica* Miq.

동해 바닷가 모래땅에 자라는 현삼과의 여러해살이풀. 높이 약 15~20cm. 꽃의 길이는 10~15mm. 늘어진 꿀주머니가 있다. 5~10월 개화. [이명] 꽁지꽃, 꼬리풀, 운란초, 운난초.

해란초(海蘭草)는 동해 바닷가를 따라 무리지어 자라는 식물이다. 난초는 아니지만 꽃이 아름다워서 해란초라고 불린다고 한다. 이 식물은 1949년도에 발간된 『우리나라 식물명감』(박만규)에 '꽁지꽃'이라는 이름으로 나오고, 1956년에 발간된 『한국식물도감』(정태현)에서 처음 '해란초'라는 이름을 얻었다. 한방에서는 예로부터 황달과 피부질환 등에 좋은 '유천어'(柳穿魚)라는 약재로 알려져 왔다.

해란초는 5월부터 10월까지 여섯 달 동안이나 꽃을 피운다. 숙명적으로, 틈만 나면 꽃을 피워야 하는 잡초 종류가 아니고서는 이렇게 오래도록 꽃을 피우는 것은 놀라운 일이 아닐 수 없다. 몇 해 동안이나 이 꽃을 보아왔지만, 이상하게도 이 꽃을 찾는 곤충을 본 적이 없다.

언젠가 백두대간의 해발 1,296m나 되는 향로봉 꼭대기에서 해란초가 무리지어 사는 것이 발견되어 떠들썩했던 적이 있었다. 바닷바람에 씨앗이 날려서 올라갔으리라는 추측도 있고, 진지 공사를 할 때 쓴 바닷모래에 씨앗이 섞여 왔다는 설도 있다. 그런데 백두대간의 다른 곳에서도 이 꽃이 발견되고 있는 걸 보면, 바람에 이 씨앗이 날려 올라갔을 개연성이 더 크다.

해란초는 씨앗에 날개가 달려서 이처럼 멀리 날아갈 수도 있고, 생명력이 강해서 기르기도 쉬운 식물이라는데, 왜 동해 바닷가에서만 무리지어 살고 있는지도 궁금하다. 서해나 남해안에도 비슷한 환경이 얼마든지 있는데 말이다.

어떤 생명체나 그 모든 비밀을 다 알아낼 수는 없다. 알 수 없는 것들이 많이 있어서 자연은 흥미롭다. 대자연의 신비에 대한 호기심과 감탄만으로도 나는 충분히 행복하다.

좁은잎해란초
Linaria vulgaris Hill
바닷가 모래땅에 나는 여러해살이풀. 높이 40cm 정도. 남한에서는 희귀한 북방계식물로 북한 지방의 해안에 분포한다고 알려져 있다. 8월 경 개화.
[이명] 가는잎꽁지꽃, 풍란초(風蘭草, 북한명)

근거 없는 루머에 시달리는 만수 삼촌

만수국아재비 *Tagetes minuta* L.

바다가 가까운 풀밭에 자라는 국화과의 한해살이풀. 높이 20~80cm. 7~10월 개화. 한국(중남부)에 귀화.

[이명] 쓰레기풀

만수국이라는 조금은 촌스러운 이름을 가진 화초가 있다. 우리에게는 메리골드라는 이름으로 더 잘 알려진 식물로 정확한 영어 이름은 French marigold, 즉 프랑스금잔화다. 봄부터 가을까지 꽃을 피우고 향기가 좋아서 화단에 많이 심는다. 만수국(萬壽菊)이라는 이름처럼 꽃 피는 기간이 아주 길다.

야생화인 '만수국아재비'는 만수국의 삼촌쯤 된다. 같은 국화과의 식물로 만수국처럼 꽃을 오래 피우고, 이국적이고 강한 향기와 잎의 모양이 많이 닮았다. 만수국아재비는 남아메리카가 원산지인 귀화식물로 우리나라에서는 1980년에 민주지산 자락에서 처음 발견되었지만, 군락을 이루어 흔히 볼 수 있는 곳은 서남 해안 지역이다.

그런데 이 풀에는 쓰레기풀이라는 고약한 별명이 붙어 다닌다. '쓰레기풀'을

정명으로 쓰는 책도 있다. 그 근거는 길가나 쓰레기더미에서 흔히 자라며, 쓰레기처럼 좋지 않은 냄새가 난다는 이유에서다. 이렇게 왜곡된 정보는 인터넷에서 많이 돌아다니는데 나 역시 이 풀을 만나기 전에는 그렇게 알고 있었다.

실제로 내가 만난 이 꽃의 향기는 강렬하고 달콤하며 이국적이었다. 남미에서 왔다고 들어서인지 삼바의 열정이 녹아있는 듯도 하고 고급 향수로도 손색이 없을 정도였다. 이 향기가 쓰레기 냄새로 둔갑을 하게 된 사연을 짐작해보았다. 귀화식물은 무역선의 컨테이너에 종자가 묻어오는 경우가 많다. 그러면 그 식물의 씨앗은 부둣가의 허름한 곳에서 일단 싹을 틔우고 몇 년 동안 눈치를 보며 좋은 곳으로 이사 갈 궁리를 한다. 그런 곳은 항구의 쓰레기가 방치된 곳이기 십상이고, 그 쓰레기 냄새에 이 꽃의 향기가 뒤섞여서 사람들의 오해를 샀을 가능성이 많다.

만수국아재비가 오해를 살만한 과거가 좀 있기는 하지만, 오해로 생긴 별명으로부터 자유로워졌으면 좋겠다. 게다가 어려운 시절에 궁색하게 지냈던 모습에서 나온 별명을 부르는 것도 군자답지 못하다.

효자가 된 염전의 천덕꾸러기 퉁퉁마디

퉁퉁마디 *Salicornia europaea* L.

바닷가에 나는 명아주과의 한해살이풀. 높이 10~30cm. 줄기는 마디가 많고 한두 번 갈라진다. 8~9월 개화. 마디 위에 마주난 구멍 속에 2~3송이의 작은 꽃이 핀다. 전초는 식용 및 약용한다. [이명] 함초

소금 중에서는 '토판염(土版鹽)'을 최고로 친다. 토판염은 갯벌을 다진 바닥 위에서 만든 소금이다. 이 소금은 갯벌의 미네랄 성분을 많이 함유하고 있어서 좋기는 하지만 만드는 과정이 복잡하고 생산량이 적다. 요즈음 대부분의 염전에서는 바닥에 장판을 깔아서 소금을 만든다. 이렇게 만드는 장판염(壯版鹽)은 만들기가 쉽고 생산량이 많아서 토판염보다 훨씬 싸다.

토판염을 주로 만들던 옛날에 염전에서 잘 자라는 잡초가 있었다. 소금밭의 이 잡초는 여간 성가신 것이 아니었다. 퉁퉁한 마디처럼 생긴 이 풀이 바로 '퉁퉁마디'다. 짜디짠 소금밭에서 퉁퉁하게 잘만 자라니 참 별난 녀석이다.

퉁퉁마디는 잎과 줄기가 따로 없이 마디처럼 생긴 녹색식물인데 가을에 색이 변하면 드넓은 갯벌이 붉은 카펫을 깔아놓은 듯하다. 이 풀은 소금밭에서 자라므로 바닷가 식물 중에서도 가장 짜기 때문에 예로부터 '짠 풀'이라는 의미

©김병설

로 함초(鹹草)라 불렀으며, 민간에서 변비, 당뇨, 각종 염증 등의 질환에 좋다고 알려져 왔다. 요즘에는 웰빙 바람에다가 여러가지 식품가공기술이 발달해서, 건강식품이나 조미료로 만들어져서 큰 인기를 누리고 있다. 함초에 들어 있는 효소는 지방과 단백질을 분해하는 능력이 있어서 사람의 장에 남아 있는 중성지방질인 숙변과 혈관과 장기, 혈액, 세포조직 속에 붙어 있는 불필요한 지방을 분해하여 배출한다고 한다.

지금도 이 풀의 효능에 대해서 많은 연구가 진행되고 있고 이를 바탕으로 여러가지 함초 제품들이 생산되고 있다. 이제는 염전을 하는 사람들도 염전 옆에서 함초를 재배한다. 염전의 천덕꾸러기가 효자노릇을 하고 있는 셈이다.

도무지 잘난 구석이 없는 것 같은 아이도 그 아이가 가진 잠재력과 소질을 제대로 키워준다면 누구든지 이 통통마디처럼 효자 노릇을 할 날이 올 것이다. 신은 모든 사람에게 공평하게 달란트를 주었다고 하니 말이다.

바닷가의 붉은 카펫 칠면초와 해홍나물

칠면초 *Suaeda japonica* Makino

해안의 질퍽거리는 갯벌에 나는 명아주과의 한해살이풀. 높이 15~40㎝. 줄기 중간부터 가지가 갈라지고, 잎이 통통한 방망이처럼 생겼다. 7~8월 개화. 어린잎은 식용한다.

가을에는 바닷가 드넓은 갯벌에 붉은 카펫이 깔린다. 그 붉은색에는 화려한 차림의 배우들이 걸어가는 영화제의 레드 카펫에서는 느낄 수 없는 무게가 있다. 그 색은 태양과 바다와 바

자주색 카펫처럼 보이는 순천만의 칠면초 대군락

람이 천만 년을 빚어낸 신비다.

가을의 바닷가를 붉게 물들이는 것은 대부분 칠면초와 해홍나물이다. 칠면초는 연둣빛의 싹이 자라서 붉은자줏빛이 되는 가을까지 색깔이 여러 번 변하는 것을 칠면조에 비유한 이름이고, 해홍나물은 '바닷가의 붉은 나물'이라는 뜻이다. 두 가지 식물이 섞여 사는 곳도 있기는 하지만, 대체로 해홍나물은 바닷물에 덜 잠기는 곳에서 자라 잎에 뻘물이 덜 들고 채취하기가 쉬워서 '나물'이 되었을 성 싶다. 해홍나물도 성장하면서 칠면초처럼 여러 번 색깔이 변한다. 이름만 다를 뿐이지 둘은 쌍둥이처럼 닮은 식물들이다.

이 두 식물을 간단하게 구별할 수 있다는 어떤 분은, 잎의 한 면이 납작하고 끝이 뾰족하면 해홍나물이고, 잎이 원기둥 모양에 끝이 둥글면 칠면초니 아주 쉽다고 했다. 이 설명은 어디까지나 전형적인 형태만을 말한다. 실제로 만나보면 둥근 듯도 하고 둥글납작한 듯도 하고, 뾰족한 듯도 하고 아닌 듯도 한 것이 훨

강진만의 해홍나물 군락

씬 많다. 꽃과 줄기의 모양도, 색깔도, 관념적인 언어를 가지고 바닷가에 나가면 별로 쓸모가 없다는 것을 깨닫는다.

몇 년이 지나도록 이름을 불러주기가 어렵기만 하더니 어느 날 갑자기 멀리서 보아도 무엇인지 알게 되었다. 그 줄기 어디까지 물에 잠기는가 하는 반 뼘의 차이, 색깔의 작고 미묘한 차이가 느껴지는 때가 내게도 왔다.

멀리서 뛰노는 아이들 무리 중에 자기 자식을 금방 찾아내고 아득한 곳에서 오는 이가 그인지 아는 것은 사랑하기 때문이다. 진실로 자연과 사랑에 빠지게 되는 날이 오면 붉은 카펫 저 멀리서 고단한 노동을 이고 오는 아낙들이 레드 카펫 위를 걸어가는 눈부신 미모의 여배우보다 더 아름답게 보인다. 자연의 깊은 빛에 눈이 순해진 때문일 것이다.

해홍나물
Suaeda maritima (L.) Dumortier
소금기가 적은 갯벌에 자라는 명아주과의 한해살이풀. 높이 30~50cm. 줄기 밑동부터 가지가 갈라진다.
잎 한 면이 납작하고 끝이 뾰족하다.
8~9월 개화. 어린잎은 식용한다.
[이명] 갯나문재

나문재
Suaeda asparagoides (Miq.) Makino
메마른 갯벌이나 바닷가의 모래밭에 자라는 한해살이풀. 높이 50~100cm.
해홍나물이나 칠면초에 비해 잎이 길고 밑에서부터 붉게 변한다.
7~8월 개화. 어린 싹은 식용한다.
[이명] 갯솔나물, 나문쟁이. 고려시대에는 '나마자기'로 불린 기록이 있다.

방석나물
Suaeda australis (R. Br.) Moq.
바닷가 갯벌에 자라는 한해살이풀.
높이 15cm 가량. 지름 20cm 정도의 둥근 방석 모양으로 퍼져 자란다.
8~9월 개화.
©남명자

꽃잎 없는 꽃을 피우는 수송나물과 솔장다리

수송나물
Salsola komarovii Iljin
바닷가 모래땅에 자라는 명아주과의 한해살이풀.
높이 10~40cm. 잎의 길이는 1~3cm로 솔잎처럼 생기고 통통하며, 끝이 뾰족하다. 줄기 밑부분에서 가지들이 비스듬히 자란다. 7~8월 개화. 꽃이 잎겨드랑이에 달리며 풍매화로 꽃잎이 없다. 어린잎은 식용한다.
[이명] 가시솔나물

솔장다리
Salsola collina Pall.
바닷가 모래땅에 자라는 명아주과의 한해살이풀.
높이 30cm 가량. 잎의 길이는 대부분 3cm 정도로 수송나물보다 길게 보인다. 수송나물의 줄기가 밑에서 비스듬히 퍼지는데 비해서 솔장다리는 가운데 줄기가 곧게 자라며 가지를 낸다. 7~8월 개화. 꽃이 가지 위쪽에 돌려나듯이 핀다. 어린잎은 식용한다.

어느 가을날 바닷가에서 낯선 풀을 만났다. 한 뼘 정도의 높이에 꽃 비슷한 것을 달고 있기에 자세히 보니 꽃이 지고 난 뒤의 꽃받침이었다. 수소문 끝에 그 식물이 '수송나물'이라는 것을 알았고, '솔장다리'라는 비슷한 식물이 있는 것도 덤으로 알게 되었다. 그 후 몇 년 동안 두 식물 이름의 유래를 알아보다가 실마리를 찾지 못해서 기어이 소설을 쓰고 말았다.

수송나물과 솔장다리에 공통으로 들어간 주제는 '솔'이다. 이 식물들의 어린 싹이 소나무 싹을 닮아서 그렇게 추리해보았다. 그렇다면 수송나물은 바닷가에 있으니 물 수(水), 솔 송(松)이고, 솔장다리는 수송나물보다 늘씬하다는 의미로

수송나물(왼쪽)과 솔장다리(오른쪽)의 어린 모습. 수송나물은 줄기가 비스듬히 자라며 잎이 짧은 편이고 솔장다리는 곧게 서고 잎이 긴 편이다.

해석할 수 있다. 이런 소설이 그럴싸하게 되면 마음이 개운해지고, 그 식물 이름들이 내 기억 창고에 편안하게 자리 잡는다. 이렇게 풀어놓으니 구분이 어려울 정도로 닮은 두 식물을 이름으로 가려내기도 쉬워서 스스로 흡족하였다.

그런데 이 두 식물의 꽃이 아주 별나게 생겼다. 이 꽃들은 풍매화라서 꽃잎을 만들 필요가 없다. 먼저 암술을 내어서 수분이 되면 다섯 개의 수술이 나와서 늦게 피는 다른 꽃에게 꽃가루를 날려 보낸다. 그리고는 접시 모양의 꽃받침 가운데서 씨앗을 키운다. 꽃잎이 없고 꽃받침과 꽃술만 있는 희한한 꽃이다.

이 식물들은 생명력과 번식력이 강해서 새로 생긴 모래땅에 가장 먼저 싹을 틔우므로 사구(砂丘)의 개척자라는 별명이 붙었다. 열악한 환경에서 억세게 살아남으려다 보니 그랬는지 봄에 야들야들하던 새싹이 가을이 되면 가시나무처럼 변한다.

사람들도 나이가 들수록 완고해지는 경향이 있는 듯하다. 그런 사람들은 그 경직과 완고함이 가시처럼 굳어진다. 그 반대로 주름이 늘수록 생각이 유연해지는 사람도 있다. 그런 분들은 늘 마음을 따뜻하게 데우는 노력과 이해를 넓히는 공부에 게으르지 않은 듯 보인다.

사데풀 이름의 암호해독

사데풀 *Sonchus brachyotus* DC.
바닷가나 들의 양지바른 곳에 나는 국화과의 여러해살이풀. 높이 1m 가량. 8~10월 개화. 어린순은 식용한다.
[이명] 사데나물, 삼비물, 석쿠리, 시투리, 세투리, 서덜채 등

사데풀은 우리나라 어느 지방에서나 자라는 들풀이지만 바다가 가까운 풀밭에서 더 흔하게 눈에 띈다. 사데풀의 꽃은 민들레의 꽃과 비슷하고 전체 모습도 여느 들꽃과 크게 다르지 않다.

'사데'가 무슨 뜻인지 궁금해서, 몇 년 동안 자료를 뒤지고 여러 박물관을 다녔지만 끝내 그 실마리를 찾지 못했다. '사데'는 문명의 발달에 따라 사라진 우리 생활사의 어떤 도구는 아닐 것이라는 막연한 생각만 들었다.

사데풀은 봄철에 어린순을 나물로 먹었다는 기록이 있다. 사데풀에는 여러가지 다른 이름들이 있다. 사데나물, 삼비물, 석쿠리, 세투리, 시투리, 서덜채…. 이 순박한 이름들은 아주 오랜 옛날부터 민초들의 삶과 밀접한 관계에 있었다는 방증이다. 이 식물의 향명들을 늘어

놓고 곰곰이 살펴보니 이름에 대부분 '3'이라는 코드가 들어있었다. 여기서 '시투리'는 '세투리'의 남부 지방 방언으로 간주했다. 이 단계까지는 꽤 그럴듯한 추론이라고 생각한다. 다음은 암호 '3'을 풀기 위해 상상을 한 이야기다.

사데풀은 잎이 어긋나기(互生)를 하니까, 홀수인 '세 번째 잎이 나왔을 때, 나물로 먹기에 좋다'는 가설이 가능하다. 그렇다면, 처음에 세출잎, 석출잎으로 부르던 이름이 오랜 세월 동안 입에서 입으로, 이 마을에서 저 마을로 전해지면서 세추리–세투리로, 석추리–석쿠리로 변했을 수도 있겠다.

20세기 초만 해도 백성의 90% 이상이 문맹이었다고 하니 이런 발음의 변이는 그저 입에서 편한대로 이루어졌을 것이다. 그리고 사람들의 왕래와 교류가 빈번한 평야지역에서는 언어의 변이와 침식이 더욱 빨라서 석쿠리나 세투리풀이 서덜채나 사데풀이 되지 않았을까 하는 상상을 해보았다.

이렇게 제멋대로 소설을 쓰고는 스스로 흡족할 때가 많다. 이 비밀스런 자만에는 어차피 까마득한 옛날에 사라진 이야기를 '누가 다시 들추어 시비하랴'는 뻔뻔함이 숨어 있다.

동지선달 꽃 본 듯이 반가운 털머위

털머위 *Farfugium japonicum* (L.) Kitam.

바닷가 부근에서 자라는 국화과의 상록성 여러해살이풀. 높이 30~50cm. 잎이 머위 잎처럼 생기고 두꺼우며 윤기가 있다. 10~12월 개화. 어린 잎자루는 식용하며, 잎은 약용(습진, 생선중독)한다. 주로 남해안과 제주도, 울릉도 등지의 해안에 자생한다. [이명] 말곰취, 갯머위

서리가 내리면 세상의 꽃들이 거의 사라진다. 꽃들이 떠나가서 삭막하고 쓸쓸한 계절에는 제주도나 남해의 섬들을 한 번 돌아볼 만하다. 그곳에는 한 겨울에도 나무들의 초록이 싱싱하고 가을꽃들도 늦게까지 피어 있어서 남도다운 정취가 있다.

겨울에도 피어 있는 가을꽃들은 힘겹게 추위를 견디고 있지만 털머위는 오히려 제철을 만난 듯 싱싱하고 화사하다.

털머위라는 이름은 털이 있는 머위라는 뜻이겠지만, 그 생김새는 이른 봄에 나는 머위와는 영 딴판이다. 털머위가 굳이 머위와 닮은 곳을 찾자면 잎 모양 정도다. 수많은 국화과의 식물 중에서 고작 잎 모양 한 가지를 닮았다고 '머위'

집안의 이름을 갖다붙인 것이 억지스러워 보인다.

털머위속(*Farfugium*)은 머위속(*Petasites*)과 다른 집안이고, 그 모양과 삶의 방식이 완전히 다른 식물이다. 털머위는 오히려 같은 국화과의 곰취를 더 닮아서, 북한에서 부르는 '말곰취'라는 이름이 더 공감이 간다. 그 마뜩치 않은 이름에도 불구하고 겨울철에 털머위를 만나면 그야말로 '동지섣달 꽃 본 듯이' 와락 반가운 마음부터 앞선다.

사람 사는 세상에도 이 꽃처럼 기쁨을 주는 사람들이 있다. 제 한 몸 추스르기도 힘겹고 삭막하기까지 한 세태에서 겨울에 핀 털머위처럼 생기가 넘치고 화사한 사람 말이다. 그런 사람은 철없는 아이들처럼 해맑은 표정을 하고 산다. 자신의 생각주머니를 비우고 타인의 말에 귀를 여는 사람이다. 자신의 어려움보다는 남의 어려움을 더 생각하는 사람이다. 우리가 그런 사람을 만나고 싶어 하듯이 스스로 그런 사람이 되도록 힘쓸 일이다.

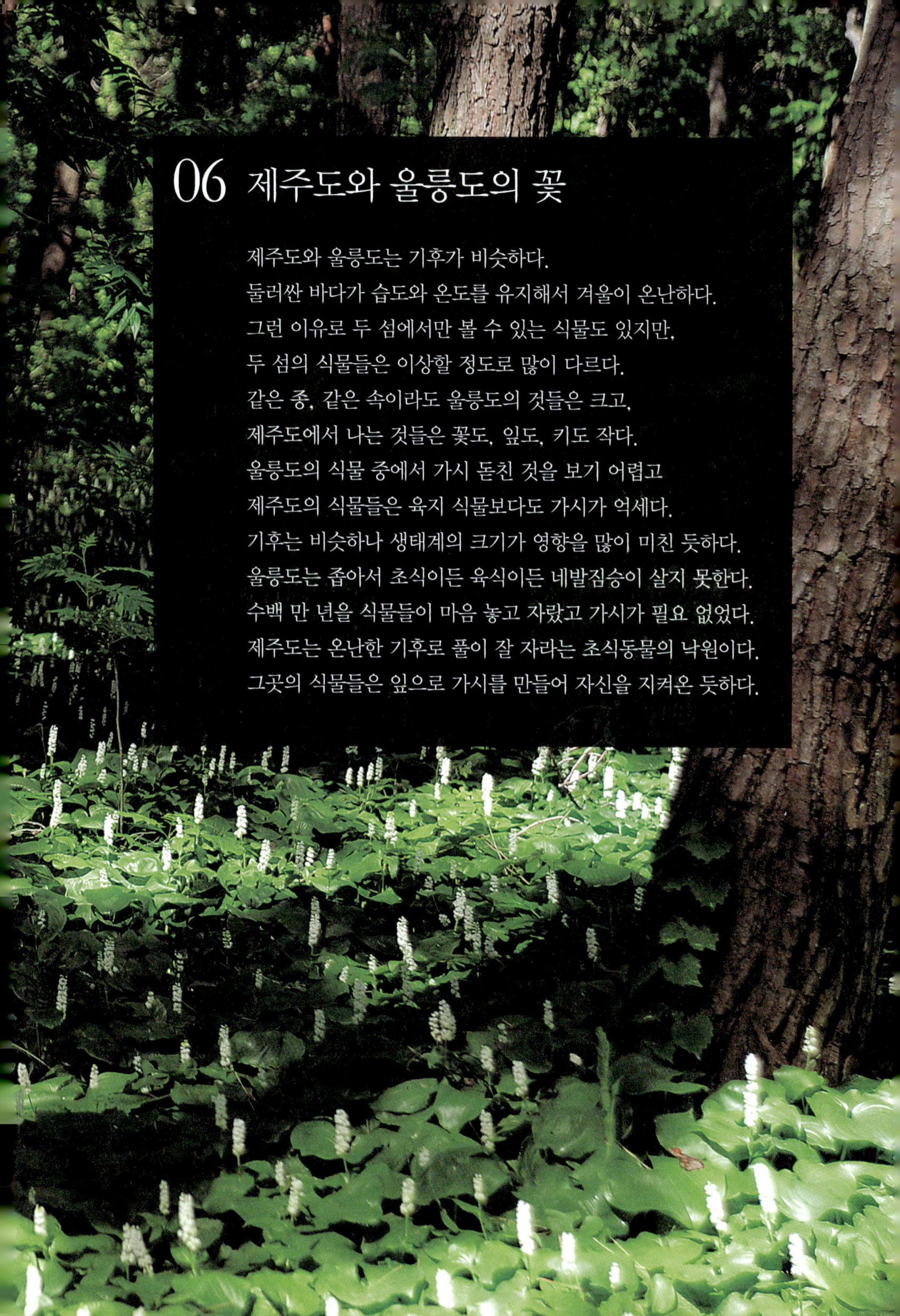

06 제주도와 울릉도의 꽃

제주도와 울릉도는 기후가 비슷하다.
둘러싼 바다가 습도와 온도를 유지해서 겨울이 온난하다.
그런 이유로 두 섬에서만 볼 수 있는 식물도 있지만,
두 섬의 식물들은 이상할 정도로 많이 다르다.
같은 종, 같은 속이라도 울릉도의 것들은 크고,
제주도에서 나는 것들은 꽃도, 잎도, 키도 작다.
울릉도의 식물 중에서 가시 돋친 것을 보기 어렵고
제주도의 식물들은 육지 식물보다도 가시가 억세다.
기후는 비슷하나 생태계의 크기가 영향을 많이 미친 듯하다.
울릉도는 좁아서 초식이든 육식이든 네발짐승이 살지 못한다.
수백 만 년을 식물들이 마음 놓고 자랐고 가시가 필요 없었다.
제주도는 온난한 기후로 풀이 잘 자라는 초식동물의 낙원이다.
그곳의 식물들은 잎으로 가시를 만들어 자신을 지켜온 듯하다.

암대극

바람 돌 여자가 많다는 삼다도는
푸르고 검고 노란 삼색의 섬
하늘과 바다는 푸르고
땅과 바위는 검고
꽃은 노랗다

조물주가 창조한 노랑이 아니라
수백 만 년을 노랗게 노랗게
푸른 바다 검은 바위에
자라나온 존재감
노란 암대극

암대극 (巖大戟) *Euphorbia jolkini* Boiss.

바닷가의 암석지대에 자라는 대극과의 여러해살이풀. 높이 40~80cm. 5월 개화. 잔모양꽃차례(杯狀花序)로 핀다. 제주도, 전남, 경남지역의 남해안에 분포한다. [이명] 갯바위대극, 바위버들옻, 바위대극, 갯대극

추사의 유배지이자 세한도에 나오는 건물, 대정향교의 뜰에 핀 수선화

제주도 수선화와 거문도 수선화

수선화 *Narcissus tazetta* var. *chinensis* Roem.
따뜻한 지방의 양지바른 풀밭에 나는 수선화과의 여러해살이풀. 높이 40~60cm. 2~3월 개화. 꽃의 지름은 2cm 가량. 꽃줄기 끝에 5~6송이가 옆을 보며 달린다. [이명] 수선, 겹첩수선화

수선화는 보통 화단이나 화분에 심어서 기르는 꽃이지만 겨울이 따뜻한 제주도와 거문도에서는 야생에서도 흔히 볼 수 있다. 지중해가 고향이라는 이들이 언제 어떻게 이곳에 왔는지는 모른다. 수선화의 뿌리가 따뜻한 나라에서 해류를 타고 흘러 왔는지 어느 외로운 등대지기가 뿌리를 구해다가 심었는지 모른다.

제주도에 핀 수선화

제주도 모슬포 부근에 있는 네덜란드 상인 하멜의 동상

제주도는 이미 오래진부터 수선화를 검질(잡초

거문도 등대 아래에서 봄소식을 전해주는 거문도 수선화 ©배영옥

의 제주도 방언)로 여길 정도로 흔했다. 추사는 제주도 유배시절에 수선화를 난으로 알고 즐겨 그렸고, 법정 스님은 한라산의 억새밭 구경을 하려고 제주도를 찾았다가 밭가에 농부들이 뽑아 버린 수선화 뿌리 다섯 개를 거두어 강원도의 오두막에서 길렀더니 꽃이 피지 않더라는 글을 남겼다.

거문도의 수선화는 해마다 2월 말이면 등대 아래 양지바른 비탈에서 백설공주가 긴 잠에서 깨어나듯 화사하게 피어난다. 제주도의 수선화들에게는 조금 미안한 얘기이지만 사람들은 거문도의 수선화가 훨씬 예쁘다고들 한다. 거문도의 수선화에는 금잔옥대(金盞玉臺)나 금잔은대라는 별명이 있다. 꽃의 모양이 옥이나 은으로 만든 잔대 위에 놓인 금 술잔 같다는 찬사다. 그런데 제주도의 수선화는 그 금잔이 갈래갈래 찢어져 있다. 이 두 지역은 지리적으로 가까운 곳이어서 기후도 다르지 않은데, 꽃의 모습이 그렇게 다른 까닭이 꽤나 궁금했다.

제주도에는 1653년에 일본의 나가사키로 가던 하멜 일행이 표류했다. 그 배가 무역선이었으므로 네델란드 수선화의 뿌리가 실려 있었을는지도 모른다. 거문도에는 19세기 말에 러시아의 남진을 저지한다는 핑계로 영국 함대가 이 섬을 무단 점령하여 2년 가까이 주둔한 적이 있다. 영국의 수선화는 그들의 군함을 타고 지구 반대편까지 왔을는지도 모른다. 그 무렵은 영국의 낭만주의 시인 워즈워스의 '수선화'가 애송되던 시대였다. 이 이야기는 어디까지나 제주도와 거문도의 수선화가 확연하게 달라서, 역사적 사건을 막연하게 더듬어보았을 뿐이다.

거문도의 수선화

거문도를 무단 점령한 영국해군과 거문도 주민들

1960년대에는 '일곱 송이 수선화' 노래가 세계적으로 유행했다. '난 좋은 집도 없고, 땅 한 평, 돈 한 푼도 없어요. 그러나 산과 들을 깨우는 아침에 달콤한 키스와 함께 일곱 송이 수선화를 그대에게 드릴 수 있어요….' 하고 시작되는 그 노래를 들어보면 그 시절의 젊은 연인들은 가난한 마음 하나로도 수선화처럼 순수한 사랑을 나눈 듯하다.

목장을 점령한 노란 괴물 서양금혼초

서양금혼초 *Hypochaeris radicata* L.

목초지에 자라는 국화과의 여러해살이풀. 높이 30~50cm. 잎은 로제트형으로 땅에 붙어서 퍼지고 꽃대만 곧게 올린다. 5~6월 개화. 꽃대를 자르면 11월까지 계속 꽃을 피운다. 유럽 원산으로 우리나라에서는 1987년에 최초로 발견되었다. [이명] 개민들레, 민들레아재비

제주도하면 노란 유채꽃이 있는 풍경이 먼저 떠오른다. 언제부터인가 제주도에 유채꽃에 이어 또 하나의 노란 꽃밭이 생겼다. 바로 목장의 풀밭에 자리 잡은 서양금혼초 군락이다. 유럽 원산인 이 식물은 사료작물에 묻어온 것으로 보이는데, 제주도 대부분 목초지에 번져서 골칫거리가 된 풀이다.

이 식물은 없애려고 할수록 더욱 많이 번지는 괴물이다. 잎이 땅바닥에 달라붙어서 예초기로 쳐내도 도마뱀 꼬리처럼 꽃대만 잘려나가고 며칠 후에 더 많은 꽃대를 밀어 올린다. 더욱 놀랄 일은 목이 잘려 땅에 뒹구는 씨방도 계속 여물어서 바람에 솜털달린 씨앗을 날리니 이것이 괴물이 아닐 수

없다. 내버려두면 봄 한철만 꽃 피우고 말 것을, 없애고자하면 가을까지 계속 더 많은 꽃을 피우도록 돕는 셈이다. 어떤 연구에 의하면 이 풀을 자주 깎아주는 지역에서는 자연 상태의 초지보다 밀도가 더 높다고 한다.

이 식물의 특성과 퇴치 방법을 연구한 학자들의 논문에는(아직까지는 누구도 마땅한 퇴치방법을 찾아내지 못했지만…) 뿌리와 꽃에서 다른 작물의 성장을 방해하는 화학성분을 분비하고 잎은 거칠고 독성이 있어서 가축이 먹으면 배탈이 난다고 한다. 물리적, 화학적 무기와 강인한 생명력을 두루 갖춘 잡초인 셈이다.

어떤 학자는 '퇴치 불능의 잡초'라고 불렀지만 나는 이 별명에 공감하지 않는다. '잡초'라는 이름은 인간과의 싸움을 이겨낸 명예로운 훈장이기에 인간에 의해 사라지는 식물은 진정한 잡초가 아니기 때문이다. 이 괴물에게도 약점이 보여서 그나마 다행이다. 이 식물은 목초지처럼 키가 낮은 풀밭에서는 왕성하게 번지지만 자연 상태의 풀섶과 숲 속에서는 경쟁력이 없는 듯 보기가 힘들다. 신은 어떤 피조물에게도 절대 강자의 지위를 주지는 않았다.

어떤 사람도 모든 것을 잘하거나 완벽하지 않다. 우리가 늘 겸손해야만 하는 이유이다.

금혼초
Hypochaeris ciliata (Thunb.) Makino
냇가나 산지의 풀밭에 나는 여러해살이풀.
높이 40~60cm. 줄기는 곧게 서고 긴 갈색 털이 밀생한다. 6~10월 개화. 백두산 일대와 주로 북한 지방에 자생한다. [이명] 금은초

내 마음의 등불 등심붓꽃

등심붓꽃 *Sisyrinchium angustifolium* Mill.

양지바른 풀밭에 자라는 붓꽃과의 여러해살이풀. 높이 10~20cm. 5~6월 개화. 꽃의 지름 1cm 정도. 북아메리카 원산이며, 관상용으로 도입되었다가 야화되어 제주도와 남부 지방에 자리잡았다. [이명] 골붓꽃

내가 어렸을 적에는 밤에 호롱불을 켜고 살았다. 호롱에는 소주 두 잔 정도의 석유가 들어갔는데 쌀을 주고 석유 한 되를 사면 서너 달을 썼다. 석유를 살 형편이 못되는 집에서는 고쿨을 사용했다. 고쿨은 방구석에 굴뚝 모양으로 설치한 작은 아궁이로, 관솔불을 지펴 방안을 밝히는 원시적인 조명장치였다.

어린 시절을 두메산골에서 보낸 나이 지긋한 분들은 관솔불로부터 호롱, 촛불, 남포, 백열등, 형광등, LED램프까지 원시시대로부터 현대까지의 조명기구를 다 체험해 본 셈이다.

그 시절에는 호롱불에 쓰는 몇 방울의 기름을 아끼려고 방과 방, 그리고 부엌 사이에 벽을 뚫어 호롱불 하나로 두 방을 밝혔다. 나와 동생들은 불빛 가까운 곳에서 공부를 하고 어머니와 고모들은 바로 옆에서 바느질이나 길쌈을 했다. 아버지와 삼촌들은 사랑방에서 새끼를 꼬거나 바둑을 두곤 했다. 그리하여 호롱불의 등심은 온 식구를 하나로 묶는 중심이 되었다.

전기가 들어오면서 호롱이나 남포는 박물관으로 가고, '등심'이라는 말도 이제는 국어사전에나 남아 있는 낱말이 되었다. '등심(燈心)'이란 등(燈)의 중심, 즉 심지에 타는 불꽃이다. 등심붓꽃은 가운데가 밝은 노란색이고 꽃잎에는 붉

은 줄무늬가 있어서 아주 작은 등불이나 불꽃의 모습을 떠오르게 해준다.

요즈음 식물도감에는 한자명을 같이 쓰는 일이 드물어 알 수는 없으나, 나는 등심붓꽃을 '등심(燈心)불꽃'으로 기억의 창고에 고이 간직하였다. 그리하여 가끔 등심이 아우르던 지난날이 그리워지면 그 작은 마음의 등불을 밝혀 들고 고향을 찾아간다. 바이런은 '밤은 사랑하라고 만든 것'이라고 말했지만 요즘 사람들은 밤을 대낮처럼 밝히고 바쁘게 살고 있다. 예전보다 밤은 천 배가 밝아지고, 물자도 그만큼 풍요로워지고 사랑하는 이에게는 천만 배나 빨리 소식을 전할 수 있지만 과연 우리는 예전보다 더 행복하게 살고 있을까?

흰등심붓꽃
Sisyrinchium angustifolium f. *album* J. K. Sim & Y. S. Kim
등심붓꽃 군락에서 드물게 발견된다.

피뿌리풀을 다시 볼 수 있을까

피뿌리풀 *Stellera chamaejasme* L.

들의 풀밭에 나는 팥꽃나무과의 여러해살이풀. 높이 30~40cm. 뿌리가 굵고 독이 있다. 잎은 어긋나게 촘촘히 달린다. 5~7월 개화. 꽃은 원줄기 끝에 15~22송이씩 두상으로 달린다. [이명] 피뿌리꽃, 처녀풀, 서홍닥나무

아무래도 야생에서는 피뿌리풀을 만나기 어려울 듯하다. 한 종의 멸종을 어떻게 판단하고 결론 내는지 모르겠으나, 이것을 몰래 캐어 팔았던 업자들이 더 이상 물건이 없다고 했다면 슬픈 일이지만 사실에 가깝다.

희귀한 식물을 채취하는 사람, 공항과 항구에서 눈감아 주는 사람, 중간 상인, 철없이 이런 것들을 기르는 사람들의 뒷거래로 몇 종의 식물이 사실상 멸종되었다고 나는 알고 있다. 피뿌리풀, 풍란, 해오라비난초처럼 공유해야 할 아름다움들이 소유물로 전락하면서 몇 사람들의 주머니 속 푼돈으로 바뀌었다.

피뿌리풀은 제주도에서만 살았던 풀이다. 뿌리가 피처럼 붉어서 '피뿌리풀'이라고 부른다는 설이 있으나, 이 풀은 함부로 뿌리를 캐 볼 정도로 흔한 풀이 아니었다. 게다가 '처녀풀'이라는 이명을 보더라도 그러려니 하고 넘어가야지

몽골 초원에 펼쳐진 피뿌리풀 군락 ©이남희

굳이 아랫도리를 들쳐볼 것까지야 있겠는가.

몇 해 전 무슨 분재전시회에 출품된 이 꽃을 처음 보고서 제주도의 풀밭에서 만나보고 싶은 생각이 들면서도, 왠지 자연에서 오래 보전될까 하는 염려가 되기는 했었다. 다행히도 몽골의 초원을 다녀온 지인 한 분으로부터 몽골의 초원에는 이 풀이 잡초더라는 이야기를 들었다. 몽골에 사는 풀이 어떻게 제주도까지 왔을까?

생각해 보니 13세기에 몽골이 고려를 점령했을 때 제주도에서 몽골의 말을 길러 바치게 했던 일이 있었다. 여름이 짧은 몽골의 초원보다는 겨울에도 따뜻한 제주도가 말을 기르기에는 훨씬 좋았을 것이다. 그렇다면 몽골 말의 털 같은 신체의 일부나 마구(馬具)에 피뿌리풀의 씨앗이 붙어서 제주도로 왔을 가능성이 크다. 그러니 피뿌리풀은 이 땅에 800년을 살다가 간 것이다.

피뿌리풀은 특별한 복원 사업을 하지 않는 한 제주도에서는 더 이상 볼 수 있을 것 같지 않다. 토박이 식물도 아닌 것을 되살려야 할까 싶기도 하지만, 피맺힌 역사의 뿌리를 깨우쳐주는 의미 있는 식물이기도 하다. 아름다운 제주에서 피뿌리풀을 만나보고 싶다.

내가 만난 제일 작은 풀꽃 영주풀

영주풀 *Andruris japonica* (Makino) Giesen
아직 과, 속, 종 등의 분류학적 자리매김이 되지 않은 풀이다. 삼나무 숲 낙엽지대에 자라는 길이 2~4cm 정도의 부생식물로서, 전체적으로 엷은 자주색을 띠고 투명한 비늘 모양의 작은 잎을 가지고 있으며 한 개체에 암꽃, 수꽃이 따로 핀다.

©이정심

영주풀은 아직 국가표준식물목록에 올라와 있지 않다. 이 풀에 대하여 알려진 사실은 2008년 3월 연합통신의 제주지방 기자가 게재한 기사가 거의 전부이다.

"제주도에 세계적 희귀식물인 가칭 '영주풀'이 자생하는 것으로 확인됐다. 제주도는 서귀포 지역의 식물 애호가 2명이 지난해 8월 남원읍 신례리에서 발견한 식물을 제주생물종다양성연구소에 의뢰해 식물분류학적인 관찰과 정보검색 등을 통해 폭넓게 조사한 결과 일본 등 열대 및 아열대 지역에 분포하는 식물로, 일본에서는 절멸위기종으로 지정 보호하고 있는 것으로 확인됐다고 밝혔다. 연구소는 이 식물은 아직까지 국내에는 알려지지 않은 미기록종이어서 우리나라 이름을 가칭 '영주풀'로 명명했다." (하략)

내가 이 풀을 볼 수 있었던 것은 운이 좋았던 때문이었다. 제주도의 깊은 숲에만 나는 식물인 버어먼초를 만나러 갔는데, 몇몇 사람들이 땅바닥에 찰싹 붙어서 뭔가를 찍고 있었다. 궁금해서 물어보니까 '영주풀'을 찍고 있다고 대답하

면서 손가락으로 가리켜 주었지만, 나는 눈을 비비고 나서도 보이지 않았다.

통신사에서 제공한 기사에는 길이 10cm라고 나와 있었지만, 내 눈으로 간신히 볼 수 있었던 몇몇 개체들은 2cm 미만이었다. 줄기는 머리카락처럼 가늘고 꽃은 거기에 붙은 작은 비듬조각 정도였다. 게다가 색깔마저 낙엽색과 비슷한 반투명한 자주색이라서 이 식물을 손가락으로 짚어 줘도 눈에 잡기가 어려웠던 것이다. 아직 우리나라에서 이 풀에 대해 알려진 사실은 거의 없다. 눈에 보이지도 않는 이 식물에 암꽃 수꽃이 따로 있다고 하니 필시 중매쟁이가 있을 텐데 그 녀석은 또 어떤 존재일까? 이 식물의 족보는 어떻게 되는지, 어떤 조건에서 번식하는지, 몇 년을 더 기다려야 궁금증을 풀 수 있을 듯하다.

내가 얻은 것은 제주에 영주(瀛州)라는 옛 이름이 있었다는 사실 정도다. 제주는 주호국, 섭라, 탐라, 탁라 등 수십 가지의 옛 이름이 있고, '영주'는 역사적으로 별로 쓰인 적이 없었던 이름이다. 비록 가칭이지만 이 풀이름을 '영주풀'이라고 지어놓으니 이 귀엽고 예쁜 풀에 썩 어울리는 이름이라는 생각이 든다.

다음에 '영주풀'을 찾으러 갈 때는 밝은 랜턴, 큰 확대경을 준비하고, 눈이 아주 좋은 동반자를 모시고 갈 작정이다.

슬픈 전설의 꽃 문주란과 토끼섬

문주란 *Crinum asiaticum* var. *japonicum* Baker
제주도 해변의 모래땅에 자라는 수선화과의 상록 여러해살이풀. 높이 60~70㎝.
7~8월 개화. 관상용, 잎은 약용한다. [이명] 문주화, 천리향

먼 옛날 제주도 바닷가에 할머니와 손자, 단 둘이 살았다. 평생 해녀로 살아온 할머니는 늘 바다에 가서 물질을 했고 다섯살박이 손자는 바닷가에서 놀면서 할머니를 기다렸다. 손자는 할머니와 만 년을 같이 살 거라고 입버릇처럼 말했지만 할머니는 나이 탓으로 날로 쇠약해져 갔다. 그러던 어느 날 할머니는 영원히 눈을 감았다. 그러나 만 년을 같이 살자던 손자의 말이 끝내 잊히지 않아 할머니의 혼백은 바닷가의 작은 섬을 떠나지 못하고 맴돌다가 뿌리가 생기고 잎과 줄기가 나서 하얀 꽃을 피웠다.

이 전설의 꽃이 바로 문주란이고 이 섬에 하얀 꽃이 만발하면 마치 토끼들처럼 보여서 이 섬의 이름이 토끼섬이 되었다고 한다. 천천히 걸어도 십 분이면 한 바퀴를 돌 수 있는 이 작은 섬에는 문주란과 해녀콩이 많이 살고 있어서 이 전설이 참 그럴싸하다.

사실 이 두 가지 식물은 일본과 동남아시아에서 해류를 타고 그 종자가 제

주도까지 흘러온 것으로 추측되고 있다. 문주란은 꽃이 아름답고 향기가 좋아 관상용으로 인기가 많았고 진통 및 해열 효과가 있어서 종기와 어혈 치료제로 쓰였기 때문에 한때는 무분별한 채취로 거의 멸종상태가 되었다고 한다. 그 시절 이 식물과 같은 여성 인기가수의 이름 때문에도 문주란이 더욱 사람들의 관심을 끌었는지도 모르겠다.

1962년에 문주란이 천연기념물 19호로 지정되고 거센 파도와 바람으로부터 문주란을 지키려고 섬 둘레에 현무암 돌담을 쌓는 등의 노력 덕분에 토끼섬의 문주란은 그런대로 옛 모습을 되찾았다.

아무튼 사람들의 삶에 여유가 생길수록 보기에 좋은 식물들의 삶은 고달파진다. 만 년을 같이 살자고 한 어린 손자의 소원처럼 그 할머니의 혼백이 토끼섬에서 오래오래 잘 살아줬으면 좋겠다.

제주 해녀들의 애달픈 노래 해녀콩

해녀콩 *Canavalia lineata* (Thunb.) DC.
바닷가 모래땅에 자라는 콩과의 덩굴성 여러해살이풀. 6~8월 개화. 꽃의 지름 25mm 가량. 열매의 길이 5~6cm.
*제주도의 해녀콩은 열대, 난대에 자라는 해녀콩의 열매가 바닷물에 떠내려 온 것으로 추정하고 있다.

제주도는 바람, 돌, 여자가 많다 하여 삼다도(三多島)라 부른다. 아무리 별난 땅이라도 남녀가 다른 비율로 태어날 리가 없는데, 제주도에만 여자가 많다고 알려진 까닭이 늘 궁금했었다. 평생 제주도에 살아오신 분의 이야기에 의하면 남자들은 주로 고기잡이 일을 하다가 바다에서 돌아오면 집안에서 쉬어야 했고, 바다에서 영원히 돌아오지 못한 사람들도 많다 보니 여인들이 훨씬 많이 보였을 것이라고 한다.

제주 해녀들 사이에 전해온다는 '해녀 아내의 노래'를 들어보면 또 다른 이유가 있을지도 모른다는 생각이 슬며시 들었다. 그 노래 가사는 이렇다.

요 바당에, 요 물에 들언 (여기 바다에, 여기 물에 들어가서)
좀복, 구젱기, 고득하게 잡아당 (전복, 소라, 가득하게 잡아다가)

혼 푼, 두 푼, 모이단 보난 (한 푼, 두 푼, 모이다 보니까)
서방님 술깝에 몬딱 들어 감쩌. (남편의 술값에 모조리 들어가더라.)

우리나라에서는 어느 시대 어느 지방을 막론하고 여인들의 삶이 참으로 고달팠던 역사가 있었다. 이런 노래를 들으면 제주 해녀의 삶도 그러한 옛 삶의 모습에서 예외가 아니었으리라는 생각이 든다.

제주의 바닷가에서 이따금 만나는 해녀콩을 보노라면 그녀들의 고달픈 삶이 떠올라 더욱 가슴이 저민다. 해녀들이 원치 않는 아이를 가지게 되면 이 콩을 한 됫박 먹고 아기를 지웠다고 해서 해녀콩이라는 이름을 얻었다고 한다.

어떤 시인은 해녀들이 물질하러 갈 때 바닷가에 뻗은 해녀콩 덩굴이 지운 아기의 탯줄처럼 발목을 감는다는 슬픈 시를 쓰기도 했다. 이리도 애달픈 사연들을 제주 바다도 모를 리 없건만 언제나 파도는 무심하고 물결은 청정하기만 하다.

나이 들수록 꽃대를 세우는 삼백초

삼백초 *Saururus chinensis* (Lour.) Baill.
습지에서 자라는 삼백초과의 여러해살이풀. 높이 50~100cm. 줄기 윗부분에 있는 2~3개의 잎은 표면이 흰색이다. 6~8월 개화. 전초는 말려서 약용한다.

삼백초(三白草)는 꽃, 잎, 뿌리의 세 가지가 희다는 풀이다. 땅속에 있는 식물의 뿌리가 흰 것은 별것도 아닌데, 뿌리까지 갖다 붙여서 삼백초라고 이름 부르는 걸 보면 동양 사람들은 3이라는 숫자에서 완성과 조화를 느끼는 듯하다. 삼백초가 자생하는 제주도는 세 가지가 많다는 삼다도이고, 도둑, 거지, 대문이 없다고 삼무도(三無島)라고도 하니 없는 것까지도 꼭 삼박자를 맞춰야 성에 차는 모양이다.

삼백초의 효능을 자랑하는 광고 한 장을 몇 줄로 줄여 보자면, 삼백초는 변비와 숙변을 없애고, 간장 질환과 당뇨병에 효과가 있고, 해독과 이뇨작용이 뛰어나서 신장염, 부종 등을 치료한다고 한다. 또 고혈압, 동맥경화의 치료와 예방, 항암효과가 있고, 생리불순 등의 부인병을 치료하며, 노화방지 효과도 있다고 한다. 대부분의 식물에는 몸에 좋은 여러 가지 천연 성분이 있으므로 삼백초가 이러이러한 효험이 있다고 해도 그리 대단한 일은 아니다.

정작 삼백초의 특별한 점은 꽃차례의 모습에 있다. 어릴 때는 꽃차례가 잘 익은 벼이삭처럼 축 늘어져 있다가 나이가 들수록 꽃줄기를 꼿꼿이 세우는 형상으로 꽃이 핀다. 이 꽃차례의 모습은 U자를 엎어 놓은 모양이다. 그 가장 높

은 곳에 있는 꽃이 그날 핀 싱싱한 꽃이고 꽃 이삭 끝 방향 내리막으로는 아직 피지 않은 꽃, 뿌리쪽 아래의 꽃은 피었다가 시드는 꽃이다. 결과적으로 꽃이삭이 많이 처져 있을수록 싱싱한 꽃이고 곧게 서 있는 꽃대는 수명을 다한 꽃 차례다.

나이가 들어 시들해진 남성들은 삼백초에 은근히 기대하는 바도 있을법하다. 그러나 만병통치약이라 부를 정도로 몸에 좋다는 삼백초에 정작 꽃대를 세우는 효과는 빠져 있다.

약모밀
Houttuynia cordata Thunb.
숲 그늘에서 자라는 삼백초과의 여러해살이풀. 높이 20~50cm. 5~6월 개화. 고기 비린내가 난다고 해서 '어성초'라고도 하며, 잎이 메밀의 잎과 비슷하고 약용식물이므로 약모밀이라고 부른다. 우리나라의 울릉도, 안면도, 거제도, 전남 지방 등 따뜻한 지방에 자생한다. [이명] 삼백초, 십자풀, 어성초, 즙채(북한명), 집약초

부처님의 가르침을 전하는 버어먼초

버어먼초 *Burmannia cryptopetala* Makino

제주도의 숲 그늘에 사는 부생식물. 높이 5~12cm. 줄기는 곧게 서고, 잎은 길이 3~4mm, 끝이 뾰족한 비늘 모양이다. 8~9월 개화. 꽃의 상부는 노란색, 꽃자루는 짧으며 날개가 있다. [이명] 석장(錫杖)

나뭇잎 사이로 태양의 은빛 화살이 마구 쏟아져서 낙엽 숲 속에 무더기로 꽂혀있었다. 제주도의 숲 속에서 처음 본 버어먼초들의 첫인상이다. 버어먼초는 대체로 열대지방에서 자라는 부생식물(腐生植物)이다. 부생식물은 동물의 사체나 썩은 낙엽에서 영양을 섭취하는 식물로 살아있는 식물의 뿌리나 줄기에서 영양을 가로채는 기생식물과는 다르다.

버어먼초는 속명이 '*Burmannia*'이고 열대 아시아에 분포하므로 요즈음은 미얀마라고 하는 버마(Burma)에서 발견된 식물로 짐작했었으나, 나중에 알고보니 네덜란드의 식물학자인 Johnnes Burmann(1706~1779)의 이름에서 따온 것이었다. 전초가 스님의 지팡이를 닮아서 '석장(錫杖)'이라고도 한다. 석장은 그 윗부분을 주석으로 만들었기 때문에 주석 '錫'자를 쓴다. 석장의 가운데 기둥은 나무로, 아래쪽은 상아나 뿔로 만들었으며, 머리에 작은 고리 여섯 개를 달아서 땅을 짚을 때마다 소리가 났다. 그 소리는 짐승들과 벌레들에게 피신할 여유를 주는 배려였고, 탁발할 때 이것을 흔들어서 시주들에게 알리기도 했다.

석장은 고리가 여섯 개 달려 있어서 육환장(六環杖)이라고도 했다.

우리나라에서 유일하게 버어먼초가 자생하는 돈내코 계곡 부근은 한라산에서 내려오는 맑은 물이 흐르는 상록난대림 지역이다. 돈내코라는 지명은 '멧돼지들이 놀던 내川의 입구'라는 뜻이다. 제주도 말로 '돗'은 돼지를, '내'는 하천을, '코'는 입구를 의미하는데, 돗내코, 돗내코 하고 부르다가 '돈내코'가 되었다고 한다.

버어먼초는 생물의 주검을 온전히 흙으로 돌려보내는 식물이다. 버어먼초를 보노라면 '윤회의 고리를 끊고 해탈을 하라'는 부처의 가르침이 석장의 모습처럼 명징하게 드러난다.

애기버어먼초
Burmannia championii Thwaites
제주도의 숲 속에 나는 작은 부생식물. 높이 1~2cm. 버어먼초와 같은 지역에 자란다. 8월 개화. 버어먼초와 닮았으나 꽃이 여러 송이가 뭉쳐나고, 꽃에 날개가 달리지 않는다.

서러운 이방인 제주의 선인장

선인장 *Opuntia ficus-indica* (L.) Miller

북아메리카 원산의 선인장과의 여러해살이풀. 높이 50~100㎝ 정도. 가지가 편평한 타원형으로 갈라지며, 잎은 퇴화하여 가시가 되었다. 6~8월 개화. 열매는 식용 및 약용한다. [이명] 신선장, 단선

선인장은 아득한 옛날에 바다를 타고 제주도에 온 듯하다. 원산지가 멕시코라고 하니 태평양을 건넜을 것이다. 『동의보감』에는 선인장을 소염 진통 및 폐결핵, 화상 등의 치료를 위해 가정상비약으로 둔다는 내용이 있다. 이 식물은 최소한 몇백 년 전에 들어온 셈이다.

내 어릴 적 고향 동네에서도 집집마다 선인장을 길렀다. 혹처럼 자꾸 생기는 줄기를 뚝 떼어서 모래땅에 꽂아도 잘 살기 때문에, 시골에서는 이웃과 나누는 작은 인정이기도 했다. 『동의보감』에 나온 대로 가정상비약으로 쓰임새도 있었고, 그 이국적이고 신기한 모습 때문에 기르기도 했지 싶다.

선인장은 우리나라에서는 제주도의 서쪽 바닷가에서만 자생하고 있다. 그곳의 바다는 제주 바다 중에서도 특별히 맑고 신비로운 색을 띠는데, 오랜 세월 동안 조개나 산호들이 부서져 만든 모래 때문인 듯하다. 이 바닷가의 현무암에 자라는 선인장 군락에서 노란 꽃이 활짝 피어나 푸른 바다, 검은 바위, 노란 꽃

©박해정

이 멋지게 어울린 사진을 본 일이 있다.

그 풍경을 보고 싶어서 몇 번이나 그곳을 찾았지만 선인장이 풍성하게 꽃피운 모습은 볼 수 없었다. 언제나 수만 포기 중에 두어 개체가 겨우 꽃을 피웠다. 제주의 지인들에게 언제 제대로 꽃을 볼 수 있는지 물어보아도 아무도 모르는 걸 보면, 선인장에는 별로 관심이 없는 듯하였다. 선인장은 어떤 특별한 기후 조건에서만 꽃을 피우기 때문에 사람들의 관심에서 멀어지지 않았나 하는 생각이 들었다.

관심 받지 못하는 것은 그렇다 치고, 이미 오래전에 이 땅에 정착한 식물의 이름이 우리 국가표준식물목록에 없는 것도 이상한 일이다. 그 목록에 161종이나 되는 원예용 선인장 이름은 있는데도 말이다. 국가생물종지식정보시스템에는 학명과 이름만 올라와 있고, 이 식물에 대한 아무런 설명문이나 표본이 없다. 생각해보면 선인장은 사람들에게 사랑받지 못하고, 학술적으로는 아예 외면당하고 있는 불쌍한 식물이다. 수백 년 전부터 대대로 이 땅에 살고 있는 외국인에게 주민등록조차 해주지 않은 것과 다름이 없다. 제주 바닷가의 선인장은 아직도 서러운 이방인이다.

제주에서 서울로 보낸 선물 야고

야고 *Aeginetia indica* L.

억새밭에 나는 열당과의 한해살이 기생식물. 9월 경 개화. 꽃자루의 길이 10~20cm.

[이명] 담배대더부살이, 사탕수수더부사리

가을에 제주도를 여행하면서 억새가 자라는 곳을 유심히 보면 억새 가랑이 사이로 고개를 내민 야고를 쉽사리 볼 수 있다. 야고는 제주도 억새밭에서만 사는 기생식물로 알려져 왔는데 21세기가 시작될 무렵 어느 날 서울의 하늘공원에 나타났다. 공원에 억새밭을 만들면서 제주도 억새를 옮겨 심은 모양이다. 야고는 주로 동남아시아의 온난한 지역에 사는 식물이다. 어떤 연유로 상경을 했건 간에 서울에서 살고 있는 것을 보면 사람들이 우려하는 지구온난화의 혜택을 누리는 셈이다.

난지도가 어떤 곳이었던가. 40년이 넘도록 서울 사람들이 버린 쓰레기가 산을 이루어 사방 십 리에 파리 떼와 악취가 진동하던 버림받은 땅이 아니었던가. 생계가 어려운 사람들은 난지도에 모여들어 쓰레기 산을 뒤지며 폐지나 고철, 빈병 같은 것들을 골라내서 생계를 꾸려갔던 곳이다.

©이원범

그곳을 제주도의 억새가 덮어주었고 얼떨결에 야고가 따라왔다. 그 거대한 쓰레기 산이 사람들이 즐겨 찾는 공원으로 천지개벽을 했다. 그 속살까지 온전히 자연으로 돌아가기에는 장구한 세월이 걸리겠지만 인간이 만든 쓰레기를 정화시켜 다시 자연의 순환 과정으로 끌어안은 대자연의 포용과 용서, 그리고 치유의 은사(恩賜)에 감사할 따름이다.

야고는 한자로는 '野菰'로 쓰고 중국 이름도 같은 야고이다. '野菰'라는 한자 이름은 '들판에서 자라는 골풀'이라는 뜻이지만, 습지에 사는 골풀과는 친척관계도 아니고 모양도 닮은 구석이 없다. 그런데 이 야고에는 '담뱃대더부살이'라는 멋진 우리말 이름이 있다. 이름만 들어도 '담뱃대를 닮은 기생식물'이라는 의미가 쏙 들어온다. 국화과의 꽃 중에 담뱃대를 닮은 '담배풀'이 있기는 하지만 야고는 기생식물이라서 아예 잎이 없기 때문에 담뱃대를 더 닮았다.

야고는 무언가 이야기하고 싶어 하는 몸짓을 하고 있다. 이름이 좀 길더라도 '야고'를 '담뱃대더부살이'로 한 번 불러 보자. 할배의 담뱃대에서 뻐끔뻐끔 나오던 옛날얘기가 나올는지도 모른다.

곶자왈의 요정들 사철란

사철란 *Goodyera schlechtendaliana* Rchb. f.

그늘진 숲에 자라는 난초과의 여러해살이풀. 높이 12~25cm. 잎은 짙은 녹색으로 잎맥을 따라 흰색 반점이 있다. 7~9월 개화. 7~15개의 꽃이 한쪽으로 치우쳐 핀다. [이명] 알록난초

꽃 탐사를 하면서 길을 잃었던 적이 서너 번 있었다. 정확히 말하자면 길이 없는 곳을 탐사하다가 방향을 잃었던 것이다. 백두산 주변의 광대하고 어두운 삼림에서 헤맨 적이 있고, 한라산 자락의 원시림에서 나오는 길을 잃은 적이 있었다. 제주도의 그 특별한 원시림은 '곶자왈'이라고 부른다. 곶자왈은 화산 분출 때 나온 용암이 요철지형을 이루어, 지하수를 풍부하게 저장하고 보온, 보습효과를 일으켜 열대식물의 북방한계선과 한대식물의 남방한계선이 겹치는 세계 유일의 독특한 숲이다.

곶자왈은 대체로 평탄하거나 경사가 완만하고 숲이 울창하여 평생 제주도에서 살아온 토박이들도 종종 방향을 잃는 것을 보았다. 나는 길을 잃었을 때 당황스럽거나 두려운 마음보다는 뜻밖에 만나는 귀한 식물들이 주는 즐거움이 더

제주 곶자왈의 섬사철란 군락

켰다. 늦여름, 제주도의 깊은 숲에서 길을 잃었을 때, 책에서만 보고 이름만 들었던 식물들을 만났었다.

섬사철란, 붉은사철란, 털사철란, 덩굴용담, 버어먼초, 백운란, 수정난풀, 애기천마 같은 귀한 식물들을 사전 정보도, 안내자도 없이 만난 것이다. 제주도에서는 우리나라 자생란의 70%를 볼 수 있다고 한다. 그중에서도 사철란은 포만감을 느낄 정도로 만날 수 있다.

사철란이라는 이름은 일 년 내내 잎이 푸르다는 뜻일 게다. 제주도의 온난한 기후와 습도와 거름기가 풍부한 숲이 갖가지 사철란을 건강하게 키우고 있었다. 사철란들은 꽃도 여러가지 색과 모양을 하고 있지만, 잎에 그물 무늬나 물결 무늬가 있거나 없는 것도 있어서 여러가지 다른 사철란을 찾아내는 재미가 여간이 아니다. 그 재미에 길을 놓았다는 생각조차 까맣게 잊게 된다.

제주도에는 곶자왈처럼 길 잃기 쉬운 숲이 있어서 좋다. 그러한 곳에서 길을 잃어버리면 수천 년의 시간을 거슬러 태고의 원시를 느끼며 맑은 고독을 맛볼 수 있어서 좋다. 갖가지 모습을 한 사철란 같은 요정들과 만나기 위해서도 제주 곶자왈 숲에서 한번쯤은 더 길을 놓아버리고 싶다.

섬사철란 *Goodyera maximowicziana* Makino

울릉도, 남해안의 섬, 제주도의 그늘진 숲에 난다. 높이 5~10cm. 줄기가 옆으로 길게 뻗는다. 잎에 희미한 맥만 보이고 무늬가 없다. 9~10월 개화. 연분홍, 흰색의 꽃이 3~7개 이삭꽃차례로 달린다.

[이명] 산닭의난초, 줄사철란

붉은사철란 *Goodyera macrantha* Maxim.

전남, 제주의 습도가 높은 숲 속에 자란다. 높이 4~8cm. 줄기가 땅에서 옆으로 긴다. 잎은 짙은 회녹색이고, 가운데 맥을 중심으로 흰색 그물무늬가 있으며 2~3개가 모여 난다. 7~8월 개화. 1~3개의 꽃이 피며 짧고 투명한 털이 있다.

애기사철란

Goodyera repens (L.) R. Br.

해발 1,500m 이상의 그늘지고 이끼 있는 침엽수림에 자란다. 높이 8~20cm. 잎의 윗면은 진한 녹색에 흰색 맥이 있다. 7~8월 개화. 5~12개의 꽃이 한쪽으로 치우쳐서 피고 털이 있다. 백두산 일대 등 북반구의 고산지대에 분포한다.

[이명] 산알록난초, 산얼룩난초

털사철란

Goodyera velutina Maxim. ex Regel

제주도의 그늘진 숲에 자란다. 높이 10~20cm. 줄기가 붉은빛과 녹색을 띠는 갈색이며 곧다. 잎 앞면은 짙은 녹색, 중앙 맥은 희거나 붉고, 뒷면은 자주색이다. 7~9월 개화. 4~10개의 꽃이 한쪽으로 치우쳐서 핀다. 한국 특산종. [이명] 병아리난초, 자주사철란

*털사철란과 붉은사철란의 자연교배종으로 탐라사철란(*Goodyera tamnaensins*)이 있다.

로젯사철란

Goodyera rosulacea Y. Lee

그늘지고 다소 습한 숲에 자란다. 높이 20~40cm. 잎은 4~8개가 방사상(로젯형)으로 지면에 퍼진다. 7월 개화. 20여 개의 꽃이 한쪽으로 차례로 핀다. 한국 특산종이다.

[이명] 한국사철란

제주도의 난초들

차걸이란
Oberonia japonica (Maxim.) Makino
큰 나무에 매달려 사는 여러해살이풀. 잎이 두 줄로 늘어서고 끝이 뾰족하다. 4~6월 개화. 제주도와 일본, 타이완 등지에 분포한다.
[이명] 나도제비난, 이삭난초, 차걸이난
©양태철

비자란
Sarcochilus japonicus (Rchb. f.) Miq.
제주도의 상록수림에 착생하는 상록성 여러해살이풀. 기근(氣根)이 줄기 중간에서 길게 나오고, 줄기는 가늘다. 5월 경 개화. 꽃의 지름 7~8mm. 제주도와 일본, 중국 등지에 분포한다.
[이명] 제주난초

콩짜개란
Bulbophyllum drymoglossum Maxim. ex Okub.
습한 숲의 나무줄기나 바위 위에 착생하는 상록성 여러해살이풀. 줄기가 옆으로 기며 2~3마디마다 잎이 나고, 줄기 밑으로 뿌리가 난다.
5~6월 개화. 제주도, 보길도 등지에 자생한다.
[이명] 덩굴난초, 콩짜개난
©양태철

혹난초

Bulbophyllum inconspicuum Maxim.

습한 숲의 나무줄기나 바위 위에 착생하는 상록성 여러해살이풀. 뿌리가 실같이 가늘며 잎은 긴 타원형으로 콩짜개란과 닮았다. 6~7월 개화.
제주도와 남해안 지방에 분포한다.
[이명] 보리난초, 혹란

한라새둥지란

Neottia kiusiana T. Hashim & Hatus

잣밤나무 숲 또는 드물게 낙엽활엽수림에 나는 여러해살이풀. 부생란. 높이 6~15cm.
5~6월 개화. 제주도와 호남 일대에 자생한다.
*본종은 *Neottia hypocastanoptica* Y. N. Lee로 신종 발표된 바 있으나, 일본의 *Neottia kiusiana*와 동일한 것으로 확인되어 선취권에 따라 *Neottia kiusiana*가 정명이 되었다.(『한국의 난과식물도감』)

으름난초

Galeola septentrionalis Rchb. f.

낙엽수림에 자생하는 여러해살이풀. 부생란.
높이 20~100cm. 줄기가 곧게 서고 갈라지며 노란색 또는 붉은색을 띤다. 제주도, 안면도, 흑산도 및 남부 내륙 지방. 6~7월 개화.
[이명] 개천마, 으름란

흑난초

Liparis nervosa (Thunb.) Lindl.

산록 숲 속에 나는 여러해살이풀. 높이 20~30cm.
6~7월 개화. 암자색의 꽃 5~10송이가 떨기꽃차례로 핀다. 제주도와 일본 등지에 분포한다.
ⓒ이경서

제주무엽란

Lecanorchis kiusiana Tuyama

상록 광엽수림 밑에 나는 부생란. 높이 10~20㎝. 줄기는 가늘고 곧게 서며, 마르면 검은색으로 변한다. 6~7월 개화. 꽃의 길이 1㎝ 미만.
제주도, 일본 등지에 분포한다.
©이경서

백운란

Vexillabium yakushimensis (Yamam.) F. Maek.

습도 높은 숲에 나는 여러해살이풀.
높이 5~12㎝. 7~8월 개화. 제주도, 전남 백운산, 전북 백양산, 울릉도 등지에 자생한다.
[이명] 백운난초, 백운산난초
©전정표

애기천마

Hetaeria sikokiana (Makino & F. Maek.) Tuyama

활엽수림의 낙엽층에 나는 여러해살이 부생란.
높이 5~15㎝. 7~8월 개화. 5~10송이가 이삭꽃차례로 난다. 제주도, 백양산 및 내장산, 일본 등지에 분포한다.

한라천마

Gastrodia verrucosa Blume

숲 속에 나는 여러해살이풀.
꽃줄기의 높이 1~5㎝. 잎이 없는 부생란으로 꽃은 연한 녹갈색이다. 8~9월 개화. 꽃의 지름, 길이 1㎝ 가량. 제주도와 일본 등지에 분포한다.
©이주용

제주방울난초
Habenaria chejuensis Y. Lee & K. Lee.
약간 습한 숲의 돌 위나 땅에 자란다. 높이 약 20cm. 땅속에 길이 2cm, 너비 1.2cm 정도의 덩이줄기가 2개 있다. 잎은 줄기 아랫부분에 3~5개, 짧은 간격으로 나서 모여난 듯하며, 윗부분으로 갈수록 작아진다. 7~9월 개화. 제주(대정읍, 저지리)에 분포한다.
©이경서

애기방울난초
Habenaria iyoensis Ohwi.
해발 700m 이하의 빛이 드는 숲에 자란다. 높이 10~30cm. 뿌리는 가늘며, 1~2개의 원통형 덩이줄기가 달린다. 잎은 모여나며, 로제트형이다. 8~10월 개화. 한국(서귀포), 일본 남부, 대만 등지에 분포한다.

방울난초
Habenaria flagellifera (Maxim.) Makino
산기슭의 습한 점질토에서 자라는 여러해살이풀.
높이 20~50cm. 땅속에 덩이줄기 2개가 방울을 닮았다. 잎은 밑에서 3~5개가 어긋난다. 9~10월 개화. 한라산 일대에 자생한다. [이명] 흑십자란

제주도에 자생하는 풀꽃들

제주도에서만 자생하거나 육지에서는 희귀한 풀꽃 여남은 가지를 추려보았다.

산쪽풀
Mercurialis leiocarpa Siebold & Zucc.
섬의 산지에 나는 대극과의 여러해살이풀.
높이 25~50cm. 줄기는 네모지고 잎은 마주난다.
3~5월 개화. 꽃은 암수한그루이며, 암꽃이 위에 수꽃은 밑에 달린다. 잎을 염료용으로 쓰며, 제주도와 거문도 등지에 분포한다.
[이명] 산쪽

뚜껑별꽃
Anagallis arvensis var. *caerulea* (L.) Gouan
바닷가 암석지대에 나는 앵초과의 한해살이풀.
높이 10~20cm. 줄기가 옆으로 뻗다가 비스듬히 선다. 4~5월 개화. 제주도와 세계의 난대, 열대 지방에 자생한다.
[이명] 개봄맞이, 별봄맞이꽃, 보라별꽃 등

홍노노라지 *Peracarpa carnosa* var. *circaeoides* (F. Schmidt ex Miq.) Makino
습한 그늘에 나는 초롱꽃과의 여러해살이풀.
높이 5~15cm. 4~8월 개화. 제주도 홍노리와 일본 등지에 자생한다.
[이명] 골도라지, 골좀도라지
©권선희

갯취
Ligularia taquetii (H. Lev. & Vaniot) Nakai
바닷가 풀밭에 나는 국화과의 여러해살이풀. 높이 50~100cm. 줄기는 곧게 서고 잎은 넓은 타원형이다. 5~7월 개화. 한국 특산식물로 제주도와 거제도에 자생한다.
[이명] 갯곰취, 섬곰취
©박경옥

실꽃풀
Chionographis japonica (Willd.) Maxim.
한라산 자락의 난대림에 나는 백합과의 여러해살이풀. 높이 40cm 정도. 5~7월 개화.
[이명] 실마리꽃
©이주용

노랑별수선(가칭)
Hypoxis aurea Lour
제주도와 남해안 섬의 양지바른 풀밭이나 바닷가에서 자란다. 높이 15cm 정도. 분류학적 위치가 정의되지 않았다. 5~9월 개화. 꽃의 지름 2mm 정도. 오전 중에 피었다가 정오 무렵 꽃잎을 닫는다. 기타 생태적 특성에 대해 자세히 알려진 내용이 없다.

뱀무 *Geum japonicum* Thunb.
주로 조릿대가 자라는 곳에 같이 나는 장미과의 여러해살이풀. 높이 30~50cm. 줄기는 외대로 서고 짧고 연한 털이 있다. 6~7월 개화. 뱀무는 제주도, 울릉도, 내장산 등지에 자생하며, 전국적으로 흔히 볼 수 있는 것은 큰뱀무이다.
뱀무는 큰뱀무에 비해서 키가 작고, 잎이 넓고 줄기 윗부분의 잎은 거의 갈라지지 않는다.
©손광민

나도생강
Pollia japonica Thunb.
습도가 높은 숲 그늘에 나는 닭의장풀과의 여러해살이풀. 높이 30~80cm. 7~8월 개화. 제주도와 전남 완도에 자생한다.
[이명] 개양하, 나도새양

섬잔대
Adenophora taquetii H. Lev.
산지의 풀밭에 나는 여러해살이풀. 높이 25cm 가량. 줄기는 밀생하고, 곧게 서거나 비스듬히 올라간다. 7~8월 개화. 가지 끝에 한 송이 또는 여러 송이가 달린다. 뿌리는 식용한다. 제주도(한라산)에 분포한다.
[이명] 개딱주

갯금불초
Wedelia prostrata Hemsl.
바닷가 모래땅에 나는 국화과의 여러해살이풀. 줄기가 땅을 기고 마디마다 뿌리를 내린다. 7~10월 개화. 두상화의 지름 2cm 가량. 모래 유실을 방지하는 데 도움이 된다.
[이명] 모래덮쟁이, 털개금불초

깔끔좁쌀풀
Euphrasia coreana W. Becker
한라산 1,500m 부근의 초지에 나는 현삼과의 한해살이풀. 높이 5~10cm. 8~9월 개화. 꽃의 지름 2mm 정도.
[이명] 깔끔깨풀

맥문아재비
Ophiopogon jaburan (Kunth) Lodd.
바닷가 산지 그늘이나 습지에 나는 백합과의 여러해살이풀. 높이 50~70cm. 맥문동과 형상이 비슷하나 대형이다. 8~9월 개화. 주로 제주도와 남부 지방에 자생한다.
[이명] 왕맥문동

전주물꼬리풀
Dysophylla yatabeana Makino
습지에 나는 꿀풀과의 여러해살이풀.
높이 30~50cm. 줄기가 곧게 서고, 잎이 4장씩 돌려난다. 8~10월 개화. 전주에서 처음 발견되었으나 현재는 제주도에서만 관찰된다.
[이명] 꼬리풀, 물꼬리풀

방울꽃
Strobilanthes oliganthus Miq.
물가 그늘에 나는 쥐꼬리망초과의 여러해살이풀.
높이 30~60cm. 줄기는 사각형이고 잎이 마주난다. 9월 개화. 꽃의 지름 2.5cm 가량. 제주도와 일본에 분포한다.
[이명] 광대나물아재비, 자운채, 자주구름꽃

한라부추
Allium taquetii H. Lev. & Vaniot
볕이 잘 드는 물기 많은 곳에 나는 여러해살이풀.
높이 약 30cm. 잎의 길이 15~20cm, 폭 3mm 정도로 3~4개가 달린다. 8~9월 개화. 관상용, 전초를 식용한다. 한라산, 전남 백운산, 지리산, 경남 가야산 등지에 분포한다.
[이명] 섬산파

가장 울릉도다운 식물 섬노루귀

섬노루귀 *Hepatica maxima* (Nakai) Nakai.

울릉도의 숲 그늘에 나는 여러해살이풀. 높이 20㎝ 가량. 전체에 흰색의 긴 털이 밀생한다. 잎은 3갈래로 갈라지며, 두텁고, 광택이 나며, 너비는 10㎝ 가량이다. 4~5월 개화. 전초는 약용한다. 한국(울릉도) 특산식물.

[이명] 왕노루귀, 큰노루귀

울릉도는 작지만 그곳의 식물들은 크다. 섬노루귀뿐만 아니라 울릉도의 다른 풀꽃들도 대형인데, 기후와 관련이 깊은 듯하다. 울릉도는 1년 중에 160일쯤은 비나 눈이 내린다. 눈이 우리나라 평균치의 다섯 배나 내리는 곳이면서도 겨울철 날씨가 제주도나 남해안 다음으로 따뜻하다. 이런 기후가 울릉도의 식물을 크게 키웠을 것이다.

섬노루귀는 울릉도 특산식물로 이 섬의 대표식물이라고 할 만하다. 울릉도 특산식물들의 이름에는 대개 '울릉', '우산', '섬', '큰', '왕' 중의 한 가지 수식어가 붙는데, 알고 보면 모두 같은 뜻이다. 울릉도의 옛 이름이 '우산국'(于山國)이니 '울릉'과 '우산'이 같은 뜻이다. 그리고 우리나라 식물명에 들어가는 '섬'은 대부분 울릉도를 지칭한다. 앞서 말한 특별한 기후의 영향을 받은 울릉도 식물들은 덩치가 크기 때문에 식물 이름에 '큰'이나 '왕'이 붙은 것 중에 울릉도 특산

종이 많다. 섬노루귀의 다른 이름도 왕노루귀, 큰노루귀다.

섬노루귀는 꽃이나 잎의 지름이 보통 노루귀의 세 배가 넘고, 넓이로 보자면 열 배, 그 덩치는 무려 30배나 되는 셈이다. 다시 말하자면, 섬노루귀는 '우산노루귀'이자 '울릉노루귀'이며, '큰노루귀', '왕노루귀'라고 부르더라도 딱 좋은 이름이다.

이런 까닭만으로도 섬노루귀를 울릉도 대표식물로 추켜세울 만하지만, 이 잎 모양까지도 삼각형의 울릉도 땅모양을 쏙 빼닮았다. 시도가 없을 때 섬노루귀의 잎을 가지고 울릉도의 지리를 설명하면 된다. 울릉도는 울릉읍(과거 남면), 서면, 북면의 행정구역으로 나뉘어져서, 세 개로 갈라진 섬노루귀의 잎과 비슷하고, 잎자루가 나가는 오목한 곳은 울릉도의 분화구였던 나리분지를 닮았다. 그렇다면 섬노루귀의 꽃은 울릉도의 꽃, 도동 1번지인 독도라고나 할까…

섬노루귀는 온난한 기후 덕에 사시사철 푸른 이 섬을 닮아 새봄에 꽃을 피울 때까지도 묵은 잎이 푸르게 살아 있다. 이 섬의 한가운데, 성인봉(聖人峰) 높은 곳에 무리지어 채 녹지 않은 눈 속에서 꽃 피우는 섬노루귀! 이래저래 섬노루귀는 가장 울릉도다운 식물이다.

울릉도 명이나물 이야기

울릉산마늘 *Allium ochotense* Prokh.

숲 속에 나는 백합과의 여러해살이풀. 높이 40~60cm. 5~7월 개화. 전체에서 강한 마늘 냄새가 나며 식용한다. 울릉도, 설악산, 지리산 등지와 북부 지방에서 자란다. [이명] 명이나물, 망부추, 맹이풀, 서수레, 얼룩산마늘

5월에 울릉도에 가면 명이나물이 한창이다. 성인봉을 오르내리는 길에 이 나물을 하는 주민들을 많이 만나게 된다. 하산 길에 나물을 한 짐 지고 내려가는 아주머니에게 말을 건넸다.

"아지매, 그 나물 짐이 한 30킬로는 돼 보이네요."

"아이래요, 27키로밖에 안 돼요." (이 아지매는 걸어 다니는 저울인가 보다.)

"그러면 그거 팔면 얼마나 받나요?"

"한 30만 원은 넘게 받지요."

"매일 이만큼씩 나물을 뜯으세요?"

"비 오믄 몬오고, 힘들어서도 날마다 몬오니더. 나물 허가를 한 달 보름 내주는데, 이래저래 보름은 노니더."

"그런데 저 밑에 밭에서 명이나물 농사도 많이 짓던데, 왜 이렇게 힘들게 높은 산에 올라가서 나물을 하세요?"

"산나물하고, 밭에 키우는 나물이 우째 같능교? 아는 사람은 다 압니더."

돌아오는 버스 안에서 울릉도 사람들끼리 나누는 이야기를 들어보니, 2010년에 울릉도 오징어 매출이 72억 원이었는데, 명이나물의 매출이 그보다 많았을 거라고 한다. 체력이 좋은 남정네는 하루에 75만 원어치씩 뜯는 사람도 있

©김윤영

다고 했다.

그런데 이 대목에서 사람들의 대화는 극적인 반전을 한다.

"에고, 돈이 다 머꼬. 사람이 다 골빙이 드는데…."

"울 동네 영철이 알제. 가가 나물하다가 산에서 구불러가지고 하마 7년째 빙원에 누워 있잖나. 산(무덤)에 있는 게 차라리 낫제…."

"맞다 맞어. 돈 욕심에 니도 내도 죽기 살기로 나물하고 나서는 전부 다 골빙들어 가지고 빙원에 다 갖다 바친다 아이가…."

해발 984m, 울릉도의 성인봉은 높고 가파른 산이다. 4월에는 산 밑에서 나물을 뜯다가, 오월쯤 정상 부근에 눈이 녹으면 산꼭대기의 비탈까지 올라가서 몸에 로프를 묶고 나물을 뜯어야 한다. '명이나물'이라는 이름은 옛날 춘궁기에 구황식물로 사람들의 명(命)을 이어주었다는 데서 유래했다고 한다. 명이나물을 고마운 먹을거리로 생각하면 명을 길게 해주지만, 나물이 나물로 보이지 않고 돈으로 보이면 명이 짧아질 수도 있다. "네가 하루 동안 돌아온 땅을 다 주겠다" 했더니, 해 빠질 때까지 쉬지 않고 뛰다가 죽었다는 톨스토이의 단편소설이 생각난다. 욕심과 절제, 이 균형을 맞추기가 그렇게도 어려운 것인가?

헐떡거려야만 만날 수 있는 헐떡이풀

헐떡이풀 *Tiarella polyphylla* D. Don

산골짜기의 습한 곳에서 자라는 범의귀과의 여러해살이풀. 높이 15~30㎝. 땅속줄기가 옆으로 자라고 잎이 뭉쳐 난다. 5~6월 개화. 한방에서 천식(헐떡이병) 치료에 사용한다. [이명] 헐떡이약풀, 천식약풀, 산바위귀

울릉도에는 헐떡이풀이라는 재미있는 이름을 가진 풀이 있다. 숨이 가빠서 헐떡이는 병에 효과가 있다고 해서 붙은 이름이다. 울릉도에서는 옛날에 천식을 '헐떡이병'이라고 부른 모양이다. 천식은 기관지에 경련이 일어나는 병으로서, 숨이 가쁘고 기침이 나며 가래가 심한 증세가 있는데, 의학이 발달한 오늘날에도 천식의 완치는 어렵다고 한다. 헐떡이풀이 천식에 얼마나 효과가 있는지 연구된 자료도 없고 임상실험을 한 결과도 없다. 이 풀은 우리나라에서는 울릉도에만 자생하는데다가 개체수도 별로 많지 않아서, 요즘처럼 정보와 교통이 발달한 시대에 약효가 부풀려진 소문이라도 나면 멸종을 면하기 어렵다. 어떤 권위 있는 분이 헐떡이풀은 요즘 나오는 약들에 비해서

헐떡이병에 효과가 별로 없다고 말해주었으면 좋겠다.

헐떡이풀은 헐떡거리며 만나는 풀이라는 우스갯소리가 있다. 이 풀을 만나려면 울릉도 도동항에서 높은 성인봉을 넘어야 만날 수 있기 때문에 헐떡거리며 만난다는 말이 맞기도 하다.

요즘은 이 풀을 헐떡거리지 않고도 만나기는 한다. 울릉도 도동항에서 버스를 타고 나리분지로 가서 성인봉 등산로를 따라가면 되기 때문이다.

울릉도는 여러 번의 화산활동으로 이루어진 섬으로서, 수차례의 화산활동으로 해저에 순상대지가 생긴 위에 약 만 년 전의 화산활동으로 나리분지가 생겼고, 6300여 년 전의 화산 폭발로 알봉분지가 생겼다고 한다. 나리분지와 알봉분지는 아령 모양으로 연결된 두 개의 분화구다. 이 두 분지는 울릉도 특산식물의 식물원이다. 울릉도의 식물을 탐사하려면 나리분지에 숙소를 정하고 이곳을 중심으로 주변을 탐사하면 덜 헐떡거려도 된다.

헐떡이풀이 헐떡이병에 효과가 있다는 구전보다는 헐떡거리며 찾아가는 풀이라고 해야 이 풀의 안부가 온전할 것 같다. 자동차와 도로가 없었던 옛날에는 헐떡거리고 나서야 만났으니까.

우리나라 풀꽃들의 왕회장 왕호장근

왕호장근 *Fallopia sachalinensis* (F. Schmidt) RonseDecr.

산자락이나 들에 자라는 마디풀과의 여러해살이풀. 높이 2~3m. 암수딴그루. 8~9월 개화. 땅속줄기는 약용, 어린 줄기는 식용한다. [이명] 큰감제풀, 왕호장, 왕싱아

호랑이 지팡이 뿌리를 뜻하는 호장근(虎杖根)이라는 식물이 있다. '호장(虎杖)'은 봄에 이 식물의 순이 지팡이 길이만큼 올라왔을 때, 마디마다 호랑이 무늬 같은 얼룩이 있어서 비롯된 이름인 듯하다. 줄기가 성장하면 호랑이 무늬는 사라지고 마디에 붉은색만 남는다.

'호장'만으로도 충분히 좋은 이름에 '근(根)'자까지 붙인 것은 이 식물의 뿌리가 약으로 쓰인다는 암시로 보인다. 이 뿌리는 거풍(祛風) · 이뇨 · 소종(消腫) 등의 효능이 있다. '호장근'이라는 이름을 차분하게 풀어보자면, 어린 줄기에 호랑이 무늬가 있는 식물로 뿌리가 약으로 쓰이며, 이 약재의 이름인 '호장근'이 식물 자체의 이름이 된 것이다.

자료상으로 호장근은 우리나라 전역에 분포한다지만, 나는 육지에서 이 식

물을 본 기억이 없다. 호장근은 들녘에 흔히 자라는 같은 마디풀과의 식물들, 즉 싱아나 소리쟁이류들의 모습과 꽃차례가 비슷해서 언젠가 만난 적이 있었어도 무심코 지나쳤는지도 모른다. 내가 호장근을 처음 만난 것은 울릉도에서였다. 울릉도에 사는 호장근은 정확히 말해서 왕호장근이다. 울릉도는 그 옛날 바다 밑 화산 폭발로 탄생한 역사에 걸맞게 지금도 활화산 같은 생명력으로 섬의 식물들을 크게 키워낸다.

왕호장근은 호장근보다 키가 두 배나 커서 3m 정도까지 자란다. 진달래나 철쭉, 닥나무 같은 웬만한 관목들보다도 큰 키다. 키만으로 보자면 왕호장근은 모든 풀꽃의 왕이며, 왕회장이다. 풀이 어떻게 3m까지 크게 자랄 수 있는가? 속을 비우고 마디를 만들며 자라기 때문이다. 가장 적은 재료로 가장 튼튼한 기둥을 만드는 물리학적 지혜를 이 풀은 이미 깨우친 것이다. 그리 크게 자라면서 어떻게 쓰러지거나 부러지지 않는가? 이웃과 더불어 서로 의지하며 살기 때문이다.

우리는 대자연에 널려 있는 평범한 진리를, 험한 세상에서 비싼 대가를 지불하며 정말 재미없게 배우고 사는지도 모른다.

일본원숭이 잡는 법을 가르쳐주는 섬초롱꽃

섬초롱꽃 *Campanula takesimana* Nakai

울릉도의 산지에 나는 초롱꽃과 초롱꽃속의 여러해살이풀. 6~9월 개화. 초롱꽃과 닮았으나 꽃이 크며, 잎은 광택이 나고, 꽃의 반점이 희미하다. 어린순은 식용한다. 한국 특산식물이다.

©김태원

사람들은 우리 풀꽃 이름이 마뜩치 않을 때, 막연하게 일제의 잔재 탓으로 돌리는 경향이 있다. 그러나 앞뒤 사정을 살펴보면 그럴 일만도 아니다. 우리 식물의 국명(國名)은 1937년에 『조선식물향명집』을 낼 때부터 우리나라의 학자들이 이름 지었고, 고쳐가면서 써왔기 때문이다. 다만, 국제적으로 통용되는 학명에는 일본 학자들이 염치없는 짓을 한 흔적들이 남아 있다.

일제시대에 한반도 식물조사책임관이었던 나카이는 울릉도 특산종인 '섬초롱꽃'에 '타케시마나(takesimana)'라는 종소명(種小名)을 붙여서 일본 땅에 사는 식물이름처럼 꾸몄다. 섬초롱꽃뿐만 아니라 섬제비꽃, 울릉장구채, 섬장대, 섬현삼 등 수십 종의 울릉도 특산종에 모두 '타케시마'를 붙여놓았다.

일본은 어떤 섬을 '타케시마'(竹島, たけしま)로 부르는가? 저들이 제멋대로

울릉도의 식물을 조사하면서 발견한 종에다 '타케시멘시스'나 '타케시마나'라는 종소명을 붙인 것을 보면, 일제시대의 타케시마는 울릉도임에 틀림이 없다.

그런데 태평양전쟁 패전 이후 수십 년 동안 잠잠하던 일본이 언제부터인가 말을 슬그머니 바꾸어 독도를 '타케시마'라고 하면서 독도 주변 바다의 무한한 잠재가치에 부쩍 눈독을 들이고 있다. 하지만 수많은 울릉도 특산식물에 그들이 붙여놓은 '타케시마'는 이제와서 또 뭐라고 둘러댈 것인가?

입구가 아주 좁은 항아리 속에 미끼를 넣어두면, 원숭이는 미끼를 움켜쥔 손을 끝내 놓지 못하기 때문에 쉽게 잡을 수 있다는 이야기가 생각난다. 일본 원숭이는 울릉도라는 항아리 속에서 독도를 움켜쥐고 있다. 외교 일을 하는 분들은 섬초롱꽃 같은 야생화의 이름들에도 원숭이 미끼가 붙어 있다는 사실을 알고나 있는지 궁금하다.

선모시대나 두다리사람이나

선모시대 *Adenophora erecta* S. T. Lee et al.
울릉도의 숲에 자라는 초롱꽃과의 여러해살이풀. 높이 30~50cm. 줄기에 털이 없고 잎은 어긋난다. 8월 경 개화. 연한 하늘색의 꽃이 핀다. 한국(울릉도) 특산식물이다.

8월에 울릉도에 간다고 하니 한 지인이 귀한 정보를 주었다. 그곳 모처에 '선모시대'라는 희귀한 식물이 자생하고 있다면서, 이 식물을 야생에서 본 사람은 몇 명 되지 않는다고 했다. 사실 나는 모시대나 잔대 종류에 대해서는 문외한이다. 이들은 모두 잔대속의 식물이며, 국가표준식물목록에 40여 종이 등록되어 있을 정도로 종과 변종이 많기 때문에, 그 이상 알려고 들면 몇 년을 바칠 마음을 내어야 한다.

나는 무슨 모시대라는 이름이 붙은 식물들은 잎자루가 있고, 잔대들은 잎자루가 없다는 정도 이상을 알려고 하지 않았다. 그런데도 아주 귀한 식물이라는 소중한 정보를 받았으니 고맙기도 하고 부탁이기도 해서 찾아보지 않을 수가 없었다.

하루 종일 걸어도 단 한 사람도 만나지 않았던 한적한 길이었다. 그나마 울

릉도에는 네발짐승이 없다고 해서 안심이 되었다. 울릉도는 바다 한가운데에 형성된 화산섬이기 때문에 포유류가 유입될 경로가 없었고, 누가 들여 놓았다 하더라도 지세가 너무 험해서 도무지 살 수 있을 것 같지 않았다. 초식동물이 없다면 식물들도 가시를 만들 필요가 없다. 울릉도는 뱀, 도둑, 공해가 없다는 삼무의 섬이라고 자랑하지만 망망대해의 작은 섬에 도둑과 공해가 없는 것은 당연하고, 뱀, 짐승, 가시식물이 없는 삼무의 섬이라고 해야 맞다.

운 좋게 단 한 곳밖에 없다는 선모시대를 찾았다. 자태가 늠름하고 꽃은 백자 같은 옥골선풍이었다. 모시대나 잔대류의 모든 꽃들이 땅을 보고 피는데 비해서, 선모시대는 꽃이 상당히 고개를 쳐들고 핀 듯이 보였다.

『한국 식물명의 유래』를 보면 '선모시대'는 '직립하는 모시대'라는 의미를 가진 이름이라고 한다. 이 식물명은 1997년에 발표되었으므로 유래가 분명하다. 거의 모든 모시대와 잔대들이 직립해서 자라는데 '선모시대'라니, 그렇다면 '직립사람'이나 '두다리사람'도 있는가를 묻지 않을 수 없다. 더욱이 울릉도의 선모시대는 산지의 경사가 너무 가파라서 육지의 모시내보다 똑바로 서지 못하고 있는데 말이다.

모시대

Adenophora remotiflora (Siebold & Zucc.) Miq.

숲 속의 약간 그늘진 곳에 나는 여러해살이풀.

높이 40~100cm. 뿌리가 굵고, 줄기는 곧게 선다. 잎은 어긋나며, 잎자루가 있다. 7~9월 개화. 꽃은 밑을 향해 핀다. 연한 식물체와 뿌리는 식용 및 약용(거담, 해독제)한다.

[이명] 모시때, 그늘모시대, 모싯대, 모시잔대(북한명)

도라지모시대

Adenophora grandiflora Nakai

높이 70cm 정도. 줄기에 털이 없으며 매끄럽고, 잎은 위로 올라가면서 짧아져 없어진다. 모시대와 닮았으나 꽃이 원줄기 끝에서 밑을 향해 엉성한 총상꽃차례로 달린다. 7~9월 개화. 지리산 및 경기도, 강원도의 높은 산에 분포한다.

[이명] 도라지모시나물

©이우락

잔대

Adenophora triphylla var. *japonica* (Regel) H. Hara

반그늘이나 양지에 자라는 여러해살이풀. 높이 40~120cm. 줄기 전체에 잔털이 있고 잎은 3~5개가 돌려나기도 하고 어긋나기도 하며 잎자루가 없다. 7~10월 개화. 꽃부리는 종 모양으로 생겼고 끝이 좁아지지 않는다.

[이명] 가는잎딱주, 갯딱주

©이우락

당잔대

Adenophora stricta Miq.

산과 들에 나는 여러해살이풀. 높이 60cm 가량. 뿌리는 굵고 줄기는 곧게 서며, 잎자루가 없다. 7~8월 개화. 어린잎과 뿌리는 식용한다.

[이명] 당모싯대, 둥근잎잔대, 털모싯대, 살구잔대

층층잔대

Adenophora verticillata Fisch.

산과 들에 나는 여러해살이풀. 높이 60cm 가량. 잎이 돌려나며, 긴 타원형에 거친 톱니가 있다. 7~9월 개화. 연보라색 꽃이 층층으로 돌려난다.

[이명] 잔대(북한명)

넓은잔대

Adenophora divaricata Franch. & Sav.

높은 산에 난다. 높이 90cm 내외. 줄기 전체에 털이 있다. 넓은 타원형 잎이 3~4개씩 돌려나며 잎자루가 없다. 8~9월 개화. 전국에 분포한다.

[이명] 넓은잎잔대

울릉도 특산식물들

울릉도에서만 자생하거나, 육지에서는 희귀하며 울릉도에서 주로 볼 수 있는 식물들을 모았다.

우산제비꽃
Viola woosanensis Y. N. Lee & J. Kim
울릉도의 숲 속에 자라는 여러해살이풀.
높이 10~15cm. 잎은 불규칙하게 갈라지며 가장자리는 거친 톱니 모양이다.
4월 개화. 꽃은 보라색.
*남산제비꽃과 아욱제비꽃(최근 연구에 의하면 울릉제비꽃)의 자연교잡종으로 추정하고 있다.

큰졸방제비꽃
Viola kusanoana Makino
산지에 나는 여러해살이풀. 높이 20cm 가량. 졸방제비꽃에 비해 잎이 둥글고, 낚시제비꽃과 닮았으나 턱잎이 넓고 얕게 갈라지며, 잎이 둥글고 끝이 뾰족하다. 5월 개화. 울릉도에 자생한다.
[이명] 섬오랑캐, 죽도오랑캐, 섬제비꽃, 왕졸방제비꽃

아욱제비꽃
Viola hondoensis W. Becker & H. Boissieu
산이나 들의 약간 습한 곳에 나는 여러해살이풀.
높이 10cm 내외. 4~5월 개화. 꽃은 연한 자주색.
*한국에서는 울릉도에만 자생하는 것으로 알려진 이 제비꽃은 최근 여러 연구가들에 의하여 아욱제비꽃과는 다른 종으로 밝혀졌으며, 독도제비꽃 또는 울릉제비꽃이라는 이름으로 논문과 출판물이 발표되었다.

섬현호색

Corydalis filistipes Nakai

산지의 숲 그늘에 나는 여러해살이풀.
높이 20~30cm. 5월 개화. 덩이줄기를 약용한다.
한국 특산식물로 울릉도의 성인봉 주변에 자생한다.

고추냉이

Wasabia japonica (Miq.) Matsum.

산지의 물이 가까운 곳에 자라는 십자화과의 여러해살이풀. 높이 30cm 가량. 잎은 길이와 너비가 각각 8~10cm 정도다. 땅속줄기를 매운맛을 내는 음식재료(와사비)로 사용한다. 4~5월 개화.
한국(경북 울릉도), 일본에 분포한다.
[이명] 겨자냉이, 매운냉이, 섬고추냉이

주름제비란

Gymnadenia camtschatica (Cham.) Miyabe & Kudo

산지의 습한 숲에 나는 여러해살이풀.
높이 20~60cm. 줄기는 굵고 곧게 선다.
5~6월 개화. 울릉도에 자생한다.
[이명] 노랑난초

섬장대

Arabis takesimana Nakai

울릉도 바닷가의 암벽이나 산자락에 나는 십자화과의 두해살이풀. 높이 20~50cm. 전체에 거의 털이 없다. 뿌리에서 난 잎은 잎자루가 없으며 가장자리는 밋밋하다. 5~6월 개화. 한국(울릉도) 특산식물.

섬남성
Arisaema takesimense Nakai

울릉도의 숲 속에 나는 천남성과의 여러해살이풀. 높이 60cm 가량. 두 장의 잎이 각각 7~9장의 작은잎을 내며 가운데에 흰무늬가 있고, 희미하거나 없는 것도 있다. 4~5월 개화. 땅속 줄기를 거담 및 진해제로 약용한다. [이명] 섬사두초, 섬정뱅이, 섬천남성, 우산천남성 등

섬시호
Bupleurum latissimum Nakai

바닷가 숲 속에 나는 산형과의 여러해살이풀. 다른 시호에 비해 잎이 넓어 쉽게 구분된다. 잎이 넓은 달걀형으로 길이 6~13cm, 폭 4.5~11cm 정도로 매우 크다. 5~6월 개화. 멸종위기종이다.

©김태환

섬꼬리풀
Veronica insularis Nakai

바닷가 절벽이나 산지에 자라는 현삼과의 여러해살이풀. 높이 30cm 내외. 잎 가장자리에 불규칙한 톱니가 있으며 잎자루에 골이 있다.
5월 중순~7월 개화.

©노중현

섬기린초
Sedum takesimense Nakai

주로 바닷가 바위에 자라는 돌나물과의 여러해살이풀. 높이 50cm 가량. 줄기 밑부분의 30cm 정도가 겨울 동안 살아남아 이듬해 봄에 싹을 낸다.
5~6월 개화. 꽃의 지름 13mm 가량.

당아욱

Malva sylvestris var. *mauritiana*

바닷가 풀밭에 자라는 아욱과의 두해살이풀. 높이 60~90cm. 5~9월 개화. 약용이나 관상용으로 재배하던 식물이었으나 울릉도에서는 야생에서 볼 수 있다.

울릉장구채

Silene takeshimensis Uyeki & Sakata

울릉도의 바위에 나는 석죽과의 여러해살이풀. 높이 20~50cm. 뿌리는 목질화되어 굵으며 옆으로 비스듬히 선다. 6~8월 개화. 한국(울릉도) 특산 식물. [이명] 울릉대나물

물엉겅퀴

Cirsium nipponicum (Maxim.) Makino

산자락에 나는 국화과의 여러해살이풀. 높이 1~2m, 잎의 길이가 20~30cm로 넓고 크다. 8~10월에 개화. 어린잎은 식용하며 재배하기도 한다. 울릉도에 자생한다.

[이명] 섬엉겅퀴, 울릉엉겅퀴

울릉국화

Dendranthema zawadskii var. *lucidum* (Nakai) J. H. Park

산지에 나는 국화과의 여러해살이풀. 높이 30cm 가량. 구절초의 일종으로 잎이 두껍고 가늘게 갈라지며, 광택이 있다. 9~10월 개화. 꽃차례의 지름이 4~5cm로 큰 편이다.

©김태원

07 백두산에 피는 꽃

지금 우리가 갈 수 있는 백두산은 남의 땅이다.
그런데도 한국인들은 우리 땅의 꽃을 찾듯 백두산을 오른다.
연길과 용정, 두만강과 압록강변에 피는 꽃들도
북녘 산하에 살고 있을 식물과 같은 형제로 여긴다.
백두산 툰드라에서는 6월에 들어서야 눈이 녹기 시작한다.
그러다가 밤에도 꽃이 얼지 않을 정도로 따뜻해지는 날,
수많은 꽃들이 색색의 물감을 풀어놓은 듯이 핀다.
이 꽃들은 그때부터 두 달 안에 열매를 맺고 다시 눈 속에 묻힌다.
그곳[illegible] 남쪽 해안지방보다 다섯 배나 빨리 [illegible]진다.
백[illegible]은 계절의 차례를 기다리지 않고
한꺼번에 피었다가 일시에 사라진다.

©이세진

바위구절초

하늘 아래 첫 꽃
백두 절정에서 부르는
생명의 노래
아무 꽃들이나
부르는 노래가 아니다.

일곱 달 눈얼음 밑에서
바위 뚫어 뿌리 내리고
칼바람에 온 몸 찢기며
구름 비 안개 속에서
연분홍 꽃 잉태하다.

천지 푸른 물이
불기둥 위로 솟구치는 날
흔적 없이 사라질지라도
하늘 아래 첫 꽃이었노라
백두산 바위구절초!

바위구절초 *Dendranthema sichotense* Tzvelev

고산 암석지대에서 자라는 국화과의 여러해살이풀. 높이 15~30cm. 잎은 가늘고 깊게 갈라진다. 7~9월 개화. 꽃의 지름은 2~4cm로 줄기 끝에 1송이씩 핀다. 한국 특산종으로 강원도 금강산, 설악산, 함경도 고산지대, 백두산 등지에 분포한다. [이명] 산구절초

잃어버린 땅에서 만난 꽃고비

꽃고비 *Polemonium racemosum* Kitam.

고원의 풀밭에서 나는 꽃고비과의 여러해살이풀. 높이 60~90cm. 새깃 모양의 겹잎이 고비와 비슷한 모양이다. 6~8월 개화. 꽃의 지름은 1.5cm 정도이다. [이명] 함영꽃고비

복주머니란들이나 실컷 보자고 북간도에 갔다가 낯선 연보라색 꽃을 만났다.

도라지종류일까 싶어서 유심히 들여다 보니, 그 잎 모양이 양치식물인 고비를 닮았다. 꽃이 피는 식물의 잎이 고비를 닮아서 '꽃고비'인가 보다. '고비'와 '꽃고비'는 완전히 다른 식물 집안이지만, 그 잎 모양에서 '고비'라는 이름을 얻었지 싶다.

꽃고비처럼 지금 우리가 갈 수 없는 북한 땅의 꽃들은 남의 나라 땅에서 보는 걸로 위안을 삼을 수밖에 없다. 그래서인지 요즈음 야생화에 매료된 사람들은 백두산뿐만 아니라 만주벌판 구석구석을 누비고 있다. 이 사람들의 핏속에는 '이곳은 우리나라 땅이다'라는 유전자가 수천 년을 살아서 꿈틀거리고 있는 듯하다. 아닌 게 아니라 연변 조선족 자치주에 가면 관공서나 상점의 간판이 한글로 우선 표기되어 있어서 이곳이 우리나라인가 하는 착각에 빠지기 십상이다.

언어가 같고, 음식과 옷차림이 비슷할 뿐만 아니라, 용정, 일송정, 해란강 같은 지명들도 귀에 익은 곳이다.

수천 년 동안 우리 겨레가 살아온 땅이었고, 민족시인 윤동주도 이곳에서 태어나고 자랐는데, 지금은 오성홍기가 펄럭이는 땅이라니…. 잃어버린 옛 땅을 되물리기는 고사하고 겨레가 갈라선 지 반세기가 넘었는데도 다시 하나가 되려는 노력은 진정성이 보이지 않는다. 반쪽 땅에서조차 정치적 사회적 갈등만 깊어가는 듯하다. 눈앞의 밥그릇 싸움에 쌍심지를 켜는 요즘 이 나라에서 과연 누가 저 광활한 옛 땅을 꿈이나 꾸고 있을까?

꽃고비의 꽃말이 '날 보러 와요'라고 한다. 우리가 되찾아야 할 아름다운 그 땅에서 꽃고비가 어서 오라고 손짓하고 있다. 이 고약한 역사의 고비를 슬기롭게 넘어서 말이다.

연변에서 만난 멸종위기종 털개불알꽃

털복주머니란 *Cypripedium guttatum* var. *koreanum* Nakai
산지의 반그늘에 나는 난초과의 여러해살이풀. 높이 30cm 가량. 줄기에 털이 많다. 6~7월 개화. 흰색에 자주색 반점이 있는 입술꽃잎이 개의 불알이나 복주머니를 닮았다. 멸종위기식물. [이명] 애기자낭화, 털개불알꽃

야생화에 깊이 빠져든 사람들은 적지 않은 돈을 써가며 백두산을 찾는다. 어떤 이유에서든 간에 그 바탕에는 백두산과 만주 일대가 우리 땅이라는 잠재의식이 깔려 있는 듯하다. 지금은 갈 수 없는 북녘 땅에 있을 만한 꽃을 보고 싶어서 가는 사람들도 많겠지만, 우리나라에서는 멸종위기에 있거나 희귀한 식물들을 실컷 볼 수 있기 때문에 가는 사람들이 더 많은 듯하다.

털개불알꽃(국명: 털복주머니란)이 바로 그런 식물이다. 남한에서는 거의 멸종 상태인 이 꽃을 백두산 일대에서는 쉽게 볼 수 있고, 다른 개불알꽃 종류도 흔한 들꽃처럼 만날 수 있다. 나도 그 유혹을 뿌리치지 못하고 연변에서 가까운 지역을 찾아가서 형형색색의 개불알꽃들을 지루할 정도로 만나는 호사를 누렸다.

그곳에서 충격적이고 가슴 아픈 이야기를 들었다. 한 조선족 안내인이 '지금 조선족이 위기'라면서 하는 말이 1992년, 한중수교 이후에 조선족 여성들이 돈

을 벌려고 한국으로 몰려가면서 문제가 심각해졌다는 것이다. 현재 한국에 들어와 있는 조선족이 50만 명이 넘고, 이들 대다수가 젊은 여성과 가정주부들이라고 한다. 원래 중국 땅에 200만 정도의 조선족이 살고 있었다고 하니, 극단적으로 말하자면 지금 중국내에 남아있는 150만의 조선족 중에 100만 정도가 남자이고 50만 정도는 할머니와 여자아이들이다. 이런 인구 구조라면 조선족은 지금 당장 대가 끊기는 상황이다. 그의 말을 빌리자면, 요즈음 중국에서 조선족 처녀를 찾기 힘들뿐더러 주부들까지도 한국에 눌러앉아서 무너진 가정이 부지기수라고 한다. 게다가 한국 기업이 중국의 대도시로 대거 진출하고 한국인 관광객이 늘어나면서 연변의 조선족들이 돈을 벌러 썰물처럼 대도시로 빠져나가자, 연변은 이름뿐인 조선족자치주가 되었다고 한다. 그곳에서는 개불알꽃이 멸종위기종이 아니라 조선족이 멸족위기족이다.

'개불알꽃'의 우리나라 표준 식물명은 '복주머니란'이다. 이 이야기를 쓰면서 표준식물명을 쓰지 않은 까닭이 있다. 겨레의 장래를 걱정해야 할 사람들이 혈세를 받아먹으면서 밥그릇 싸움이나 하고 있으니 이 꽃 이름이 입에 맴도는 것이다. '이런 '복주머니(?)' 만도 못한 위인들 같으니라고….'

복주머니란(흰꽃)

Cypripedium macranthum Swartz

비교적 높은 산지의 반그늘에 나는 여러해살이풀. 높이 30~40cm. 5~6월 개화. 과거 미색복주머니란, 분홍복주머니란, 왕복주머니란 등은 모두 복주머니란의 색상 변이로 정리되었다.

[이명] 개불알꽃, 요강꽃, 복주머니꽃, 포대작란화, 작란화 등

노랑복주머니란

Cypripedium calceolus L.

높이 20~50cm. 복주머니란과 비슷하며 꽃은 노란색, 꽃받침과 곁꽃잎은 갈색을 띤 자주색이다. 6~7월 개화. 백두산 일대에 자생한다.

얼치기복주머니란

Cypripedium x *ventricosum* Sw

노랑복주머니란과 복주머니란 사이의 교잡종이며, 모종과의 역교배로 형태적 변이가 심하다. 종래의 자주복주머니란, 겨자복주머니란, 양머리복주머니란은 다양한 변이체들로 간주된다.(이남숙 지음.『한국의 난과식물』도감에서 인용)

산서복주머니란

Cypripedium shanxiense S. C. Chen, Acta Phytotax.

백두산의 경사진 풀밭에 나는 여러해살이풀. 높이 40~55cm. 5~7월 개화. 꽃은 황금색에 자주갈색 무늬가 있다. 백두산 산지의 경사진 풀밭에 자생한다.

©민경화

풀꽃처럼 사는 진달래의 형제들

담자리참꽃 *Rhododendron lapponicum* subsp. *parvifolium* var. *alpinu* (Glehn) T. Yamaz.
해발 2,000m 이상의 고산 초원에 나는 진달래과의 낙엽 관목. 높이 10~15cm. 6~7월 개화.
꽃의 지름 1.3~2cm. [이명] 담자리참꽃나무, 담자리꽃나무, 애기황산참꽃

백두산 고산화원의 봄은 담자색(淡紫色)으로 온다. 담자색은 여덟 달의 하얀 겨울 끝에 도는 반가운 혈색이다. 이 꽃밭에는 갖가지 색의 꽃들이 한꺼번에 피어나지만 멀리서 보는 백두산의 봄은 맑은 자주색이다.

이 색은 백두산의 봄을 가장 먼저 알리는 담자색의 참꽃이 수놓아 만든 카페트의 색이다. 비슷한 이름의 '담자리꽃나무'도 동시에 꽃을 피운다. 담자리꽃나무는 상아색의 꽃을 피워서 담자리참꽃을 돋보이게 하지만 같은 진달래과의 식물은 아니다. 노랑만병초도 이 무렵에 큰 무리를 지어 핀다. 이름은 달라도 이들은 대체로 풀꽃 높이로 산다. 백두산의 수목한계선은 해발 2,000m 정도다.

이보다 높은 곳에서 키 큰 나무로 살다가는 거센 바람에 견디지 못하므로 이곳의 꽃나무들은 키를 낮추어 줄기를 그물처럼 얽어서 살고 있다.

'담자리참꽃'이 시들 무렵 '좀참꽃'이 핀다. 그 이름은 작은 참꽃이나 꼬마 진달래라는 뜻이다. 좀참꽃과 같은 시기에 꽃이 피는 가솔송도 작은 나무이다. 수목한계선의 아래쪽 숲에는 몸에 좋다고 하는 황산차, 백산차, 월귤, 들쭉나무들이 자란다.

우연인지 몰라도 이들은 모두 진달래과에 속한다. 진달래는 사람 키와 엇비슷한 떨기나무(관목灌木)이지만 백두 고산화원에서는 풀꽃처럼 작은 크기로 살고 있다. 그리 보면 환경에 따라 모양과 크기를 달리할 뿐, 백두에서 한라까지 진달래가 살지 않는 곳이 없다.

진달래는 선조들이 '참꽃'이라고 부르며 사랑했던 꽃이다. 봄철에는 꽃잎을 떡이나 전에 얹어서 먹는 풍류도 즐겼다. 백두산 꼭대기의 여러 가지 참꽃들로부터 한라산의 철쭉까지 진달래와 그 형제자매들이 이 땅을 수놓고 있다. 중국이나 인도가 고향이라는 나라꽃 '무궁화'보다는 진달래야말로 우리의 '참꽃'이라는 생각이 든다.

담자리꽃나무 *Dryas octopetala* var. *asiatica* (Nakai) Nakai
고산의 정상 부근에 나는 장미과의 소관목. 높이 10cm 가량. 땅을 기는 줄기로 번식한다.
6~7월 개화. 꽃의 지름 2cm 정도.

노랑만병초

Rhododendron aureum Georgi

고산에 나는 상록 소관목. 높이 30cm 가량. 잎은 가죽질이고 타원형이다. 5~7월 개화. 꽃은 줄기 끝에 3~10송이씩 깔때기 모양으로 달린다. 꽃의 지름 3~4cm. [이명] 노랑뚝갈나무, 들쭉나무 등

좀참꽃

Rhododendron redowskianum Maxim.

해발 2,000m 이상의 고지대에 나는 낙엽소관목. 높이 10cm 가량. 줄기는 옆으로 눕고 햇가지 끝에 꽃을 한 송이씩 단다. 6~7월 개화. 꽃의 지름 2cm 가량. [이명] 두메참꽃나무, 멧참꽃나무, 좀참꽃나무

장지석남

Andromeda polifolia f. *acerosa* C. Hartm.

고원습지에 나는 상록 소관목. 높이 10~30cm. 원줄기는 약간 옆으로 눕고, 털이 없으며 분백색을 띤다. 5~6월 개화. 꽃은 단지 모양으로 길이 5~6mm. [이명] 대택석남, 사할석남, 선애기진달래, 화태석남

좁은잎백산차

Ledum palustre var. *decumbens* Aiton

고산의 숲 밑에 나는 소관목. 높이 15~70cm. 백산차와 닮았으나 잎이 짧고 좁으며, 잎 뒷면에 털이 없다. 5~7월 개화. 꽃의 지름 7~10mm. [이명] 가는잎백산차, 애기백산차

가솔송
Phyllodoce caerulea (L.) Bab.
고산 지대에 나는 상록 소관목. 높이 10~25cm. 줄기 밑이 옆으로 눕는다. 6~7월 개화. 꽃은 홍자색 단지 모양으로 묵은 가지 끝에 달린다.

월귤
Vaccinium vitis-idaea L.
높은 산지의 숲에 나는 상록 소관목.
높이 5~30cm. 뿌리 줄기가 옆으로 뻗는다.
6~7월 개화. 잎은 약용, 열매는 식용한다.
[이명] 땃들쭉, 땅들쭉, 월귤나무, 큰잎월귤나무

넌출월귤
Vaccinium oxycoccus L.
고원 습지의 이끼 속에 나는 상록 관목. 줄기는 철사같이 가늘고, 옆으로 기며 길이 20cm 가량. 6~7월 개화. 열매를 식용한다. [이명] 덩굴월귤, 덩굴땅들쭉

개감채를 만난 감개무량

개감채 *Lloydia serotina* (L.) Rchb.

높은 산의 암석지대에서 자라는 백합과의 여러해살이풀. 높이 7~20cm. 6~7월 개화. 꽃의 지름은 1cm 정도이다.
[이명] 두메, 산무릇, 두메무릇

내 생애 처음으로 백두산에 오르던 날, 때맞추어 고산 초원에 꽃들이 피기 시작했다. 수많은 꽃들 중에서도 작고 하얀 꽃무리가 바람에 흔들리며 피어나는 모습은 감동 그 자체였다. 일행 중에 누군가가 탄성을 질렀다.

'감개무량(感慨無量)하다!'

그 '감개무량' 때문에 불현듯 그 꽃 이름이 떠올랐다. 말로만 들어왔던 '개감채'였다. '두메무릇'이라는 우리말 이름을 두고 뜻도 연원도 모를 '개감채'를 국명으로 했는지 모르겠으나, 그 이름만큼이나 멀고도 낯선 곳에서 피고 있었다. 이전까지는 우리나라에서 '나도개감채'만 보면서 작은 백합 같은 꽃이 참 어여쁘다고 생각했었다. '나도'가 이 정도니 '진짜'는 얼마나 대단할지 오매불망하였던지라, 백두산 꼭대기에서의 첫 상봉은 말 그대로 '감개무량'이었다.

개감채는 풀꽃 중에서 한반도의 가장 높은 곳에서 가장 먼저 꽃을 피운다. 고산초원의 바람은 키 큰 나무가 살 수 없을 만큼 거세다. 이 작은 풀꽃이 그

바람을 견디는 모습은 참 가상하다. 가냘프지만 부드러운 줄기가 바람결에 춤추면서 깔때기 모양의 작은 꽃을 풍향계처럼 회전시킨다. 바람을 등지면서 꽃모양을 온전히 지켜내는 것이다. 이 가녀린 풀꽃은 수백만 번을 누웠다가 일어나도 그 모습이 흐트러지지 않는 지혜로운 절개를 가진 꽃이다.

그 옛날 백두산 돌이 다 닳도록 칼을 갈고(白頭山石磨刀盡) 두만강 물은 말을 먹여 없애겠다(頭滿江水飮馬無)던 사나이가 있었다. 그는 스물여덟 꽃다운 나이에 사라졌지만 이 작은 꽃들은 수천 년을 피고 진다. 백두산의 장엄한 봉우리들과 깊고 푸른 천지는 말이 없다.

나도개감채
Lloydia triflora (Ledeb.) Baker
산지의 다소 습한 곳에 나는 여러해살이풀.
높이 10~25cm. 4~5월 개화. 개감채에 비해서 꽃잎이 깊게 갈라진다. 개감채는 꽃잎에 갈색 줄무늬가, 나도개감채의 꽃에는 녹색 줄무늬가 있다.
[이명] 가는잎두메무릇, 꽃개감채, 산무릇

백두 고산화원의 자주구름 두메자운

두메자운 *Oxytropis anertii* Nakai ex Kitag.
고산 툰드라에 자라는 콩과의 여러해살이풀. 높이 12㎝ 가량. 뿌리가 비대하며
깃꼴겹잎의 작은잎은 뾰족하고, 털로 덮여 있다. 6~7월 개화.

백두산 고산화원에는 6월이 되어서야 눈이 녹는다. 눈이 녹으면 온갖 꽃들이 앞다투어 피어올라 얼어붙었던 툰드라에 갑자기 혈색이 돌기 시작한다. 누런 산자락에서는 자주색 꽃들이 눈에 잘 띄어서, 멀리서 보면 높은 산에 자주색 구름이 감도는 듯하다.

두메자운은 좀참꽃, 담자리참꽃나무, 좀설앵초와 함께 6월의 백두산 고산화원을 자주색으로 수놓는 꽃이다. 나는 '자운(紫雲)'이라는 꽃 이름을 좋아하며 감탄한다. 자주색 꽃이 무리지어 피는 모습이 구름과 같으니 백두산 초원에 펼쳐지는 봄의 향연이 그대로 느껴진다.

하지만 앞에 붙은 '두메'라는 표현은 적절하지 않다. '두메'는 첩첩산중(疊疊山中)을 말한다. 두메는 굽이굽이 산을 돌아서 다다르는 깊은 산골이지만 산이 포근하게 둘러싸고 물이 흐르고 사람이 사는 곳이다. 두메자운은 사람이 사는 두메산골에 살지 않는다. 두메자운은 사람이 살지 않는 높은 산에 산다. 그곳은 물이 부족하고 바람이 거세고 추운 곳이다. 다시 말하자면 두메와 고산은 거의 반대되는 의미를 품고 있다.

두메자운은 반 뼘 남짓한 작은 키에 굵은 뿌리를 내려서 고산의 추위와 바

람과 수분의 부족을 견뎌낸다. 보통 콩과식물은 아카시 잎처럼 둥글게 생겼지만 두메자운의 잎은 침엽수의 뾰족한 잎을 닮아서 이 식물이 고산식물임을 온몸으로 말하고 있다. '두메자운'에게 걸맞는 이름은 '고산자운'이다.

두메자운 말고도 고산식물에 '두메'를 붙여 높은 산과 깊은 산골을 혼동케 하는 이름이 꽤 많다. 꽃을 즐겨 찾는 사람들이 이런 이름들을 생각 없이 쓰다 보면 저마다의 아련한 추억이 꿈결처럼 포근한 고향 두메산골이 자칫 삭막한 산자락에 자리 잡지 않을까 하는 염려가 든다.

애기자운
Gueldenstaedtia verna (Georgi) Boriss.
양지바른 풀밭에 나는 여러해살이풀.
높이 10~20cm. 뿌리는 길고 비대하며, 잎은 밑동에서 뭉쳐난다. 4월 개화. 대구 일대에서 자생한다.
[이명] 털새돔부, 털새동부

꿈의 안테나를 높이 세운 나도범의귀

나도범의귀 *Mitella nuda* L.

깊은 산의 숲에서 자라는 범의귀과의 여러해살이풀. 높이 15~25㎝. 5~6월 개화. 꽃잎은 생선뼈 모양으로 5개이며, 꽃받침이 꽃처럼 보인다. [이명] 새납풀(북한명), 덩굴풀매화.

나도범의귀는 백두산 일대에서 자라는 북방계 식물이다. 우리나라에서는 남한강의 발원지로 알려진 검룡소 일대에서 수 년 전에 발견되어 식물학계가 떠들썩한 적이 있었다. 다섯 장의 꽃잎이 생선뼈처럼 이상하게 생긴 이 꽃은 조물주의 독창력이 돋보이는 작품이다. 이 별난 꽃을 오매불망하여 수소문을 했더니, 지키는 사람이 있어서 꽃을 보는 일이 구차할 듯했다.

이 꽃을 마음 편히 보려고 백두산까지 갔다. 내 나라 땅에 있고 북한 땅에도 흔히 있을 식물을 남의 나라 돈벌이 시켜가면서 보려하니 언짢았지만, 이 생선뼈 꽃잎을 단 녀석을 보고 싶은 유혹을 떨칠 수가 없었다.

백두산 주변 어두운 원시림, 거목의 발치 아래서 옹기종기 모여 사는 이 풀을 어렵지 않게 찾았다. 마침 깊은 숲을 뚫고 들어온 강렬한 햇살이 첫 만남의 감동을 더욱 크게 해주었다. 사람들은 언젠가부터 이 꽃을 '안테나꽃'이라고 불러왔다. 그 '안테나'는 사람과 사람들 사이에 소통을 바라는 마음, 우주와 대자연과 교신하며 그 영감을 받고 싶은 마음, 저마다의 소망을 전하고 싶은 이심전심에서 생긴 별명이리라.

사무엘 울먼(Samuel Ullman)의 '청춘'(Youth)이라는 시에는 나도범의귀가 달고 있는 것 같은 그런 안테나가 등장한다. "청춘이란 인생의 어느 기간을 말하는 것이 아니라, 마음의 상태를 말한다"라는 유명한 구절로 시작되는 그 시는 우리에게 '꿈의 안테나(aerials)'를 선물하며 끝을 맺는다.

꿈의 안테나를 높이 세워, 희망의 전파를 끝없이 받는 한, 그대는 80에도 청춘인 채로 죽을 수 있다.(But as long as your aerials are up, to each waves of optimism, there is hope you may die young at 80.)

세월이 주름을 늘게 하고 열정이 식어갈 때, 번민과 두려움, 의구심과 실망이 우리를 지치게 할 때, 나도범의귀, 그 희망의 안테나를 만나보면 어떨까?

구름범의귀
Saxifraga laciniata Nakai & Takeda
고산 중턱 이상에 나는 여러해살이풀. 높이 25cm 가량. 줄기는 곧게 선다. 7~8월 개화. 꽃의 지름 1cm 가량. 백두산의 높은 지대에 자생한다.
[이명] 구름범의귀풀

한만(韓滿) 국경선을 병풍처럼 두른 개병풍

개병풍 *Astilboides tabularis* (Hemsl.) Engl.

깊은 산골짜기에서 무리지어 자라는 범의귀과의 여러해살이풀. 꽃줄기의 높이 약 1m. 잎이 큰 것은 지름 75cm 정도이고 톱니가 있다. 6~7월 개화. 어린잎은 식용한다. 강원도, 경기도의 높은 산에 자라며, 백두산 주변에 흔하다. [이명] 개평풍, 골평풍, 골병(북한명)

압록강 상류에서 야생화를 탐사하다가 어린 북한 병사를 보았다. 우리나라의 보통 중학생들보다도 훨씬 작아 보이는 병사는 철조망에 매달려 뭐라도 좀 달라는 간절한 손짓을 하고 있었다. 몇 년 전인가, 북한 청소년의 신장이 점점 작아져서 입대 가능 최저 신장을 142cm로 낮추었다는 소식을 들었다. 이 키는 우리나라 초등학교 4학년 남자 아이 평균키와 비슷하다. 세상 어디에서도 이렇게 작은 군인이 있다는 소리를 듣지 못했다.

그들의 위대한 수령 동지와 그 아들 경애하는 지도자 동지는 인류 역사상 그 어떤 절대권력도 해내지 못했던 위대한(?) 일을 해냈다. 압록강변에서 그 위대성의 실체를 내 눈으로 확인하였으니, 한 세대의 체구까지 줄인 이런 위업은 신(神)도 하지 못했던 일이다.

압록강이나 두만강 상류의 국경은 하천이 얕고 숲이 울창해서 마음만 먹으면 국경을 넘는데 별 어려움이 없는 데도 탈북민이 많지 않은 까닭은 공포와 통제 때문일 것이다. 처음 탈북했다가 소환되는 사람은 손아귀를 뚫고, 두 번째로 탈북한 사람들은 코를 꿰어 끌고 갔다고 한다. 요즈음은 바로 총살을 하는 공포정치로 탈북을 잠재운 듯하다. 그 압록강 양쪽 숲 속에 개병풍이 군락

을 이루고 있었다. 병풍은 펼쳐 세워서 무엇을 가리거나 외풍을 막아주는 물건이니, 북한의 국경선을 따라 살기엔 그 의미가 아주 제격이다.

'개병풍'의 이름에서 '개'를 뒤집어 쓴 까닭은 '병풍쌈'이라는 식물보다는 맛이 못하다는 의미 같고, '병풍'은 잎이 아주 넓기 때문에 붙은 이름일 것이다. 그 군락 중에서 크게 자란 잎은 지름이 1m 가까이 되었으니 우리나라 식물 중에서 이보다 잎이 넓은 식물은 본 적이 없다. 허장성세 같은 개병풍의 이름에서 한 가닥 희망을 가져 본다. 백성을 제대로 보듬지 못하는 나라는 그 울타리가 개병풍과 같아서 언젠가는 허울뿐인 국경이 자유의 바람에 스러지고, 생이별한 혈육이 얼싸안고 덩실덩실 춤을 추는 날이 오리라고….

병풍쌈

Parasenecio firmus (Kom.) Y. L. Chen

깊은 산 숲 속에 나는 국화과의 여러해살이풀.
높이 1~2m. 어린순은 독특한 향기가 나며, 줄기에 능선이 있다. 잎은 지름 1m 정도까지 자라며 가장자리에 불규칙한 톱니가 있다. 7~9월 개화.
[이명] 병풍, 큰병풍

아무래도 마뜩치 않은 이름 달구지풀

달구지풀 *Trifolium lupinaster* L.

고산의 풀밭에 나는 콩과의 여러해살이풀. 높이 30㎝ 가량. 잎은 손바닥 모양, 작은잎이 5~7장으로 길쭉하게 바퀴살처럼 갈라져서 돌려나기 잎처럼 보인다. 6~9월 개화.

세상에 '이름 없는 들꽃'은 없다. 하지만 사람과의 만남이 있기 전에는 어떤 꽃도 이름이 없었다. '달구지풀'은 한 세기 전에는 우리나라 이름국명이 없었던 듯하다.

이 풀은 백두산이나 한라산의 높은 곳에 살아온 탓에 사람들을 만나지 못했을 것이니 말이다. 이 식물의 이름은 1937년에 『조선식물향명집』을 만들 때 일본 이름을 의역하면서 처음으로 만들어진 듯하다. 이 풀의 일본명은 '샤지쿠소(車軸草)'이고 우리말로는 '굴대풀'이다. 일본에서는 서구문물을 일찍 도입해서 '차축'이 귀에 익었겠지만 기계문명이 채 자리 잡지 못했던 당시 우리나라에서는 '차축풀'이나 '굴대풀'이라는 이름을 붙이기가 어려웠을 것이다. 짐작건대 당시의 학자들이 고민하다가 그 시대 우리 문명에서 유일하게 굴대가 있는 달구지를 끌어다가 꽃 이름으로 삼은 듯하다.

그러나 '장고 끝에 악수 둔다'는 말이 있듯이, '달구지풀'이라는 이름은 영 마뜩치가 않다. 달구지 바퀴살처럼 줄기를 둘러싼 잎의 모양에서 '차축초'라는 이

노호배능선(서백두)의 달구지풀

름을 끌어낸 일본명은 이해가 가지만, 우리나라에서는 한술 더 떠서 달구지 몸통까지 얹어 놓았으니 이 꽃으로 달구지까지 끌고 가기에는 무리라는 생각이 든다. 이 풀은 몽골의 대평원에서는 달구지를 보면서 살지만, 우리나라에서는 높은 산의 초원에서 평생 달구지를 만나지도 못하고 살아가는 풀이다.

이 풀을 그냥 '고산토끼풀'이나 '가는잎토끼풀'로 이름 지었더라면, 나 같은 문외한에게 이런 불평을 듣지 않았을 터이다. 달구지라고는 그림자도 없는 백두산 자락의 달구지풀이나, 한라산의 가파른 비탈을 오르며 제주달구지풀을 만나면 누구라도 이런 볼멘소리 한번 할 만하다는 생각이 든다.

제주달구지풀
Trifolium lupinaster f. *alpinus* (Nakai) M. Park
한라산 고산초원에 나는 여러해살이풀. 높이 15㎝ 정도.
달구지풀보다 전체적으로 작다.

린네가 몹시 사랑한 풀 린네풀

린네풀 *Linnaea borealis* L.

높은 산 숲 속에 나는 인동과 린네풀속의 늘푸른 반관목. 높이 2~10cm. 줄기는 땅을 기며 털이 있고 갈색을 띤다. 길이 1~2cm의 꽃자루에 대칭으로 두 개의 꽃이 달린다. 6~7월 개화.

"신은 창조했고, 린네는 정리한다." '식물분류학의 아버지'로 불리는 린네가 한 말이다. 오늘날 국제적으로 통용되고 있는 '국제식물명명규약'은 린네가 창시한 이명법(二名法)을 그 골자로 하고 있다. 이명법이란 식물의 이름을 두 부분으로 나누어 표기하는 것을 말한다. 첫 번째 부분, 즉 대문자로 시작하는 단어는 속명(屬名)을 말하고 두 번째 단어는 종에 대한 설명으로 종소명(種小名)이라고 한다.

린네는 그가 만든 이명법에 따라 직접 8천여 종의 이름을 붙였다. 그 많은 식물들에게 라틴명, 희랍명 등으로 이름을 붙이는 과정에서 대부분은 모양이나 특징을 기준으로 해서 이름을 만들었지만, 어떤 식물에는 친척이나 주변 사람의 이름을 붙이기도 했다. 우리나라에서는 조경용으로 재배하는 루드베키아(천인국)는 그의 스승 Rudbeck을 기리기 위해 붙인 이름이라고 한다.

그리고 작고 예쁜 풀꽃 하나에는 자신의 이름을 써먹었다. 그것이 바로 린네풀(*Linnaea borealis* Linne)이다. 이 풀은 영어로 쌍둥이꽃(Twin flower)이라고

©조옥란

하는데, 꽃대 끝에 쌍둥이처럼 닮은 두 개의 꽃이 나란히 매달려 있고, 정의의 여신이 들고 있는 천칭(저울)의 모양과도 많이 닮았다. 이 외형적 특징에 따라 이름붙이기가 쉬웠음에도 불구하고 굳이 린네풀이라고 명명한 것은 그가 이 풀을 몹시 사랑했다는 증거다. 린네는 오만하고 자존심이 강했던 사람이라고 전해진다. 세상만물의 목록을 만들겠다고 덤벼든 자체가 이미 오만한 짓이니 린네의 오만함은 그가 남긴 업적으로 보아 용서함이 마땅하다.

린네의 아버지는 성직자이자 식물학자였고, 삼촌과 할아버지도 식물학자였다. 증조할머니는 식물을 연구하다가 마녀라는 누명을 쓰고 화형 당했다고 한다. 지금도 남아 있는 린네의 옷, 가구, 그릇들은 온통 식물 그림으로 장식되어 있다. 그는 식물 집안에서 태어나 식물과 함께 살았던 사람이니 작고 어여쁜 풀꽃 하나를 그의 이름으로 불러주는 것은 당연한 일이다.

호랑이는 죽어서 가죽을 남기고 사람은 죽어서 이름을 남긴다는데 린네야말로 인류 역사상 가장 많은 이름을 남긴 사람이다. 70억이나 되는 인류는 모두 '호모 사피언스 린네'이고 이들은 린네가 학명을 붙인 벼(*Oryza Sativa* Linne)나 밀(*Triticum aestivum* Linne)에서 나온 양식으로 산다.

국경의 슬픈 전설 털동자꽃

털동자꽃 *Lychnis fulgens* Fisch. ex Spreng.
풀밭이나 반그늘에서 자라는 석죽과의 여러해살이풀. 높이 50~100㎝. 꽃받침 아래에 희고 긴 털이 많으며, 전체에 흰 털이 있다. 6~8월 개화. 꽃의 지름 4㎝ 정도. [이명] 호동자꽃

높고 깊은 산 외딴 암자에 스님과 동자승이 살았다. 스님이 겨울 양식을 구하러 산을 내려 간 사이에 눈이 너무 많이 와서 어쩌고 하는 슬픈 전설이 동자꽃과 설악산 오세암에 전해오고 있다. 여러 가지 꽃에 얽힌 전설들이 많기도 하지만, 그 이야기들의 살을 추리고 나면 뼈 모양은 거의 같다. 일단 주인공은 불쌍하고 착하고, 여자일 경우이면 예쁘다. 그리고 억울하거나 슬프게 죽게 되는 상황이 나오고, 그 이듬해 그를 닮은 꽃이 피어났다는 빤한 이야기다.

그렇다면 먼 훗날 두만강변에 남을만한 전설이 있다.

“옛날 두만강 남쪽에 북조선이라는 나라가 있었다. 나라가 피폐하여 굶어 죽은 사람과 고아들이 부지기수였는데, 꽃제비라고 부르던 고아들은 먹을 것을 찾아 국경을 넘기도 했다. 아무리 감시를 하고 탈출한 사람들을 잡아와서 감옥에 넣어도 국경을 넘는 일이 날로 늘어나자 왕은 드디어 총살령을 내렸다.

©양인호

국경을 떠돌던 꽃제비들은 그런 무시무시한 명령도 모르고 먹을 것을 찾아서 철조망을 넘다가 총을 맞고 쓰러졌다. 그 이듬해 그 철조망 부근에 핏빛의 꽃이 피었다. 꽃모양이 총탄의 상처와 같고 그 아래는 하얀 솜털이 있다. 사람들은 아직 솜털이 보송보송한 꽃제비 동자들이 국경을 넘다가 죽어서 그 꽃으로 환생했다고 믿는다."

두만강 상류의 한만 국경은 100여 년 전에 일본군이 우리 독립군들의 자유로운 이동을 차단하고 저들의 군사작전을 쉽게 할 목적으로 넓은 간격으로 숲을 제거하였다고 한다. 나무들을 솎아내고 베어서 생긴 드넓은 초원이 갖가지 야생화들의 천국이 되었다. 그 꽃밭에는 호작약, 꽃고비, 가래바람꽃, 제비붓꽃, 매발톱, 백산차, 분홍노루발풀, 큰솔나리, 하늘나리, 손바닥난초, 냉초, 금매화… 이름을 늘어놓기도 숨이 가쁠 정도로 온갖 꽃들이 핀다.

그 꽃밭에서 털동자꽃의 여운이 가장 짙게 남았다. 두만강 북쪽 강변을 따라 허술한 철조망이 있고, 그 철조망 앞에 흩어진 핏자국처럼 피는 꽃이다.

먼 후일 죽은 이들의 영혼이 물을지도 모른다. "우리가 피 흘리며 쓰러져 가는 것을 아셨나요? 그때 당신들은 무엇을 했나요?"

동자꽃
Lychnis cognata Maxim.
높은 산지에 나는 여러해살이풀. 높이 50~70cm. 전체에 털이 있다. 6~8월 개화하며 꽃의 지름 4cm 정도다.
[이명] 참동자꽃

제비동자꽃
Lychnis wilfordii (Regel) Maxim.
높은 산지의 반그늘에 나는 여러해살이풀. 높이 50cm 가량. 전체에 털이 없다. 6~8월에 개화하며 지름 3cm 정도다. 꽃잎 하나하나가 제비 모양을 닮았다. 멸종위기종(2급)

[이명] 북동자꽃

가는동자꽃
Lychnis kiusiana Makino
양지바른 습지에 나는 여러해살이풀. 높이 30~80cm. 7~9월 개화. 동자꽃과 제비동자꽃의 중간 형태이나 제비동자꽃과 더 닮았다.
ⓒ배영구

피는 순간부터 시드는 하늘매발톱

하늘매발톱 *Aquilegia japonica* Nakai & H. Hara

고산지대에서 자라는 미나리아재비과의 여러해살이풀. 높이 30cm 내외. 7~8월 개화.

[이명] 하늘매발톱꽃, 산매발톱꽃, 시베리아매발톱꽃. *북한에서는 천연기념물로 지정되어 있다.

하늘매발톱은 백두산에 썩 잘 어울리는 꽃이다. 꽃잎에는 백두산의 하늘빛과 흰 구름이 물들어 있고 '하늘매발톱'이라는 그 이름 또한 장쾌하다.

'매발톱'은 꽃 뒤에 달린 다섯 개의 꼬부라진 꿀샘이 먹이를 나꿔채려는 매의 발톱을 닮아서 붙은 이름이다. '하늘'이라는 접두사는 백두산과 같이 높은 산에 사는 식물의 수식어로 자주 씌워지는 감투다.

백두고원에 핀 하늘매발톱들을 보면 '사람들은 저마다 한 송이 꽃으로 이 세상에 온다'는 말이 실감난다. 초원의 빛, 꽃의 영광은 너무나 짧다. 매의 발톱을

닮은 꽃뿔은 하늘을 움켜잡고 있으나, 꽃뿔 아래 엷은 꽃잎은 피는 순간부터 시들기 시작한다. 말 그대로 '꽃은 피는 순간부터 시드는 것'이다. 백두고원의 강렬한 햇볕과 거센 바람은 가냘픈 꽃잎을 한나절 이상 온전하게 두지 않는다. 계절은 계절대로 몇 배나 빠른 걸음으로 지나간다.

백두고원의 툰드라에는 유월 중순에야 눈이 녹아 봄꽃이 피기 시작한다. 그들의 한 시절은 고작 보름 남짓이다. 그곳의 여름은 7월 초에 시작해서 스무날 정도 되고 7월 말에는 가을꽃이 피기 시작한다. 8월 초가 되면 더 이상 꽃이 피지 않는다. 두 달이 채 되지 않는 화려한 꽃잔치는 그렇게 끝난다.

우리의 젊음도 그렇지 않았던가…. 가슴 아리던 첫사랑도 무지개처럼 사라지고, 아침 같던 소년은 어느새 황혼을 바라보고 있다. 들꽃의 영광은 비록 한나절일지라도 그 아름다웠던 순간의 기억은 오래도록 남는다.

매발톱
Aquilegia buergeriana var. *oxysepala* (Trautv. & Meyer) Kitam.
산골짜기의 양지나 반그늘에서 자란다. 높이 50~100cm. 6~7월 개화. 꽃의 지름 3cm 정도. 꽃잎은 다섯 장으로 꽃잎 밑동에 자줏빛을 띤 꿀주머니가 하늘을 향해 있다.
[이명] 매발톱꽃

노랑매발톱
Aquilegia buergeriana var. *oxysepala* f. *pallidiflora* (Nakai) M. K. Park
백두산 일대의 평지에서 흔히 자란다. 높이 50~100cm. 6~8월 개화. 유독식물.
[이명] 노랑매발톱꽃, 노랑매발톱풀
*해발 1,600~1,700m를 경계로 그보다 고지대에서는 하늘매발톱이, 그보다 낮은 지역에서는 노랑매발톱과 매발톱이 흔하다.

씨배동무가 보여준 노루발들

분홍노루발 *Pyrola asarifolia* subsp. *incarnata* (DC.) Haber & Hir. Takah.
고산의 삼림 속에 나는 노루발과의 여러해살이풀. 높이 20cm 정도. 잎은 밑동에서 나오며 넓은 타원형이고, 가장자리에 얕은 톱니가 있다. 6~7월 개화. [이명] 분홍노루발풀

"아즉도 꼬지가 아이 핏네…, 씨배!"

백두산을 탐사할 때 함께한 조선족 가이드의 말투가 늘 그랬다. 우리말로는 '아직 꽃이 피지 않았네, 젠장!' 뭐 이 정도의 말이다. 그 친구는 무슨 일이 잘 안 풀릴 때 마다 '씨배!'를 붙였다. 우리 일행을 실망시켜서 미안한 마음을 이렇게 표현한 것이다. 나는 자연스럽게 그를 '씨배동무'라고 부르게 되었다.

어느 해 백두산 탐사 일정을 마치기 하루 전날이었다.

"씨배동무, 사흘 전에 새끼노루발이 막 피기 시작하던데, 그걸 제대로 보지 못하고 돌아가게 되어서 아쉽네요."

"아이 그게 무시기 소리요. 새벽에 가믄 되지요. 씨배!"

여기서 '씨배!' 는 '그 정도 쯤이야'로 해석이 된다.

비행기 시간을 맞추려면 늦어도 7시에는 출발해야 하는데, 새벽 같이 출발해서 잠깐 보면 되지 않겠냐는 말이다. 나는 제 몸 사리지 않고 늘 최선을 다해준 그를 좋아한다. 그 친구 덕분에 꽃이 잘 핀 새끼노루발을 볼 수 있었다. 우리나라에는 노루발과 매화노루발 정도가 자생하고 있지만, 백두산의 원시림에는 분홍노루발, 새끼노루발, 홀꽃노루발, 콩팥노루발, 호노루발 등 여러가지 노루발이 산다. 그의 덕분에 빠듯한 탐사일정에 이런 노루발들은 물론이고, 백

두산의 다양한 식물 생태계를 알차게 둘러볼 수 있었다.

북한에서는 이 친구를 한 달 남짓 평양에 모셔다가 칙사 대접을 하며 한국 관광객들이 북한을 좋아할 수 있도록 체제선전 공작을 했다. 그러나 씨배동무와 오랫동안 같이 다니면서 그 언동을 보니 이 사람이 줏대 없이 그들의 앞잡이가 되지는 않았다는 생각이 들었다.

다만 그의 얘기를 들어보면, 아무리 우리의 힘이 압도적이더라도 북한이 쉽게 무너지거나 우리의 기대처럼 흡수될 것 같지는 않다. 북한 주민들은 남한 주도의 통일이 되어 자본주의 사회의 노예가 되고 그들의 어여쁜 여인들을 돈에 빼앗기고 사람 취급 받지 못하고 사느니, 자칭 '강성대국'에서 굶주리더라도 큰소리치는 길을 받아들이는 듯하다.

백두산 주변은 식물 생태계도 다양하지만 생각도 넓어지는 곳이다. 우리 사회의 도덕적 해이와 계층 간의 갈등을 이대로 안고서는 나머지 반쪽을 껴안을 명분도 포용력도 부족할 거라는 생각이 든다.

노루발

Pyrola japonica Klenze ex Alef.

산지의 그늘에 나는 늘푸른 여러해살이풀. 높이 25cm 가량. 잎은 밑동에 뭉쳐나고, 꽃줄기가 곧게 선다. 6~7월 개화. 전초를 약용한다. 수술은 10개, 암술대가 길어서 꽃 밖으로 늘어진 모습이 노루의 발을 닮았다. 곤충들이 암술대에 매달려서 꽃가루를 채취하는 과정에서 수분이 이루어진다. [이명] 노루발풀

콩팥노루발

Pyrola renifolia Maxim.

깊은 산의 침엽수림 밑에 나는 늘푸른 여러해살이풀. 높이 10~20cm. 잎은 1~3장이 밑동에서 어긋나기를 한다. 잎자루가 길고 둥근 콩팥 모양이고 부드러운 톱니가 있다. 6~7월 개화.
[이명] 콩노루발, 콩팥노루발풀

새끼노루발

Pyrola secunda L.

고산의 침엽수림 밑에 나는 늘푸른 여러해살이풀. 높이 15cm 가량. 잎은 3~4장씩 뭉쳐나며, 끝이 뾰족하며, 잔 톱니가 있다. 7~8월 개화. 꽃의 지름 8mm 가량, 8~15송이가 치우쳐 달린다.
[이명] 좀노루발

호노루발

Pyrola dahurica (H. Andres) Kom.

산지에 나는 늘푸른 여러해살이풀. 높이 25cm 가량. 잎은 밑동에서 뭉쳐나고, 잎자루가 길며, 원형이다. 6~7월 개화.

[이명] 북노루발, 조선노루발, 호누루발풀

홀꽃노루발

Moneses uniflora (L.) A. Gray

산지에 나는 늘푸른 여러해살이풀. 높이 5~10cm. 잎은 밑동에서 나오며, 계란 모양으로 가장자리에 톱니가 있다. 7월 개화. 꽃의 지름 2cm 가량, 줄기마다 한 송이씩 달린다.

[이명] 멧노루발, 백두산노루발, 홀꽃노루발풀

매화노루발

Chimaphila japonica Miq.

산지에 나는 늘푸른 여러해살이풀. 높이 5~10cm. 가지가 약간 갈라지며 잎은 어긋나며 두꺼운 가죽질이고, 가장자리에 톱니가 있다. 5~6월 개화. 꽃의 지름 1cm 가량.

[이명] 매화노루발풀, 풀차

산형노루발(가칭)

백두산의 황송포 습지에서 근래에 발견된 특이한 모양의 노루발로, 현재 학명 등 식물분류계통상 자리매김이 되지 않은 듯히다. 습기 풍부한 침엽수림 아래서 콩팥노루발과 섞여서 자란다. 긴 주걱 모양의 잎이 5~6장씩 이중으로 돌려나기를 한다. 6~7월 개화. 꽃은 매화노루발의 꽃과 비슷하며, 꽃줄기의 높이는 10cm 미만이다.

선봉령 습지에 나부끼는 황새풀

황새풀 *Eriophorum vaginatum* L.

습지에 나는 사초과의 여러해살이풀. 높이 30~50cm. 줄기 밑동은 원통형이고 상부는 세모지다. 7~8월 개화. 이삭은 꽃이 필 때 25mm까지 자라며 흰색의 둥근 덩어리로 된다. [이명] 타래예자풀

연길 공항에서 백두산을 가자면 선봉령이라는 고개를 넘는다. 선봉령은 연변 조선족 자치주에서 가장 높은 산이라고 하는데, 산이라기보다는 거대한 구릉이나 고원지대라고 할 수 있다. 그 대평원의 어느 곳엔가 30만m^2 (9만 평)나 되는 습지가 있다. 울창한 숲을 한 시간 반 정도 걸어야 나타나는 그곳은 뚜렷한 길이 없어서 안내인들도 종종 길을 잃는 곳이다.

해발 1,530m에 있는 이 고원 습지는 옛날에 일본이 세운 꼭두각시 나라였던 만주국의 비행장이었다. 1940년 무렵에 러시아의 남진을 막기 위하여 로리커(老里克)라는 사람이 겨울철에 호수가 어는 특징을 이용하여 비상활주로를 만들었다고 전해진다.

꽃이 무척 아름답다는 장지석남을 보려고 그 특별한 고원 습지를 찾아갔다. 두 시간 가까이 어두운 숲길을 걸어서 탁 트인 초원이 나타났을 때 나를 사로

잡은 것은 드넓은 초원에 가득히 나부끼는 황새풀의 군락이었다. 그 이름처럼 풀밭에 내려앉은 황새들 같았다. 몸을 낮추어 파란 하늘이나 구름에 그 풀꽃을 띄워보면 그들은 하늘을 나는 황새의 무리가 된다.

어디선가 '백학'(cranes)이라는 노래가 들려오는 듯하였다. 90년대에 인기를 끌었던 드라마 '모래시계'의 주제곡으로, 장중하면서도 애조를 띤 선율이 짙은 여운을 남기는 음악이다. 이 노래는 전사한 군인들의 영혼이 백학이 되어 날아간다는 슬픈 내용으로 러시아 가수, 요시프 카프존의 노래로 널리 알려졌다.

사람의 흔적도 없고 원시의 신성함마저 느껴지는 선봉령 고원에서도 치열한 전투가 있었다. 그것은 다름 아닌 일본군과 대한독립군과의 전투였다. 김좌진 장군이나 홍범도 장군이 이끄는 독립군이 그때만 해도 우리나라 땅이나 다름없었던 간도 땅에 일본군의 진출을 막기 위해서 깃털처럼 목숨을 바쳤다.

선봉령 초원 가득 흩날리는 황새풀에서 그들의 혼백이 보이는 듯하다. 그곳은 불과 백여 년 전만해도 우리 역사의 무대였었다.

천지의 또 다른 이름 비로용담

비로용담 *Gentiana jamesii* Hemsl.

높은 산의 풀밭에 자라는 용담과의 여러해살이풀. 높이 5~12cm. 7~8월 개화. 뿌리는 약용한다.

[이명] 비로과남풀, 비로봉용담, 백산용담 * 북한에서는 천연기념물로 지정되어 있다.

우리나라 유명한 산에는 대개 비로봉(毘盧峰)이 있다. 금강산이나 묘향산, 오대산, 소백산과 같은 명산의 최고봉이 비로봉이니 불가에서 '가장 높은 경지'의 부처 이름인 '비로(毘盧)'와 그 의미가 걸맞다. '비로'라는 말은 언제 들어도 신비롭고도 귀한 느낌을 준다.

그런데 정작 가장 높은 백두산의 열여섯 봉우리 중에는 비로봉이 없다. 백두산 한가운데 비로봉이 있을 자리에 천지가 있기 때문일까? 이 하늘 연못(天池)의 다른 이름을 용담(龍潭)이라고도 하니 백두산에는 비로봉을 대신해서 '비로용담(毘盧龍潭)'이 있는 셈이다.

그리고 또, 없는 비로봉을 대신해서 비로용담(毘盧龍膽)이라는 꽃도 핀다. 수천 가지 우리꽃 이름 중에서 '비로'가 들어간 것은 이 한 가지뿐이다. 꽃은 자그마하지만 천지의 물빛과 백두의 하늘빛을 닮은 꽃의 색깔은 비로라는 그 이름으로 하여 더욱 신비롭게 느껴진다.

비로용담은 남한 지역에서는 강원도 대암산에 자생하고 있다. 대암산 용늪은 람사르 습지보호구역으로 지정이 되어 있어서, 비로용담을 보려면 백두산으로 가는 수밖에 도리가 없다. 지금은 갈 수 없는 북녘 땅 어느 높은 산과 개마고원에는 비로용담이 무리지어 필 것이다.

오늘날 그 땅의 권력은 비루하고 백성들은 참담하다. 어린 병사들은 국경을 넘나들며 구걸과 절도를 하고 절망에 이른 주민들은 목숨을 걸고 압록강, 두만강을 넘는다.

연변과 백두산 주변의 북한 식당에서는 젊고 예쁜 외화벌이 일꾼들이 동족의 인정에 호소하는 노래와 춤으로 한국 관광객들로부터 돈을 벌어들인다. 그렇게 벌어들인 돈으로 만든 무기를 움켜쥐고 북한 정권은 걸핏하면 이 땅을 불바다로 만들겠다고 큰소리를 친다. 비로용담이 피는 백두산의 남쪽은 지금 이렇게 '비루참담(鄙陋慘憺)'하다.

백두산 관광지 부근의 북한식당.
식사 중 공연을 곁들이는 대신 음식값이 비싼 편이다.

언젠가 우리 땅을 밟으며 백두산에 올라 남의 나라 눈치 보지 않고 비로용담을 만날 그날을 기다리는 마음은 너와 내가 다르지 않으리라.

ⓒ백태순

백두산 풍경의 화룡점정 두메양귀비

두메양귀비 *Papaver radicatum* Rottboell var. *pseudo-radicatum* Kitagawa
높은 산에 나는 양귀비과의 두해살이풀. 높이 10~20cm. 전체에 털이 많으며, 잎은 뿌리에서 뭉쳐나고, 깃 모양으로 갈라진다. 7~8월 개화. [이명] 두메아편꽃

백두산 고산초원에는 여름 한철에만 수많은 꽃들이 핀다. 유월 말에 눈이 녹은 다음부터 한 달 반 남짓한 기간, 그 초원에 꽃 잔치가 벌어질 때가 백두산 풍경의 절정이다. 수많은 꽃들 중에서 두메양귀비가 단연 돋보이는 걸 보면 과연 천하일색 양귀비 가문 출신답다. 백두산의 풍경은 이 꽃으로 화룡점정이 된다.

양귀비는 당나라 왕조를 위태롭게 한 경국지색이었다. 그녀의 이름을 물려받은 양귀비꽃은 빼어나게 아름답지만 열매에 있는 모르핀 성분으로 많은 사람들을 망가뜨린 죄로 문명국가에서는 더 이상 살 수 없도록 추방된 식물이다. 사실은 절세의 미모나 모르핀이 나쁜 것이 아니라 사람의 절제가 모자라서 비극적 종말을 맞이한 것이다.

1차 대전시 거대한 폭발의 흔적인 분화구 가운데에 매년 추모의 의미로 붉은 개양귀비 꽃잎을 뿌린다.

양귀비 일가 중에서 또 하나의 슬픈 양귀비가 있다. 인류역사상 가장 전쟁이 많았던 플랑드르 벌판의 개양귀비다. 1, 2차 세계대전 기간에만도 천만 명이 넘는 젊은이들이 피를 흘렸던 그 들판에서 붉게 피는 이 꽃은 전쟁의 참상을 무수히 보아왔을 것이다. 1차 대전이 한창일 무렵 어느 군인이 전우의 죽음을 슬퍼하며 '개양귀비 들판에서'라는 시를 썼는데, 이 시가 애송되면서 영연방국가들에서는 이 꽃이 전사자를 애도하는 꽃이 되었다. 추모 행사 때 그들은 이 꽃을 가슴에 달고, 붉은 꽃잎을 뿌린다.

양귀비 가문의 다른 형제들이 기름지고 풍요로운 땅에서 멸족을 당하거나 전쟁의 참화에 시달리는 동안 두메양귀비는 두메산골에서 평화롭게 살아왔다. 두메는 문명과 물산이 부족하여 삶이 불편한 곳이지만, 길이 멀고 험하여 인간의 탐욕 또한 닿지 않는 곳이다.

두메양귀비는 인간의 탐욕이 부딪치지 않는 곳에서는 사람뿐만 아니라 식물의 삶 또한 평온하다고 말한다. 무릇 풍요로운 곳에 탐욕과 분란이 있고 가난함이 있는 곳에 청빈과 평화가 있다.

뜻딸기의 이름에서 찾은 옛 땅

뜻딸기 *Fragaria yezoensis* H. Hara
양지바른 산자락에 자라는 장미과의 여러해살이풀. 전체에 털이 있고 기는 가지로 번식한다. 6~7월에 15~30cm 자란 꽃줄기 끝에 흰색 꽃이 핀다. 열매는 식용한다. [이명] 따딸기(북한명)

백두산 높은 곳의 봄은 6월에 시작된다. 6월 말에 접어들어서야 천지를 둘러싼 산자락의 눈이 녹고 천지의 얼음이 풀려서 장백폭포의 물줄기가 거칠어진다. 이 눈과 얼음이 녹은 물소리에 백두의 봄꽃들이 눈을 뜬다. 뜻딸기의 하얀 꽃도 이 무렵에 피기 시작한다. 뜻딸기는 요즘 말로 하면 '땅딸기'이다. 산딸기가 대부분 목질의 덩굴에 달리는 데 비해 뜻딸기는 땅을 기면서 자라는 초본성 덩굴에 열린다. 식물분류계통으로 보면 이 뜻딸기가 요즘 먹는 재배 딸기의 직계 조상이다. 뜻딸기는 밭에서 기른

백두산 자락의 땃딸기 군락. 기생꽃과 어울려 피고 있다.

딸기보다 단맛이 좀 덜할 뿐 비타민C와 영양은 오히려 더 풍부하다고 한다.

북한에서는 '땃딸기'를 '따딸기'라고 부른다. 북한에서 '따'는 '땅'을 뜻하는 접두사이다. '따'는 '땅'의 제주도 방언이기도 하다. 사실 북한이나 제주도의 방언만은 아니다. 옛날에 천자문을 배울 때, '하늘 천(天) 따 지(地)'라고 했으니 '땅'의 원래 모습이 '따'이었다. 그러다가 어느 시절에 '따'가 '땅'이 되어 버렸다. '따'자 밑에 바퀴를 달아 '땅'이 될 무렵에 땅을 굴리는 부자들의 세상이 되었는지는 모르겠으나, 언제부터인가 땅 가진 자들이 땅땅거리고 있다.

백두산 땃딸기가 피는 너른 '따'에는 조각조각 가격이 매겨지지는 않은 듯하다. 중국으로 말하자면 국립공원이기도 하거니와, 사회주의국가에서는 땅에다 값을 매겨 사고파는 일이 없으니 그 '따'에서는 돈 냄새가 나지 않아서 좋다. 임자 없는 '따'가 많아서 좋다. 꽃향기 넘치는 그 넓은 '따'가 좋다.

지하삼림에 출몰하는 유령란

유령란 *Epipogium aphyllum* (F. W. Schm.) Swartz

난초과 유령란속의 여러해살이풀. 키 10~20㎝. 굵은 뿌리에서 균사를 내어 죽은 생물에서 유기물을 섭취한다. 다른 난과는 달리 순판이 하늘 방향으로 뒤집혀 꽃이 핀다. 7~8월 개화. [이명] 호설란, 육란

백두산 자락에 느닷없이 땅이 푹 꺼져든 곳이 있다. 사람들은 그곳을 지하삼림(地下森林)이라고 부른다. 삼림의 바닥에는 땅속에서 솟구치는 뜨거운 물이 하얀 김을 내뿜으며 물골을 깊게 후벼 파며 흐른다. 그곳은 사람의 흔적이 없고 두터운 초록색 이끼와 원시림 사이로 조각난 하늘만 보이는 세상이다. 그 숲은 시작과 끝이 없고 방향을 알 수가 없다. 유령란은 그 숲에 살면서 몇 년에 한 번씩 유령처럼 홀연히 나타났다가 사라진다는 꽃이다. 중국에서는 이 꽃이 호랑이 혓바닥을 닮았다며 '호설란(虎舌蘭)'이라고도 부른다.

유령란은 엽록소가 없어 스스로 광합성을 하지 못하므로 땅속에 균사를 뻗어 동물이나 식물의 사체에서 유기영양물질을 섭취하는 부생식물(腐生植物)이다. 잎도 없이 투명한 줄기가 느닷없이 올라와서 꽃을 피우니 유령의 출몰처

럼 나타날 곳을 짐작하기조차 어렵다.

이 난초가 그야말로 유령다운 점은 순판(잎술꽃잎)에 있다. 야생란들은 보통 순판이 처음에는 위쪽에 형성되었다가 개화가 진행되면서 중력에 의해 꽃줄기가 180도 회전하여 아래쪽으로 자리 잡는다. 그런데 유령란은 꽃이 피어서 질 때까지 순판이 위쪽에 그대로 있다. 유령은 무게가 없는 허상이라 만유인력의 법칙조차 통하지 않는 모양이다.

지하삼림에는 유령란 말고도 쌍잎난초, 산호란, 애기무엽란, 애기풍선난초 등 국내에서는 볼 수 없는 난초들이 자라고, 나도범의귀, 참기생꽃, 홀꽃노루발, 왕죽대아재비처럼 습기가 많고 그늘을 좋아하는 식물들이 산다.

나는 지하삼림의 신비로운 분위기에 이끌려 꽤 깊이 들어갔다가 한동안 방향을 잃어버리기도 했다. 태고의 비경을 고스란히 간직한 깊고 어두운 숲에서 실체를 알 수 없는 공포를 느꼈다. 아름다운 프리마돈나가 오페라의 유령에게 이끌려간 지하세계에서 느꼈을 두려움과 신비로움이 그와 같았으리라.

백두산에서 볼 수 있는 다른 난초들

애기풍선난초

Calypso bulbosa (L.) *Oakes* var. *bulbosa*

침엽수림의 이끼 많은 지역에 나는 여러해살이풀. 높이 15cm 가량. 잎은 1개로 난형이고 세로 주름이 있고 가장자리가 물결형이다. 5~6월 개화. 백두산 일대와 동북아시아에 분포한다.

[이명] 애기숙갈난초, 주걱난초, 풍선란

애기무엽란

Neottia acuminata Schltr.

고산의 송백류 숲에 나는 여러해살이풀.

높이 10~25cm. 부생란으로 줄기에 털이 없으며, 잎은 통모양으로 줄기를 둘러싼다. 6~8월 개화.

[이명] 무엽난초, 좀무엽란

산호란

Corallorhiza trifida Chatelain

고산의 침엽수림에 나는 여러해살이풀.

높이 10~20cm. 부생란으로 땅속줄기가 산호 모양으로 갈라지며 육질이다. 6~7월 개화.

[이명] 나도애기무엽란

손바닥난초 *Gymnadenia conopsea* (L.) R. A. Br

고산지대의 풀밭에 분포하는 여러해살이풀.
높이 20~60cm. 뿌리는 덩이뿌리로서 손바닥 모양, 길이 1~5cm로 육질이다. 줄기는 곧게 서고 잎은 좁고 뾰족하며 4~6장. 6~8월 개화. 백두산, 지리산, 한라산 등지에 분포한다.
[이명] 손뿌리난초, 손바닥란, 뿌리난초

새둥지란 *Neottia papiligera* Schltr.

소나무, 잣나무류의 침엽수림에서 자라는 여러해살이 부생란. 높이 20~35cm. 7~8월 개화. 백두산 일대와 북한 등지에 분포한다.
*평북 대홍산에서 발견되었다고 홍산무엽란이라고도 한다.

쌍잎난초 *Listera pinetorum* Lindl.

높은 산의 송백류 숲에 나는 여러해살이풀.
높이 6~30cm. 줄기는 곧으며 다소 각지고, 잎은 두 장, 줄기 중간에 마주나며, 잎을 중심으로 아랫부분에는 털이 없고, 윗부분에는 털이 있다. 7~8월 개화. [이명] 두잎난초, 두잎란
*녹색 식물이나 유전자 분석결과 새둥지란 속으로 분류되었다.

구름병아리난초 *Gymnadenia cucullata* Schltr.

고산지대에 분포하는 여러해살이풀. 높이 10~20cm. 줄기는 가늘고 잎은 2~3장, 타원형이다. 7~9월 개화. 백두산 지역에 자생하며 남한 지역에서는 희귀하다. [이명] 구름병아리란, 산나사난초, 타래난초
*잎에 자주색 반점이 있는 것을 점백이구름병아리난초라고 한다.

백두산을 오르며 느끼는 껄끄러움 껄껄이풀

껄껄이풀 *Hieracium coreanum* Nakai
높은 산자락에 자라는 국화과 조밥나물속의 여러해살이풀. 높이 30~60cm. 줄기에 거친 털과 잎에 톱니가 있다. 7~9월 개화. [이명] 고려조밥나물.

백두산에 오르는 길은 크게 남, 서, 북의 세 방향에서 나 있고, 동쪽의 길은 우리가 갈 수 없는 북한 땅이다. 서백두에서는 차에서 내려서 1,442개의 계단을 걸어 올라가야 하는데 돈을 주고 두 사람이 메는 가마를 타고 오를 수도 있다. 젊은이가 이 가마를 타면 건방지다고 따가운 시선을 받고, 뚱뚱한 사람이 타면 가마꾼이 애처롭게 보이는 만큼, 가마 위에 얹힌 둔중한 몸이 눈총을 받기 십상이다. 아이를 타게 하면 과잉보호한다고 곱지 않은 눈으로 본다. 노인이 타더라도 복잡한 계단에서는 껄끄러운 눈길을 피할 수 없다.

가마에 껄끄러운 시선을 보내는 것은 사람들만이 아니다. 계단 주변에 노랗게 꽃 핀 껄껄이풀들도 껄끄럽게 본다. 물론 웃자고 한 말이지만, 북백두에서는 보기 드문 이 풀이 서백두에서는 산자락을 온통 뒤덮고 있어서 해본 소리다.

서백두에서 정상으로 오르는 계단

껄껄이풀의 어린잎은 부드러워서 나물로 먹을 수 있으나, 그 시기가 지나면 여느 식물과 마찬가

지로 잎이 드세진다. 세어진 껄껄이풀의 잎은 새 지폐처럼 얇고 빳빳한데다가, 잎의 앞뒷면에는 털이 있고 가장자리에는 톱니가 있다.

껄껄이풀 때문은 아니지만 백두산에 들 때는 껄끄러운 일이 많다. 산에 한 번 들어갈 때마다 만만찮은 입장료를 내야 한다. 게다가 등산로 외에서 탐사를 하려면 갖가지 명목의 추가비용을 내어야 했는데, 지금은 자연보호 명분으로 그나마 공식적으로는 금지가 되었다. 이런 상황에서 그곳 관리와의 관계, 흔히 하는 중국말로 '꽌시'를 통해 몰래 산행을 하자면 꽤 많은 뒷돈이 든다.

남의 땅에서 백두산을 오르는 것이 이리도 껄끄러운지라 공연히 죄 없는 껄껄이풀을 잡고 시비를 걸어 보았다. 어서 통일이 되어 편안한 마음으로 백두산에 들고 싶다.

조밥나물

Hieracium umbellatum L.

산이나 들에 흔히 나는 여러해살이풀. 높이 30~100cm. 줄기에는 잔털이 있고, 잎 가장자리에 뾰족한 톱니가 약간 있다. 7~10월 개화. 어린순은 식용한다. 노란 꽃이 소담스럽게 핀 모습에서 조밥이 연상된다.

물부처로 고쳐 불러야 할 이름 산부채

산부채 *Calla palustris* L.

고원습지에서 자라는 천남성과의 여러해살이풀. 높이 15~30㎝. 꽃자루 끝에서 넓은 타원형의 불염포에 싸인 꽃이삭이 자란다. 6~7월 개화. [이명] 진펄앉은부채 *북한에서는 천연기념물로 지정되어 있다.

6월 쯤 백두산 주변의 습지에서는 산부채 꽃이 핀다. 앉은부채의 친척벌인 산부채는 물에 사는 식물이다. 동행한 분이 물에 사는 것을 왜 산부채라고 할까? 라고 혼잣말을 하지만, 그럴듯한 대꾸가 생각나지 않았다.

언젠가 앉은부채의 이름이 이상하다는 이야기를 하면서, '앉은부처'가 아닐까 했더니 여러 사람들이 공감을 해주었다. 이치대로 하자면, 산부채는 '물부처'라고 고쳐 부르거나 기왕의 다른 이름인 '진펄앉은부채'로 써야 마땅하다. 고도가 높은 곳이기는 해도 엄연히 들의 습지에 사는 식물이다. 물에 사는 식물을 산부채라고 부르면 정말 산에 사는 앉은부채나 애기앉은부채의 정체성도 혼란스러워진다. 어지간하면 시비하지 않으려 해도 산부채라는 이름은 아무래도 마뜩치가 않다.

옛날 한양 도성의 출입문인 사대문의 이름에서도 우리 조상들의 이름에 대

한 깊은 생각을 읽을 수 있다. 그중 동대문에 해당하는 '흥인지문(興仁之門)'의 이름이 특히 재미있다. 수도인 한양은 좌청룡 우백호 중 좌청룡에 해당하는 동쪽 산줄기가 짧아서 지기(地氣)가 약했다. 그 기를 보강하려고 다른 대문들의 이름은 석 자로 했지만, '흥인지문'만은 어조사 '지(之)'를 넣어서 넉 자로 만들었다. 옛 사람들은 글자 한 자도 산맥처럼 크게 여겼다.

그에 비하면 우리 꽃 이름들은 소홀히 지었다는 의구심을 지울 수 없다. 들꽃의 이름을 한 가지씩 알아가는 즐거움에 빠져들었을 때, 도무지 이해가 안 되고, 일본 냄새도 나고, 혼돈스럽고 이상하게 여겨졌던 것이 많았다. 그것이 발단이 되어 백두산으로부터 제주도까지 방방곡곡을 헤맨 지 십 년이 되었다.

언젠가 남북이 하나 되는 그날이 오면 서로 다른 꽃이름들을 다시 살펴 새로 정해야 할 것이다. 남북 식물학자들이 모여서 머리를 맞대고 지혜를 모을 때, 내 생각도 들어줬으면 하는 작은 소망으로 이 어설픈 글들을 써 본다.

아직도 꺼지지 않은 화산의 불씨 돌꽃

돌꽃 *Rhodiola rosea* L.

높은 산의 바위 위에 나는 돌나물과의 여러해살이풀. 높이 7~30cm. 꽃은 암수딴그루. 수꽃은 노란색, 암꽃은 붉은색. 7~8월 개화. [이명] 가는잎돌꽃

몇 년 내로 백두산이 폭발할지도 모른다는 소문에 술렁거린 적이 있었다. 백두산에 가까운 지역 사람들일수록 불안한 기색을 보였다. 그 무렵 백두산 초입의 도시인 이도백하(二道白河)에서는 집값이 떨어졌고, 폭발이 임박하면 가재도구를 싣고 탈출하기 위해 승합차를 산다는 등, 어수선하더니 요즘은 다시 폭발설이 가라앉은 듯 평온하다. 『조선왕조실록』을 보면 대체로 200년 주기로 백두산에 화산활동이 있었음을 짐작케 할 수 있는 기록이 있다.

『숙종실록』 36권 1702년 5월 20일(음력)의 기록에, "천지(天地)가 갑자기 어두워지더니 때때로 황적(黃赤)색의 불꽃연기와 비린내가 방에 가득하여 마치 화로(火爐) 가운데 있는 듯하여 사람들이 훈열(熏熱)을 견딜 수가 없었는데, 4경(更) 후에야 사라졌다. 아침이 되어 보니 들판 가득히 재(灰)가 내려 있었는데, 흡사 조개껍질을 태워 놓은 듯했다"라고 화산폭발의 실상을 자세히 전하고 있다. 『세종실록』, 『헌종실록』에도 화산활동 기록이 있으나 사람이 죽었다거나

©마용주

큰 재앙이 있었다는 내용은 없다.

폭발의 규모가 어떠하였든 분화구 주변의 식물은 모두 사라졌을 것이고, 어느 정도 세월이 흘러 땅이 식었을 때, 다시 풀이 돋기 시작했을 것이다. 그때 가장 먼저 자리 잡은 식물이 돌꽃일 거라는 생각이 든다. 용암이 식어서 생긴 돌과 화산재만 남은 황무지에서 살려면 돌꽃처럼 잎이 도톰해서 수분을 충분히 저장할 수 있어야 하고 뿌리가 길어서 땅속 깊은 곳의 물기를 빨아들여야 할 테니 말이다.

돌꽃은 암꽃과 수꽃이 다른 포기에서 피는 식물이다. 수꽃은 노란색으로 돌나물 꽃과 비슷하고 암꽃은 붉은색이다. 백두산 폭발로 생긴 황적색의 불꽃처럼 천지 주변에 피는 돌꽃은 아직도 살아있는 불씨처럼 느껴진다.

백두산이 언젠가 다시 깨어나 불꽃을 내뿜더라도 큰 탈 없이 지나가기를 바란다. 돌꽃에게 바라건대, 재앙의 불씨가 되지 말고 민족혼을 되살리는 불씨가 되어 주었으면 고맙겠다. 널리 사람을 이롭게 하는 홍익인간을 잠에서 깨우고 광활한 만주 벌판을 다시 찾아 일찍이 아시아의 빛나던 등불에 다시 불을 밝히는 그런 불씨가 되기를 기원한다.

백두산 일대에서 만난 꽃들

개머위
Petasites rubellus (J. F. Gmelin) Toman
산지의 자갈밭에 나는 국화과의 여러해살이풀. 5~7월 개화. 꽃은 암수딴그루, 8~9개의 두상화서가 달린다. 백두산 일대에 분포한다.
[이명] 산머위

꽃냉이
Alyssum martimum Lam.
숲언저리나 들에 나는 십자화과의 여러해살이풀. 높이 20~30cm. 잎은 깃 모양으로 갈라지고 갈래는 버들잎 모양이다. 5~6월 개화. 북부지방과 백두산 일대에 자생한다.
[이명] 꽃황새냉이, 매운황새냉이

왕별꽃(왼쪽) *Stellaria radians* L.
습한 산지에 나는 석죽과의 여러해살이풀. 높이 50~80cm. 6~9월 개화. 꽃잎은 5장이며 한 장의 꽃잎이 여러 갈래로 깊게 갈라진다. 수술 10개, 암술대 3개. 어린순을 식용한다.
[이명] 큰산별꽃

큰별꽃(오른쪽) *Stellaria bungeana* Fenzl
산지에 나는 석죽과의 두해 또는 여러해살이풀. 높이 30~60cm. 6~7월 개화. 수술은 10개이고 암술대는 3개이다. 별꽃에 비해 잎이 길고 꽃잎이 꽃받침보다 현저히 길다. [이명] 산별꽃

실별꽃(왼쪽)

Stellaria filicaulis Makino

논밭이나 습지에 나는 석죽과의 여러해살이풀.
높이 30cm 가량. 줄기는 밀생, 네모지고, 털이 없고, 잎은 마주난다. 6~7월 개화. 수술 10개, 암술대는 3개이다.

긴잎별꽃(오른쪽)

Stellaria longifolia Muhl. ex Willd.

들에 나는 석죽과의 여러해살이풀.
높이 20~40cm. 줄기는 밀생하며 모가 지고, 곧게 선다. 5~6월 개화. 수술 5개, 암술대는 3개이다.
[이명] 가지별꽃, 곧은별꽃

구름꽃다지

Draba daurica var. *ramosa* Pohl & Bush

높은 산에 나는 십자화과의 두해살이풀.
높이 7cm 가량. 전체에 짧은 털이 밀생하고 잎 가장자리에 잔 톱니가 있다. 6~7월 개화.
[이명] 산꽃다지, 가지산꽃다지

좁은잎사위질빵

Clematis hexapetala Pall.

산자락에 나는 미나리아재비과의 여러해살이풀.
높이 50~80cm. 줄기는 곧게 서고 잎은 깃꼴겹잎으로 좁게 갈라진다. 으아리속의 식물로는 드물게 초본으로 분류된다. 6~7월 개화.
[이명] 가는잎사위질빵, 좀사위질빵 등

큰솔나리

Lilium tenuifolium Fisch.

암석이 많은 산에 나는 백합과의 여러해살이풀.
높이 50~80cm. 6~7월 개화. 꽃 색이 주황색인 것 외에는 솔나리와 비슷하다.
[이명] 큰솔잎나리, 큰중나리

좀설앵초

Primula sachalinensis Nakai

높은 산에 나는 앵초과의 여러해살이풀.

높이 10cm 정도. 잎이 좁고 길며, 잎자루와 톱니가 거의 없다. 6~7월 개화. 낭림산, 백두산 등지에 분포한다.

버들까치수염

Lysimachia thyrsiflora L.

고원의 습지에 나는 앵초과의 여러해살이풀.

높이 30~50cm. 줄기는 곧게 서고 마주나는 잎은 교대로 90도씩 어긋난다. 6~7월 개화. 백두산 부근 등 북반구 아한대 지역에 분포한다.

[이명] 버들까치수영, 버들꽃꼬리풀 등

고산봄맞이

Androsace lehmanniana Spreng.

높은 산의 건조한 곳에 나는 앵초과의 여러해살이풀. 높이 7cm 가량. 잎은 밀생하여 층을 이루고, 표면에 길고 흰 털이 난다. 6~7월 개화. 백두산 고산 화원에 자생한다.

[이명] 백두산봄마지, 큰산봄마지꽃

왜지치

Myosotis sylvatica Ehrh. ex Hoffm.

높은 산의 숲에 나는 지치과 개꽃마리속의 여러해살이풀. 높이 30~50cm. 6~7월 개화. 물망초(*Myosotis alpestris* F. W. Schmidt)와 같은 속으로, 실제로 물망초와 가장 비슷하게 닮았다.

[이명] 숲꽃마리, 숲물망초

숙은꽃장포

Tofieldia coccinea Rich.

높은 산의 습기 있는 바위 위에 자라는 백합과의 여러해살이풀. 높이 6~15cm. 6~8월 개화. 꽃은 흰색 또는 자주색이다.

[이명] 숙은꽃장포풀, 숙은돌창포, 애기바위장포

검은낭아초

Potentilla palustris (L.) Scop.

산이나 들의 습지에 나는 장미과의 여러해살이풀. 높이 30~50cm. 뿌리줄기는 목질이고, 잎은 3~7장의 작은잎으로 된 깃꼴겹잎이다. 6~7월 개화. [이명] 검은꽃낭아초, 자주쇠스랑개비

은양지꽃

Potentilla nivea L.

높은 산에 나는 장미과의 여러해살이풀.

높이 15~25cm. 꽃줄기와 잎 뒷면에 흰색 털이 밀생한다. 6~7월 개화. 꽃줄기 끝에 2~4송이씩 달린다. [이명] 유구양지꽃, 은빛딱지

큰괴불주머니

Corydalis gigantea Trautv. & Meyer

산지의 숲에 나는 현호색과의 여러해살이풀.

높이 1.5m 가량. 전체에 털이 없고 마디가 있다. 6~8월 개화. 백두산 주변에서도 드물게 자생한다. [이명] 큰뿔꽃(북한명)

방패꽃 (왼쪽) *Veronica tenella* All.

높은 산의 다소 습한 곳에 나는 현삼과의 여러해살이풀. 높이 10~20cm. 줄기는 옆으로 뻗고, 가지가 갈라져 곧게 선다. 7~8월 개화. [이명] 개투구꽃, 누운꼬리풀, 지금아재비, 투구꽃 등

두메투구꽃 (오른쪽)
Veronica stelleri var. *longistyla* Kitag.

높은 산에 나는 현삼과의 여러해살이풀.
높이 7~15cm. 전체에 가는 털이 나고 줄기는 밀생하고 곧게 서며 가지를 치지 않는다. 7~8월 개화. 금강산 이북에 분포한다.
[이명] 덩굴꼬리풀, 두메꼬리풀, 두메투구풀 등

구슬골무꽃
Scutellaria moniliorrhiza Kom.

높은 산의 풀밭에 나는 꿀풀과의 여러해살이풀. 높이 30cm 가량. 줄기는 곧게 서고, 잎은 긴 타원형, 가장자리에 둔한 톱니가 있다. 6~8월 개화.

반지련(半枝蓮, 중국명)
Scutellaria barbata

비교적 습한 풀밭에 자라는 꿀풀과의 여러해살이풀. 높이 50cm 가량. 황금과 비슷하며, 우리나라에서는 황금과 함께 약재로 재배했다.
6~7월 개화.

오랑캐장구채
Silene repens Patrin

높은 산에 나는 석죽과의 여러해살이풀.
높이 10~50cm. 밑에서 가지가 많이 갈라지고 전체에 잔털이 퍼져 있다. 6~7월 개화. 통 모양의 꽃받침이 적갈색을 띤다.
[이명] 가지대나물, 흰대나물, 북장구채

금매화(왼쪽) *Trollius ledebourii* Rchb.

고산의 습한 지대에 자라는 미나리아재비과의 여러해살이풀. 높이 40~80cm. 7~8월 개화. 꽃의 지름 2.5~4cm.

큰금매화(오른쪽)
Trollius macropetalus (Regel) F. Schmidt

높은 산의 초원에 나는 여러해살이풀.
높이 60~80cm. 7~8월 개화. 꽃의 지름 4cm 가량. 꽃받침은 꽃잎 모양으로 5~8장의 난형이고, 꽃잎은 선형으로 8~18개로 서 있다.
[이명] 겹금매화

호범꼬리
Bistorta manshuriensis (Petrov ex Kom.) Kom.

높고 깊은 산의 초원에 나는 마디풀과의 여러해살이풀. 높이 15~30cm. 7~8월 개화. 대표적인 북방계 식물로 함경도, 백두산 등 주로 높은 산에서 볼 수 있다. [이명] 북범꼬리, 되범꼬리(북한명)
©신동호

씨범꼬리
Bistorta vivipara (L.) Gray

높은 산의 양지에 나는 마디풀과의 여러해살이풀. 높이 10~25cm. 범꼬리류의 식물 중 크기가 작은 편이며, 꽃 이삭 아래에 주아가 있다.
7~8월 개화. [이명] 무강범의꼬리, 씨범꼬리풀

큰오이풀
Sanguisorba stipulata Raf.

높은 산의 초원에 나는 장미과의 여러해살이풀.
높이 30~60cm. 깃꼴겹잎으로 작은 잎은 5~6쌍이 달린다. 7~9월 개화. 백두산 등 북반구의 높은 산에 분포한다. [이명] 구름오이풀, 백두오이풀, 큰산오이풀, 큰흰지우초

황기

Astragalus mongholicus Bunge

아한대 지방의 산지에 나는 콩과의 여러해살이풀. 높이 1m 가량. 깃꼴겹잎으로 작은잎은 6~11쌍이다. 8~9월 개화. 뿌리를 약용하며 우리나라에서는 통상 재배한다. [이명] 노랑황기, 단너삼, 도미황기

염주황기

Astragalus membranaceus var. *mandshuricus* Nakai

높은 산에 나는 콩과의 여러해살이풀. 높이 30cm 가량. 5~9쌍으로 된 깃꼴겹잎이다. 7~8월 개화. 열매가 잘록잘록한 마디가 있어 염주 모양이다. [이명] 명천황기

자주황기

Astragalus dahuricus (Pall.) DC.

고산 중턱에 나는 콩과의 여러해살이풀. 높이 50~80cm. 전체에 잔털이 나고 깃꼴겹잎으로 작은잎은 5~8쌍이다. 6~8월 개화. 뿌리를 약용한다. [이명] 자주꽃황기, 자지황기

두메분취

Saussurea tomentosa Kom.

높은 산에 나는 국화과의 여러해살이풀. 높이 20cm 가량. 줄기에 솜털이 밀생한다. 7~8월 개화. [이명] 두메은분취, 멧분취, 묏솜분취 등

구름국화

Erigeron thunbergii subsp. *glabratus* (A. Gray) H. Hara

높은 산에 나는 국화과의 여러해살이풀. 높이 10~30cm. 줄기는 곧게 서고 잎은 주걱 모양, 위로 올라갈수록 작아진다. 7~8월 개화. [이명] 구름금잔화, 산망초, 큰산금전화

나도개미자리

Minuartia arctica (Steven ex Seringe) Graebn.

높은 산의 암석지대에 나는 석죽과의 여러해살이풀. 높이 10cm 가량. 7~8월 개화. 꽃의 지름 7mm정도. 백두산 등 북반구의 한대지방에 분포한다. [이명] 산솔자리풀, 큰산개미자리, 두메개미자리(북한명)

삼수개미자리

Minuartia verna var. *coreana* (Nakai) H. Hara

함경남도 삼수에서 혜산진 사이의 고원지역에 자라며 근래에 강원도에서도 자생지가 확인되었다. 높이 10~20cm. 7~8월 개화(강원도는 5월). 나도개미자리에 비해 꽃줄기가 훨씬 가늘고 길다. ⓒ정영진

화살곰취

Ligularia jamesii (Hemsl.) Kom.

높은 산에 나는 국화과의 여러해살이풀. 높이 20~60cm. 잎이 화살 촉 모양이며, 가장자리에 톱니가 있다. 7~8월 개화. 두상화서가 줄기 끝에 1개씩 달린다.

오리나무더부살이

Boschniakia rossica (Cham. & Schltdl.) B. Fedtsch.

두메오리나무에 기생하는 열당과의 한해살이풀. 높이 15~30cm. 전체가 황갈색이며 다육질이다. 7~8월 개화. 전초를 약용(강장약)한다. 백두산 일대 등 북반구의 온냉대 지역에 분포한다. [이명] 오리나무더부사리, 육종용(肉蓯蓉)

산용담

Gentiana algida Pall.

높은 산에 나는 용담과의 여러해살이풀. 높이 10~25cm. 8~9월 개화. 꽃은 연한 황백색 바탕에 청록색 점이 있다. 백두산 고산 초원에서 자생한다. [이명] 당약용담, 산룡담

꽃이름 찾아보기

01 어디서나 피는 꽃 **02** 그곳에서 피는 꽃

ㅅ

ㅇ

ㅈ

ㅊ

꽃들이 나에게 들려준 이야기

02 그곳에서 피는 꽃

초판 1쇄 발행 2014년 8월 24일
초판 2쇄 발행 2017년 5월 24일

지은이 이재능
펴낸이 정재탁
펴낸곳 신구문화사
디자인 은디자인
색보정 오명현

등록 1968년 6월 10일 제1-205호
주소 경기도 성남시 중원구 광명로 377 신구대학교 우촌학사 1층
전화 031-741-3055~6, 031-741-3054(팩스)
이메일 shingupub@naver.com
홈페이지 www.shingubook.com

ISBN 978-89-7668-206-2 04480
ISBN 978-89-7668-204-8 (세트)

이 도서의 국립중앙도서관 출판시도서목록(CIP)은 서지정보유통 지원시스템 홈페이지(http://seoji.nl.go.kr)와
국가자료공동목록시스템(http://www.nl.go.kr/kolisnet)에서 이용하실 수 있습니다. (CIP제어번호: CIP2014021587)